本书获得2018年山西省三区人才项目基金资助出版

黄粉虫资源开发与利用

Exploitation and Utilization of Tenebrio Molitor

主编：贾震虎　副主编：刘雅秀 刘艳红

经济管理出版社
ECONOMY & MANAGEMENT PUBLISHING HOUSE

图书在版编目（CIP）数据

黄粉虫资源开发与利用/贾震虎主编. —北京：经济管理出版社，2018.12
ISBN 978-7-5096-6234-2

Ⅰ.①黄… Ⅱ.①贾… Ⅲ.①黄粉虫—资源开发 ②黄粉虫—资源利用 Ⅳ.①Q969.498.2

中国版本图书馆 CIP 数据核字（2018）第 273173 号

组稿编辑：宋 娜
责任编辑：许 艳
责任印制：黄章平
责任校对：董杉珊

出版发行：经济管理出版社
(北京市海淀区北蜂窝 8 号中雅大厦 A 座 11 层 100038)
网 址：www. E-mp. com. cn
电 话：(010) 51915602
印 刷：三河市延风印装有限公司
经 销：新华书店
开 本：720mm×1000mm/16
印 张：15.75
字 数：212 千字
版 次：2019 年 6 月第 1 版 2019 年 6 月第 1 次印刷
书 号：ISBN 978-7-5096-6234-2
定 价：98.00 元

前 言

实践是理论创新的力量，理论的发展更是与实践密不可分，这就决定了有关黄粉虫研究的书籍必须与时俱进、吐故纳新。正是基于这样一个思想，《黄粉虫资源开发与利用》应运而生。

黄粉虫又称为面包虫，属于完全变态昆虫，一生历经卵、幼虫、蛹和成虫4个虫态。黄粉虫既是一种仓贮害虫，也是生理、遗传学实验材料的重要资源昆虫。黄粉虫因其易饲养，蛋白质、维生素、氨基酸、脂肪等含量丰富，除了被用作饲喂畜禽和经济动物，还应用于药品开发和保健食品制作中，被誉为动物的营养宝库，并有“动物蛋白饲料之王”的美誉，极具开发潜力。我国多省地均有黄粉虫的规模化养殖基地，黄粉虫的资源价值越来越被社会所发掘和重视，山东已形成以黄粉虫开发利用和养殖为核心的产业链。良种是养虫业发展的关键，目前虫种市场混乱，许多养殖户直接从不正规的市场进种，结果造成品种杂乱、个体小、产量低。所以，不断培育优良品种、提高成虫的繁殖力、逐步完善成虫市场，是黄粉虫产业发展的关键。另外，分析黄粉虫产业发展现状可知，养殖成本的增加是黄粉虫产业进一步持续健康发展的限制因素。黄粉虫应用前景广阔，近年来国内市场供不应求。黄粉虫不仅具有丰富的营养价值，还具有很高的经济价值，人工饲养黄粉虫有很好的经济效益。

为此，本着科学严谨、精益求精的编写态度，编者首先结合近些年的科学研究成果，对黄粉虫养殖的最新研究进展进行总结，在前人编写的同类书籍的基础上加入与时俱进的养殖方案，编写了适合当下的养殖体系与技术。其次编者从黄粉虫国内外最新研究进展出发，由浅入深，分章介绍黄粉虫习性、饲料选择、引种、育种、繁殖与利用，环环相扣，从创业者角度来看，实用性大大加强。本书系统介绍黄粉虫养殖各方面的注意事项，重点讲述黄粉虫的养殖及综合利用，以期为黄粉虫的养殖爱好者及研究者提供较为科学的指导。

在编写风格方面，本书更强调基础、简明、实用、系统。本书共分为七章，第一章简要概述黄粉虫的相关研究进展及其饲养价值，其中，研究进展方面（包括饲养方式）以及科学研究机理方面的分析由浅入深，方便阅读者自学。第二章介绍黄粉虫的生物学特性，包括介绍黄粉虫的近缘种，以方便进行区别，内容涵盖黄粉虫各个生活状态的特征介绍、养殖需求、变态历程等。第三章介绍黄粉虫的人工养殖，主要介绍箱养黄粉虫、大棚养殖黄粉虫、规模化养殖黄粉虫以及酒糟养殖黄粉虫的注意事项，还包括黄粉虫的四季管理、储存运输以及疾病防治。在第三章的基础之上，第四章介绍黄粉虫的综合养殖方式，提高养殖效率。由于养殖成本对养殖产业持续健康发展至关重要，故第五章对黄粉虫养殖饲料进行单独论述，主要包括黄粉虫饲料的来源与利用、配合饲料的配方以及科学投喂的方式，其中配合饲料配方单独罗列，具有很高的实用性。选育畜禽、昆虫新品种和繁育优良作物种子是发展农业生产最经济、最有效的手段之一，在黄粉虫工厂化生产中，品种效应同样十分重要，为了促进黄粉虫的大规模生产，必须要有经过科学选育的优良品种，因此在第六章主要介绍黄粉虫的引种、育种与繁殖。第七章从实用性和简明性出发，介绍了黄粉虫各种综合利用方式，为黄粉虫综合开发黄粉虫资源打开新思路。在附录中有关于黄粉虫养殖及利用方面的图片，可以给读者直观的阅读体验。

本书适用对象和层次较广，适合高等及专科学校生物、农学专业相关人员以及黄粉虫养殖爱好者。

本书的编写和出版得到山西师范大学生命科学学院、山西省吕梁市中阳县仁味仁农业生物科技开发公司和经济管理出版社领导的关怀和支持，并承蒙有关专家、教授的热情关怀和帮助，提供了不少资料和宝贵意见，在此表示衷心的感谢！

由于笔者经验不足，理论水平有限，编写时间仓促，所以书中错误和不足之处在所难免，希望读者在使用过程中，对我们书籍的不当之处，提出批评指正！

2018 年 10月

编 者

目　录

第一章
黄粉虫概述

第一节　黄粉虫研究意义

饲料是养殖业发展的物质基础。随着养殖业生产的不断发展，对饲料的需求量也不断增大，饲料不足，特别是蛋白质饲料短缺是长期制约我国养殖业发展的瓶颈。据中国农科院饲料研究所的有关专家分析，到2010年和2020年，我国蛋白质饲料需求量分别为0.6亿吨和0.72亿吨，而资源供给量仅为0.22亿吨和0.24亿吨，供需缺口分别为0.38亿吨和0.48亿吨。如何解决我国蛋白质饲料这一巨额缺口，是摆在我们面前既紧迫又艰巨的任务。

地球上昆虫资源十分丰富，对于昆虫资源的开发利用，世界各国已开始加强这方面的工作，并取得了许多成果。在墨西哥、法国、澳大利亚、新西兰等国家的家庭餐桌上，“昆虫菜”非常普遍，英国、德国一些昆虫食品开发商已开发生产了十几种“昆虫饮料”。而目前在我国能够形成产业的仅有传统的桑蚕及蜜蜂两个昆虫种类。经过山东农业大学刘玉升教授及辽宁东山五行绿色生态有限责任公司左志经理多年的潜心研究，原本仅仅作为一种活体饲料的黄粉虫，其用途不断被开发，经济价值快速提高。来自国内外的权威专家分析，近几年内，黄粉虫在中国将成为继桑蚕及蜜蜂养殖后中国的第三大昆虫产业。随着人类社会的发展，科学技术取得了很大进步，人们生活得到了极大改善，人口数量正在快速上升，对蛋白质食物的摄入量也在增加。这不仅要求蛋产品、肉产品和奶制品数量增加，而且对质量的要求也在提高，但目前需求并不能得到满足。据研究，全球约有 10 亿人主要依赖各种渔产品来摄取动物蛋白，渔产品目前在全球粮食供应中所占的比重为 7%。但国际粮食政策研究所等机构的专家说，由于渔业增产跟不上世界人口增长的步伐，未来 20 年内全球渔业供应短缺可能会进一步加剧。未来 20 年中，全球渔业生产的年平均增长速度约在 1.5%左右，但仍将比全球人口年增长速度低 0.4%左右。同样，畜、禽、水产养殖也需要大量的蛋白质饲料，蛋白质饲料有植物性蛋白质饲料和动物性蛋白质饲料之分，但是目前动物性蛋白质饲料的短缺已经是全世界所面临的共同问题，而且也是关注的焦点。因此开发新型的蛋白质饲料已成为当务之急。昆虫是动物界中最大的类群，生物量超过其他所有动物（包括人类）生物量的总和，属于可替换的资源。研究证明，昆虫体内富含蛋白质，纤维少，微量元素丰富，易于吸收，是最大的动物蛋白资源。

昆虫是世界上种类最多的生物种群，蕴含着极其丰富的资源，也是目前地球上未被充分利用的最大的生物资源。黄粉虫起源于欧洲和南美洲，目前已扩散至全世界大多数地区。因其蛋白质和脂肪含量高、富含微量元素和多种氨基酸、易饲养、抗病性强、食性庞杂等特点被人们所熟知。目前已广泛应用于畜牧业、农业、食品和医疗保健方面，具有较高的开发利用价值和广阔的市场前景。

黄粉虫（Tenebrio rnolitor. Linne），俗称面包虫、面条虫、高蛋白虫、黄金虫、大黄粉虫，通称为黄粉甲，为多汁软体动物，属昆虫纲、鞘翅目、拟步甲科、粉甲虫属，是一种完全变态的仓储害虫，也是一种重要的世界性的粮食害虫，原产于北美洲，现在全球均有分布。经过相关专家的技术分析，黄粉虫鲜虫的蛋白质含量为 25%~47%，干品的蛋白质含量为 40%~70%，通常可达 60 %左右。例如，经测试，黄粉虫的幼虫含蛋白质 48%~ 50%，干燥幼虫含蛋白质 70%以上，蛹含蛋白质 55%~57%，成虫含蛋白质 60%~64%、脂肪28%~30%、碳水化合物3%，还含有磷、钾、铁、钠、镁、钙、铝等常量元素和多种微量元素、维生素、酶类物质及动物生长必需的16种氨基酸。维生素E、维生素B以及维生素B_2的含量也较高，说明黄粉虫的营养成分很高，根据对黄粉虫幼虫干品的分析，每100g干品中，含氨基酸847.91mg，其中赖氨酸占5.72%，蛋氨酸占0.53%，这些营养成分位居各类饲料之首。因其蛋白质含量高于一般常见昆虫，所以又称其为高蛋白虫。因此，国内外许多著名动物园都将其作为繁殖名贵珍禽、水产的饲料之一。黄粉虫在粮食仓库、药材仓库及各种农副产品仓库中，是一种重要的害虫，由于其生长对环境要求不高，比较容易人工饲养，目前已发展成为新兴的特种养殖动物。黄粉虫既是一种仓储害虫，也是生理学、遗传学实验材料的重要资源昆虫。同时，因具有高蛋白、高脂肪且氨基酸含量较全面，黄粉虫被誉为动物的营养宝库，并有“动物蛋白饲料之王”的美誉，极具开发潜力。黄粉虫在美洲最早被发现，20世纪中期传入我国，现世界各地均有分布。黄粉虫因其易饲养，蛋白质、氨基酸、脂肪等含量丰富，被用作饲喂畜禽和经济动物的饲料，还被用于开发药品和保健食品。研究指出，黄粉虫油脂可制备出性能符合标准EN14214生物柴油，并具有较高的成本优势，显现了黄粉虫作为生物能源的发展潜力。我国多省均有黄粉虫的规模化养殖基地，黄粉虫的资源价值越来越被社会所发掘和重视，山东已形成以黄粉虫开发利用和养殖为核心的产业链。良种是养虫业发展的关键，目前虫种市场混乱，许多养殖户直接从不正规的市场进种，结果造成品种杂乱、个体小、产量低，所以不断培育优良品种、提高成虫的繁殖力、逐步完善成虫市场，是黄粉虫产业发展的关键。

黄粉虫是一种高蛋白、高脂肪且氨基酸含量较全面的昆虫资源，是营养丰富的高蛋白质资源。黄粉虫食物转化率高、繁殖速度快，尤其是蛋白质含量高，其幼虫、蛹和成虫的蛋白质含量分别为41.25%，42.65%和55.3%，此外还含有磷、铁、钾、钠、钙等多种微量元素。据测1kg黄粉虫干粉中含有糖类107g、硫胺素0.65mg、核黄素5.2mg、维生素14.4mg、钾13.78g、钙1.388g、磷6.83g、铁65mg。据测，黄粉虫的营养价值是鱼粉的2倍，是植物性蛋白的10倍，而成本只是鱼粉的1/2。黄粉虫的研究利用效果明显，关于其营养保健作用的试验研究表明：喂饲黄粉虫的小鼠生长发育情况、学习记忆能力、抗疲劳和抗组织缺氧能力都有明显提高，意味着黄粉虫具有一定的促进生长、益智、抗疲劳和抗组织缺氧作用。另外，通过对黄粉虫成分价值的深入研究分析，可以提取纯化抗病毒及静脉注射的免疫物质作为人类的医药产品，而且还可以通过高级开发精制成人的高级营养品，增强人体免疫力和抵抗力。开发黄粉虫不仅有其社会经济效益，而且环境污染小。因此，黄粉虫是可以考虑用做替换的蛋白质资源。黄粉虫还是饲喂牛蛙、罗非鱼、娃娃鱼、鳗鱼、黄鳝、泥鳅、龟等特种经济动物的优质饲料。将6%~8%的活虫体掺入饲料中喂养牛蛙、鳗鱼、黄鳝、甲鱼、泥鳅等，不仅能使这些动物生长加快，而且肉质鲜美。据测，黄粉虫幼虫因含水量低，饵料系数小，作为鳝鱼饲料不仅生产成本低，且不易造成水质恶化。另外，利用黄粉虫作活饵来驯化鳝鱼摄食配合饲料效果较好，不像蚯蚓较易使鳝鱼患“出血病”。用黄粉虫喂养牛蛙，牛蛙可提前一个半月达标。谢秋贤首先用3%~6%的鲜黄粉虫代替等量国产鱼粉饲喂肉鸡，增重率提高了13%，饲料报酬提高了23%。用黄粉虫来喂养蛋鸡，产蛋大，数量多，每个蛋可增重1/5，每月产蛋20个以上。饲喂猪，猪皮毛光滑，肤色红润，长膘快，饲养周期可缩短一个月。黄粉虫的粪粒微细，还可直接用来培育鱼苗，如白鲢、罗非鱼苗。陈益等人工投放黄粉虫幼虫作为蚂蚁的饲料，使人工养蚁初步获得成功。随着畜、禽、水产养殖业发展蛋白饲料资源的需求量不断增长，在蛋白饲料资源日渐紧缺的今天，人工饲养昆虫可作为解决蛋白饲料来源的一种途径。由于饲养黄粉虫具有繁殖快、吸收转化率高、易于管理、饲养成本低、生物量极大等特点，与其他动物蛋白饲料相比具有很强的竞争优势。养殖黄粉虫将会给我们带来巨大的商业利润。对黄粉虫蛋白的开发和利用能带来较高的经济效益和社会效益，同时，既可以减轻养殖业带来的环境污染问题，又可以解决我国动物性蛋白质饲料不足的问题。因此，高蛋白饲料黄粉虫的开发和利用必将有广阔的前景。21世纪昆虫蛋白质利用将成为饲料学研究开发利用的热点。

我国昆虫专家的研究表明，黄粉虫的组织中超过90%都是可食用部分，可以作为人类或其他经济动物的食物，因此它的利用率是非常高的，而且它的转化效率也非常惊人。据养殖专家的饲养测定：1kg黄粉虫的营养价值相当于 25kg 麦麸或 20kg 混合饲料或 1000kg 青饲料的营养价值。试验表明，如果用 3%~6%的黄粉虫鲜虫作为饲料的预混料，可代替等量的国产鱼粉，所以黄粉虫被饲料专家誉为“蛋白质饲料宝库”。因此，黄粉虫是饲养家畜、家禽及金鱼、虹鳟鱼、鳖、虾、龟、黄鳝、罗非鱼、鳗鱼、泥鳅、牛蛙、娃娃鱼、蝎子、蜈蚣、蜘蛛、山鸡、鸵鸟、肉鸽、观赏鸟类、蛇等特种养殖动物不可缺少的极好的饲料。试验表明，用黄粉虫配合饲料喂幼禽，其成活率可达 95%以上；用黄粉虫喂产蛋鸡，产蛋量可提高 20%；用黄粉虫喂养全蝎等野生药用动物，其繁殖率可提高 2 倍。因此，作为重要的动物饲料蛋白源，黄粉虫的作用是非常显著的。但是如果仅仅把黄粉虫作为一种饲料来利用的话，那只能说是利用了黄粉虫的自然资源的一个方面，并不能充分展示黄粉虫的价值。根据黄粉虫的营养分析，可以说黄粉虫的全身都是宝，最重要的当然是它正在发挥的工业价值、保健价值、食用价值以及美容方面的价值。因此有专家学者对黄粉虫的整体营养做了全面的分析和研究。

黄粉虫应用前景广阔，近年来国内市场供不应求。黄粉虫不仅具有丰富的营养价值，还具有很高的经济价值，人工饲养黄粉虫有很好的经济效益。黄粉虫食性繁杂，繁殖周期短，抗病能力强，适应能力强，易于饲养。但是目前黄粉虫的饲养主要以传统饲养模式为主，饲料主要以麦麸或粮食为主，兼饲菜叶等，没有进行最佳饲料配方的筛选；以自然生长为主，没有考虑最佳环境条件的供给与控制，繁殖系数极低；防疫措施不严格，完全依赖自生自灭的规律，使黄粉虫在繁殖过程中，大部分的卵、幼虫和蛹因自相残杀而伤残、死亡，造成平均产量和总产量的不稳定或大幅度降低。为了满足日益增长的市场需求，对黄粉虫必须进行经济和工厂规模化生产，降低饲养成本，提高经济效益。通过经济饲养技术的推广，可增加农民收入，并提供新型就业岗位，为构建和谐社会和为社会主义新农村建设开辟一条新的道路。

第二节　黄粉虫营养价值

一、黄粉虫的蛋白质含量及其变化特点

黄粉虫的蛋白质含量与其他食品相比具有很大的优越性，如表 1-1 所示。而且，黄粉虫的蛋白质含量不是一成不变的，它也有自身的变化规律。首先，在不同的虫期，黄粉虫的蛋白质含量是不同的，总体来说，蛹期由于外面包裹了一层厚厚的躯壳，因此在所有的虫态中，它的蛋白质含量是最低的；而由于生长发育所需，成虫体内的蛋白质含量是最高的，幼虫期则介于两者之间。

表 1-1　黄粉虫与其他食品主要营养成分比较

单位：%

名称	水分		蛋白质		脂肪		碳水化合物		其他	
	含量	比率	含量	比率	含量	比率	含量	比率	含量	比率
黄粉虫（鲜）	62.5	100	16.8	100	8.6	100	10.0	100	2.0	100
柞蚕蛹	75.1	120	12.9	76.8	7.8	90.7	1.9	19	2.2	110
鸡蛋	74.2	118	12.6	77	11.0	128	1.0	10	1.2	60
牛奶	88.3	141	3.1	19	7.5	87	0.4	4	0.7	35
猪肉	54.3	86	15.1	93	30.5	355	0	0	0.1	5
牛肉	78.0	125	15.7	97	2.4	28	2.7	27	1.2	60
羊肉	78.8	126	15.5	96	4.0	47	0.9	9	0.8	40
鲫鱼	76.2	122	16.9	104	5.7	66	0	0	1.2	60

其次，同一虫态在不同生长阶段的蛋白质含量也有一些区别。研究表明，以幼虫期为例，初龄幼虫和青年幼虫阶段的黄粉虫，由于它们的捕食欲望旺盛，新陈代谢的能力极强，因此它们体内的蛋白质含量也较高，而处于老熟阶段的幼虫由于新陈代谢能力慢慢下降，加上即将变态的需要，它们体内其

他营养成分会相应增加，所以蛋白质含量就降低了。

最后，不同季节黄粉虫的蛋白质含量也有一些变化，这集中体现在越冬幼虫上。由于即将越冬，为了抵御寒冷、维持越冬期间生命活动的需要，幼虫需要在体内储藏大量的脂肪，因此其蛋白质含量就要降低，与春、夏、秋季生长的黄粉虫相比，其蛋白质含量要少得多。

【提示】在利用黄粉虫的生产过程中，就要充分考虑到这种变化特点，以求得最好的效果。例如，在将黄粉虫作为动物饲料蛋白源时，就要选择处于生长活跃期的幼虫；当选择黄粉虫作为食品时，最好在春末或初秋选择青年幼虫。

二、黄粉虫体内的必需氨基酸含量

黄粉虫体内的营养丰富而平衡。研究表明，黄粉虫富含人体必需的多种氨基酸、蛋白质、维生素、矿物质元素、不饱和脂肪酸等多种营养成分，且与人体需求的正常比例一致，很容易被吸收和利用。

黄粉虫体内的必需氨基酸种类是比较全面的，它含有人类或其他主要经济动物所需的主要必需氨基酸，如苏氨酸、丝氨酸、甘氨酸、天门冬氨酸、缬氨酸、胱氨酸、脯氨酸、丙氨酸、谷氨酸、色氨酸、组氨酸、赖氨酸、蛋氨酸、异亮氨酸、亮氨酸、苯丙氨酸、精氨酸、酪氨酸18种主要氨基酸，因此作为饲料，黄粉虫对于一些经济动物是非常适宜的。

黄粉虫体内的必需氨基酸含量也是非常高的，如表1–2所示。例如，黄粉虫蛹体内的谷氨酸含量达到58mg/g，超过蜂蛹和柞蚕蛹的含量；精氨酸的含量达到22mg/g，超过蜂蛹和蚂蚁的含量。从联合国粮农组织和世界卫生组织提供的人体所需氨基酸的理想比值来看，黄粉虫体内的必需氨基酸的比值是最接近的（这个比值的计算方法是当色氨酸为1时，其他氨基酸与色氨酸的比值）。在这些比值中，黄粉虫成虫、蛹、婴幼儿的色氨酸比值均为1；黄粉虫成虫和黄粉虫蛹的苏氨酸比值分别为4.94和5.01，而婴幼儿的需求量为5.01。因此黄粉虫的必需氨基酸比值是所有昆虫中与婴幼儿所需最接近的，如果将黄粉虫的原料与其他食品合理搭配，经过科学的调配后，就可以生产出优质的婴幼儿营养食品，也可以为运动员或航天员配制特殊的功能食品和保健品，有提高人体免疫力、抗疲劳、延缓衰老、降低血脂、抗癌等功效。

表 1-2 黄粉虫蛋白质的氨基酸组成及含量分析结果

项目 g/100g	虫粉 g/100g	蛋白质
Arg	2.98	5.78
Lys	3.12	6.05
Trp	0.52	1.01
His	1.55	3.01
Asp	4.08	7.92
Thr	2.00	3.88
Ser	2.30	4.13
Glu	5.75	11.16
Gly	2.62	5.08
Ala	3.61	7.01
Vat	2.61	5.07
Met	0.57	1.11
Ile	2.08	4.04
Leu	3.80	7.37
Tyr	3.22	6.25
Phe	1.98	3.84
必需氨基酸总和	16.68	32.37
必需及非必需氨基酸总和	42.62	82.71
必需氨基酸的百分含量	39.14%	

三、黄粉虫的脂肪含量

昆虫的脂肪含量是比较高的，黄粉虫也不例外，和蛋白质含量一样，黄粉虫体内的脂肪含量变化也有一定的特点，而且这种变化基本上是与蛋白质含量的变化成反比的。

1. 不同的虫期

蛹期脂肪含量是最高的，成虫体内的脂肪含量是最低的，幼虫期则介于两者之间。在不同的虫期中，脂肪含量变化的幅度可达 25%左右。

2. 同一虫态不同的生长阶段

幼虫期，初龄幼虫和青年幼虫阶段的黄粉虫体内的脂肪含量较低，而处于老熟阶段的幼虫体内的脂肪含量较高。

3. 不同季节

越冬期黄粉虫体内的脂肪含量是最高的，而其他季节则相对较低。例如，7 月测定时黄粉虫体内的脂肪含量为 29%左右，而在 1 月测定时，黄粉虫体内的脂肪含量则上升到 42%左右。

四、黄粉虫脂肪酸的结构

黄粉虫脂肪含量高，同时研究表明，黄粉虫的脂肪酸质量也非常好。科研专家进一步研究发现，黄粉虫脂肪中的不饱和脂肪酸含量很高，尤其是对人体有益的软脂酸和亚油酸含量很高，是具有极高开发价值的一种功能性食用保健脂肪酸。

提取黄粉虫幼虫体内脂类抗菌物质，并对 5 种病原真菌的抗菌活性进行检测，结果表明，抗菌物质对所测 5 种真菌均有显著的抑菌效果，其中对黑曲霉的抑制作用较强，即对食品中的发霉现象有缓解作用。试验中，200 mg/ml 黄粉虫脂类物质对面包有较强的防腐作用，可将其保质期延长至 8~12 天。而添加黄粉虫脂类物质制作面包试验中，面包的保存时间也可以达到 8~10 天。

五、黄粉虫体内的微量元素含量

黄粉虫体内含有丰富的微量元素，如表 1–3 所示，同时，黄粉虫体内也含有丰富的维生素，如表 1–4 所示。但是这些微量元素很少能在体内由自身生成，主要来自饲料。微量元素的含量与种类会因不同的饲料种类和不同的产地而有所不同，可以这样说，投喂黄粉虫的饲料中各种微量元素与虫体内富积的微量元素是成正相关的。例如，在饲料中拌入一定量的亚硒酸钠，把这种饲料投喂给黄粉虫，经过一段时间的喂养后，硒元素就会在黄粉虫的体内富集，经过虫体的进一步吸收后，就可以转化为生物态硒，因此人们可以通过这种转化方式来定性、定量地生产富硒食品。

表 1-3 黄粉虫与其他食品微量元素含量比较

单位：mg/100g

名称	K	Na	Ca	Mg	Fe	Mn	Zn	Cu	P	Se（μg）
黄粉虫	1370	65.6	138	194	6.5	1.3	12.2	2.5	683	46.2
鸡蛋	129	132	39	9	1.8	0.01	0.93	0.05	111	9.0
猪肉	238	61.5	6	14	1.4	0.01	2.9	0.13	138	9.4
牛肉	210	48.6	6	13	2.2	0.06	1.77	0.10	159	3.95
羊肉	147	90.6	11	17	1.7	0.08	2.21	0.11	145	3.47
鲫鱼	798	61.1	31	15	1.2	0.02	3.58	0.06	114	11.4
牛奶	120	45.8	114	19	0.1	0.01	0.38	0.16	87	2.5
大豆	1469	1.1	189	283	7.2	2.41	4.1	1.02	478	14.81
花生	528	1.6	13	120	1.4	0.66	2.49	0.60	114	4.28
蚕蛹	272	140.2	81	103	2.6	0.64	6.17	0.53	207	11.1

表 1-4 黄粉虫与其他食品维生素含量比较

名称	维生素含量（mg/100g）				
	B_1	B_2	A（μg）	E	D（μg）
黄粉虫	0.065	0.52	1.90	1.90	10.45
鸡蛋	0.2	0.26	188	4.06	188
猪肉	0.23	0.14	13	0.43	5
牛肉	0.02	0.18	3	0.60	3
羊肉	0.06	0.22	8	0.37	8
鲤鱼	0.03	0.06	0	1.52	0
牛奶	0.02	0.14	24	0.18	24

由于黄粉虫体内的锌、铜、铁等有益元素的含量比其他食品都高出很多，而且可以通过它按照预设的目的来进行富集，因而黄粉虫也是一种有益微量元素转化的“载体”，可将无机物转化为生物态的人体必需的物质，并可定向、定量生产。但是，黄粉虫的这种对微量元素的强富集能力是把双刃剑，虽然它可以富集有益的元素，但那些有害元素也是可以通过饲料富集到黄粉虫体内的。所以，在饲养黄粉虫时，必须抓好对饲料源头的控制和饲料质量的把关。

第三节　黄粉虫饲养价值

一、黄粉虫是重要的蛋白源

近年来，随着特种经济动物养殖业的迅猛发展，蛋白质饲料的短缺已成为饲料工业发展的第一限制性因素。国内外学者的相关研究都表明，昆虫体内营养丰富、繁殖快、数量大，是最具开发潜力的动物性蛋白饲料资源。如黄粉虫、蝇蛆、蛴象、蝗虫、大麦虫、蚁、蛾等多种昆虫都可作为畜禽、鱼类等特种经济动物的饲料，因此有计划地开发昆虫蛋白资源是补充动物性蛋白饲料的有效途径之一。

黄粉虫作为珍禽及药用动物的饲料已有 100 多年的历史，现已广泛用于多种饲养业。黄粉虫作为饲料，其蛋白质含量高，氨基酸比例合理，脂肪酸质量和微量元素含量均优于鱼粉。而且黄粉虫幼虫适宜活体直接饲喂，对动物生长的促进作用是其他饲料所不能比的。近年来，除将黄粉虫用作禽类饲料外，还将其替代鱼粉用作药用动物的高级饲料以及饲喂一些珍禽和观赏动物的优质饲料。

邓青云在蛋鸡饲料中添加黄粉虫蛋白饲料，蛋鸡的产蛋率提高了 5.06%，蛋的重量增加了 12.4%，料蛋比下降了 6.9%，净增效益提高了 32.12%，显著提高了经济效益。在饲料中添加黄粉虫蛋白粉饲喂鳗鱼、甲鱼等特种水产动物不仅可以促进其生长，而且还能增加其免疫力，提高抗病性。黄粉虫作为活体饲料还可以饲喂龟、牛蛙、蛤蚧、蝎子、蜈蚣等特种动物。

黄粉虫是优质的饲料蛋白源，据测定，黄粉虫的蛋白质含量相当高，而且各营养成分平衡，氨基酸组分合理，含有全部的必需氨基酸。所以，在蛋白源日趋紧张的当下，黄粉虫这种饵料生物无疑是最主要的优质蛋白源之一。

进入 21 世纪后，蛋白质的短缺状况日益凸显。随着名、特、优以及新奇水产品养殖和各种优质高效珍禽养殖的迅速发展，黄粉虫的作用及养殖也越来越受到重视。生产实践已经证明，以黄粉虫为主要饲料养殖经济动物，不仅能节约大量动物蛋白源，而且所养殖的经济动物生长速度很快、个体成活率也非常高。例如，用黄粉虫饲养观赏龟时，发现投喂黄粉虫的乌龟个体成活率几乎达到 100%，另外，经常食用黄粉虫的经济动物自身的抗病能力大大增强，在养殖过程中很少发生病害。一些专家也曾对黄粉虫的饲料应用效果进行过跟踪研究，发现在动物繁殖前合理投喂黄粉虫，能有效地提高它们的繁殖能力，这一点已经在山鸡、土鸡等珍禽养殖方面得到体现。在山鸡、土鸡产蛋前科学投喂黄粉虫，可以使它们每月产蛋量提高 2 枚左右，而且鸡蛋的孵化率能提高 6%左右。

高效营养资源已经受到了严重破坏，具体体现在海洋捕捞业正在萎缩，捕鱼量逐年下降。另外，鱼类的增殖生长周期相对较长，至少需要一年甚至多年才能恢复。由于世界鱼粉资源衰竭，市场供应趋紧，价格不断上涨。而黄粉虫具有繁殖速度快、一年可繁殖多次、每次繁殖的生物量大等优点，是一种优质的再生性资源。另外，养殖黄粉虫具有生产投入少、成本低、见效快的优势，既不需要大型的机械设备，也不需要远洋作业，更不需要太多的工人，只需几间房屋、简单的设备、一两个工人甚至自己在工作之余就可以满足生产要求，因此其开发前景广阔，完全可以取代鱼粉。

理论研究方面，正是由于鱼粉的产量受到了各种条件的限制，为了以畜牧业为代表的养殖能够快速、健康地发展，许多国家将人工饲养昆虫作为解决蛋白饲料来源的主攻方向，这就从理论上为取代鱼粉打下了良好的基础。我国在 20 世纪 50 年代就开始了利用昆虫养家禽的尝试，20 世纪 70~90 年代开展了许多相关研究，尤其是对黄粉虫等昆虫大量繁殖的研究，取得了较大成果，其生产技术已用于工厂化生产，目前黄粉虫已成为主要的饲料昆虫，这也从实践上做好了取代鱼粉的范例。

二、黄粉虫适合动物的营养需求

黄粉虫既可以直接为人类提供蛋白质，也可以作为蛋白质饲料的主要原料之一为名优动物产品和畜牧业提供优质的动物蛋白源。近 20 多年来，我国已开展了这方面的研究，并获得了较大的进展。经过许多专家和科研人员的一系列人工杂交和筛选，我国已经获得符合某种特定养殖对象的某发育阶段营养需要的、饵料效果好的黄粉虫新品种。该品种在营养上具有特殊优点，不但营养价值高，容易被消化吸收，而且对养殖动物有促进生长发育和防病的作用。

三、黄粉虫驯养、诱集珍稀动物的效果好

黄粉虫的蛋白质含量高，氨基酸的比例也比较合理，脂肪酸质量和微量元素的含量都比鱼粉好。更重要的是，黄粉虫的幼体可以直接以活体的方式投喂给动物，不需要经过任何处理，因此黄粉虫常常被用来驯养、诱集珍稀动物，如昂贵的小鸟、蜥蜴、宠物蛇等。另外，黄粉虫可以被开发成人类新的动物蛋白源，其体内所含的蛋白质质量好，而且所含的各种营养元素也十分丰富，因此它常常被人们当作新的食品。国外许多地方就有油煎黄粉虫的习惯，在街头巷尾也可见人们拿着或烤或煎的黄粉虫。在我国除了香港和广东等地外，其他地方品尝黄粉虫的还不多，因此其市场开发前景是非常巨大的，人们完全可以通过科学的方法，采取更加安全的措施来加工开发黄粉虫食品，让这种美味可口、营养丰富的食品走进千家万户。

四、黄粉虫代替鱼粉的可行性

研究和生产实践表明，黄粉虫作为饲料添加剂和动物蛋白源，完全可以替代优质鱼粉。以下从两方面进行分析：

1. *营养方面*

黄粉虫比优质鱼粉还具有优势。黄粉虫蛋白质含量高，所含氨基酸丰富全面、搭配合理，还含有丰富的维生素及矿物微量元素等。另外，鱼粉里的鱼刺及骨头需要另外加工才能被应用，而黄粉虫的整个虫体可以一次性全部加工成动物蛋白，营养价值更高。

2. *来源方面*

鱼粉主要是依靠鱼类，但是，长期以来人们对于大自然的过度索取，包括对海洋资源的酷渔滥捕，加之海洋环境受到了不同的污染，生态环境也受到了一定的破坏。根据分析，黄粉虫体内含有特殊的气味，诱集一些珍稀动

物的效果极佳，而且黄粉虫在动物体内易被消化，养殖经济动物的成活率较高。例如，在室外池塘养鱼时，常使用鲜活的黄粉虫来驯化鱼类，鱼群易集中抢食。在人工养殖鳝鱼时，刚从天然水域中捕获的野生鳑鱼会拒食人工饵料，因此驯饵是养殖成功的关键技术。可以使用鲜活黄粉虫，采用递减投喂法进行人工驯饵。具体方法为，将野生黄鳝捕捉后，先投喂它喜欢的鲜活黄粉虫，然后逐渐减少鲜活黄粉虫的量，将部分黄粉虫拌在饵料内投喂，一周后，同时减少活虫量和在饵料内的添加量，就这样经过 20 多天的驯饵，可以使黄鳝吃食人工饵料，效果明显。另外，采用黄粉虫养殖的经济动物风味好，这一点在水产养殖业上应用较为明显。例如，用黄粉虫养出的鲤鱼，体色有光泽，肉质细嫩、洁白，口感极佳，肥而不腻，比用人工饲料强化喂养的鲤鱼好得多，而且没有特殊的泥土味；用黄粉虫饲喂的河蟹比单纯用人工配合饲料饲养的河蟹的生长速度快，个体规格大。

五、黄粉虫可使观赏动物体色艳丽

我国观赏动物，如观赏鸟、观赏鱼、观赏龟等养殖越来越多，观赏动物的赏析越来越被重视，对其体质和体色的要求也越来越高。黄粉虫中含有大量的氨基酸和微量元素，它们是天然着色剂，用来喂养观赏宠物，能使观赏动物抵御疾病的能力增强，体态更加丰腴美观，色泽更加亮丽鲜艳，增色效果明显而且不易脱色。

黄粉虫在宠物界的饲料里占有重要的地位，尤其是作为观赏鱼的主要饲料，已经被广大观赏鱼养殖户所接受。我国每年出口的黄粉虫中，基本上都是以干品的形态出口，主要的用途就是养殖观赏鱼和其他的宠物。作为观赏鱼饲料，黄粉虫具有它自身独特的优势。

六、黄粉虫能够转化废弃物

1. 我国秸秆资源数量

我国每年农作物秸秆产量在 6 亿吨以上。多年来，稻草、玉米秸、麦秸 3 种秸秆数量一般占秸秆总量的 75%以上，由于农村产业化结构调整，经济作物秸秆的比例也有所增加。秸秆资源数量估算主要有三种方法：草谷比法、副产品比重法、收获指数法。1952~2008 年全国农作物秸秆总量和 2008 年全国各省份秸秆总量表明：①中国是世界第一秸秆大国；②2008 年全国秸秆产量达到 84219.41 万吨，与 1952 年（21690.62 万吨）相比净增 2.88 倍；③全国近一半的秸秆资源分布于全国百分之十几的土地上；④秸秆是我国陆地植被中年生长量最高的生物质资源，分别相当于全国林地生物质年生长量的 1.36 倍、牧草地年总产草量的 2.56 倍和园地生物质年生长量的 7.75 倍；⑤水稻、小麦、玉米三大粮食作物秸秆产量合计占全国秸秆总产量的 2/3 左右；⑥2008 年我国秸秆可收集利用总量为 65102.19 万吨，平均可收集系数为 0.77。

2. 我国秸秆资源利用现状

随着我国农村经济的发展和能源供应，农业秸秆的综合利用和资源化利用得到加强，农民焚烧秸秆的现象逐渐减少。但是，目前仍然有很多地区存在农户在田间直接焚烧秸秆的现象，这不仅造成了严重的环境污染问题，而且带来了交通隐患，同时威胁到了人民的生命财产安全。

秸秆主要有五个方面的用途：一是能源化，用作燃料；二是秸秆养畜，用作饲料；三是秸秆还田，用作肥料；四是秸秆工业加工，用作工业原料；五是秸秆种植食用菌，用作食用菌基料。以上简称“五料”。秸秆综合利用研究主要集中于上述五个方面上。虽然秸秆在诸多方面能得到一定的利用，但由于我国是世界农业大国，秸秆数量十分庞大，并且农村区域性差异较大，秸秆的资源化利用程度并不高，仍有大量秸秆得不到有效开发利用，导致大量秸秆被废弃及焚烧。另外，随着农村经济条件和生活水平的提高，煤、液化气等传统商品能源逐渐普及，用作直接燃料的秸秆数量越来越少，我国每年废弃及焚烧的秸秆总量约 2.15 亿吨，占可收集秸秆资源量的 31.31%。而秸秆的能源化利用比例仅为 18.7%，这说明目前我国的秸秆能源化利用程度远远不够，也表明未来秸秆的综合利用需进一步加强。

（1）焚烧秸秆造成的危害和损失。

第一，严重污染和破坏环境。焚烧秸秆会造成空气污染、土壤结构恶化和交通事故频发等，对人类健康和周围动植物的生态环境造成严重影响。主要危害如下：①大气污染大量焚烧秸秆产生的烟雾中含有 TSP、PM10、

PM2.5、CO、CO_2和SO_2等许多有害物质和气体，每年焚烧大量的秸秆也加剧了温室效应。②农田生态系统破坏：耕地贫瘠化农田板结、减少（农田）生物多样性、病虫害爆发、降低作物产量。

第二，危害生命财产安全。焚烧秸秆不仅使空气受到了污染，而且会使人们健康受到威胁。人们在这种被污染的环境中长期呼吸会出现眼红、咳嗽等症状，容易诱发眼部疾病和呼吸道疾病。另外，秸秆焚烧易引起火灾，露天秸秆焚烧导致火灾事故屡见不鲜，对人们的生命财产安全构成了严重威胁。

第三，对交通安全构成严重威胁。秸秆内含有大量的有机物，含碳量高，燃烧会产生大量的颗粒物，形成黑烟。因此秸秆焚烧会造成空气能见度下降、可见范围降低，直接影响民航、铁路、高速公路的正常运营，干扰机场航班正常起飞和降落，容易造成事故的发生，对交通安全构成了严重威胁。

第四，焚烧秸秆会带来经济损失。受消费观念和生活方式的影响，农村秸秆资源完全处于高消耗、高污染、低产出的状况，大量的农业秸秆被废弃或焚烧，未得到合理利用。据调查，目前我国秸秆利用率约为33%，其中大部分未经处理，经过技术处理后利用的秸秆占比仅约为2.6%。数量如此庞大的废弃秸秆被随意浪费和焚烧，不仅会对生态环境产生严重污染，而且也会造成巨大的经济损失。从2004年的调查研究结果来看，2004年我国大陆秸秆的产生量约为65202.8万吨，焚烧量为14053.0万吨，造成折纯养分损失为1752.5万吨，占同年化肥施用量的8.15%，即相当于377.88万吨化肥，按每公斤折纯养分3元计算的话，生物量的损失为113.4亿元；露天焚烧造成的大气污染的损失大约为196.5亿元，同年全国国内生产总值（GDP）136875.9亿元，而环境污染治理投资总额为1909.8亿元。据此推算，秸秆焚烧造成的大气污染损失约占GDP的0.14%，约占全国环境污染治理投资的10.2%；造成生物量和大气污染的损失为309.9亿元。

（2）黄粉虫在废弃物转化中的作用。

第一，玉米秸秆的降解。黄粉虫幼虫因具有食性庞杂，耐粗饲，繁殖能力强等特点，曾被用于处理农业废弃物以及有机生活垃圾。孙国锋等（2010）将玉米面和麦麸按6：10的比例混合添加到鸡粪中进行EM发酵，取得了良好的效果，再次添加10%的玉米面可作为黄粉虫的饲料。高红莉等（2011）

研究发现，黄粉虫对 Cu、Cd、Se、Hg 和 Zn 等重金属元素有一定的累积作用，其中对 Cd 的积累能力显著，对 Zn 的积累系数较大。近年来，许多学者利用黄粉虫耐粗饲这一特点对农业废弃秸秆进行资源化利用，尝试提高黄粉虫对秸秆的适应性，将秸秆作为黄粉虫的饲料。

我国每年会产生数亿吨的作物秸秆，这些农作物秸秆大多被焚烧或粉碎后直接撒入土地，很少一部分被当作饲料。王春清等（2013）研究发现，40%的麦麸和 60%的玉米秸秆的比例最适合养殖黄粉幼虫，幼虫成活率高、体长和体重都较好。吕树臣研究发现，用微生物发酵的玉米秸秆饲喂的黄粉虫幼虫，其各项指标均比较理想，且对秸秆的利用率较高，养殖成本较低。王崇均研究指出，用酵母菌发酵后的玉米秸秆喂食黄粉虫，要比用未发酵的玉米秸秆喂食黄粉虫的效果好很多。徐世才等（2013）选用（碱化法发酵处理玉米秸粉：玉米：玉米秸秆）=（33. 33%：33. 33%：33. 33%）饲喂黄粉虫幼虫，混合饲料对幼虫体质量增长、幼虫历期、幼虫粗蛋白含量、幼虫化蛹率和成虫羽化率影响显著。张丹等（2008）首次将稻壳、麦麸、豆腐渣和汉虾粉作为配方喂食黄粉虫，观察黄粉虫幼虫生长发育情况。结果表明，各饲料配方对幼虫的化蛹率影响不显著，对其发育历期、增重及蛹体重有显著影响。其中，添加汉虾粉喂食效果最佳，发育历期短，增重快，蛹重量大，混合原料配制成的饲料优于单一原料，稻壳喂养效果最差。吉志新等（2011）研究表明，以不同比例的玉米秸秆配合精饲料喂食黄粉虫，有利于粗蛋白、粗灰分以及 Ca 和 P 等元素的积累，但不利于黄粉虫生长和粗脂肪的积累。2011 年，谢剑（2011）利用棉花秸秆、灰绿藜配以不同比例的树皮作为饲料对黄粉虫进行饲养，观察黄粉虫在不同饲料条件下幼虫生长发育和死亡情况。结果表明，黄粉虫幼虫对棉花秸秆和灰绿藜消耗量小、利用率低，不适合作为饲料。胡亮和文礼章（2013）以酵母粉发酵稻草作为黄粉虫饲料，观察并记录幼虫体重、蛹重、化蛹率、存活率等，探讨发酵稻草喂食黄粉虫的可行性，实验数据表明，发酵稻草饲养的黄粉虫幼虫并不能正常生长。王春清等（2013）利用不同比例的麦麸和玉米秸秆喂食黄粉虫，观察对其幼虫生长性能的影响，综合经济效益和生长性能指标考虑，40%麦麸和 60%玉米秸秆的比例组合最适合养殖黄粉虫。吴俊才等（2014）利用经不同浓度中草药红茶菌处理的木薯叶饲养黄粉虫幼虫，探讨不同浓度的中草药红茶菌处理的木薯叶对黄粉虫幼虫生长和繁殖性能的影响，结果表明，25%浓度中草药红茶菌处理的木薯叶有利于黄粉虫幼虫的生长，平均每日增重率高达 28.20%。

第二，食品垃圾的降解：食品垃圾主要包括人们在生产活动中丢弃的食品类废弃物。传统的处理食品垃圾的方法以填埋、饲料化和好氧堆肥为主，缺点是填埋占地、严重影响地下水和周围的空气环境，影响人们的身体健康。杨天予（2012）用黄粉虫的幼虫处理家庭食品垃圾（蔬菜叶、水果皮、霉变的馒头、剩米饭等），从而减少食品垃圾因运输、处理产生的污染。徐世才等（2015）设计了一款虫厨宝生物垃圾桶，利用黄粉虫幼虫直接处理餐余垃圾，达到餐余垃圾源头降解，但最佳的虫料比还有待探究。李涛等（2015）分析了利用黄粉虫处理有机废弃物的可行性，既总结了当前的研究进展，又提出了新的研究方向。

第三，塑料泡沫的降解：白色污染的塑料主要指乙烯、丙烯、氯乙烯等在一定条件下相互反应生成高分子聚合物，如聚乙烯、聚丙烯、聚氯乙烯等。塑料由于具有高度的化学惰性，降解周期一般为 300 年，成为高度长寿材料在自然界中不断累积。沈叶红（2011）对黄粉虫肠道菌的分离和取食塑料进行分析，结果表明，黄粉虫能取食聚苯乙烯泡沫塑料，有明显的生长现象；共分离得到 35 株菌。徐世才等（2013）对黄粉虫降解泡沫进行了研究，结果表明，黄粉虫在泡沫饲料比为（1：6）时泡沫的降解率最大，可达 74. 21%，且此时的生长发育情况与空白对照组持平。然而这些都是对黄粉虫取食塑料的初步探究，如何更好地利用黄粉虫去降解塑料污染还得继续探究。

黄粉虫能将秸秆等农业废弃物转化为有用物质，这是因为农村常见的秸秆等废弃物是黄粉虫的良好饲料。我国是传统的农业大国，每年伴随着各种农作物的丰收而产生的秸秆、藤蔓达 6 亿多吨，这些秸秆类只有很少一部分能够被充分利用的，用作大型牲畜如牛、羊、驴、马等饲养消耗的不足 20%，用作烧柴的不足 10%，其余均被当场焚烧或长期堆积自然腐烂。每到收获季节，便能处处看到秸秆焚烧的野烟，既造成资源浪费，又污染环境。因此，如何利用和转化这些有机废弃物，并使之产生一定经济效益，是各级政府的工作重点之一，也是广大农民的殷切希望。这些年来各地频频出招“禁烧令”，却往往是有令无行，主要的原因就是大量的秸秆处理无方，因此通过黄粉虫利用和转化这些以农作物秸秆为主的农业有机废弃物资源无疑是一条崭新且有效的途径。据统计，安徽省每年生产农作物秸秆废弃物 9200 万吨，如将 80%用来饲喂黄粉虫，农民出售秸秆将获得一笔十分可观的收入，而取得的环保及生态效益则是不可估量的。此外，生活垃圾及畜禽粪便也可以作为黄粉虫饲料成分加以转化和利用。

【提示】在利用和转化农作物秸秆时，重要的一点就是饲养黄粉虫不消耗粮食，同时可将大畜禽不能转化的饲料转化为优质高蛋白饲料。人们可以充分利用饲养黄粉虫这种小昆虫为跳板，进而用优质的黄粉虫作为主要的饲料源或添加剂来饲养各种畜禽和多种多样的特种经济动物。通过黄粉虫这个中间环节，解决长期不能解决的“人畜分粮”问题，将传统的“单项单环”式农业生产模式转化为“多项多环”式农业生产模式。使农业生产自身形成产业链条，为农业产业化开辟一条新路。

第四节 黄粉虫研究进展

一、国外利用黄粉虫的情况

人类与昆虫交往的历史，基本上是一部为争夺食物而战斗的历史，随着科学的发展、历史的进步，人们开始从另一个角度重新来审视这些昆虫，发现它们是目前地球上尚未被充分利用的最大的生物资源。研究昆虫资源、利用昆虫资源、开发昆虫产业，正成为 21 世纪全球性的热潮，目前，国际上一些发达国家，已经把开辟新的蛋白资源的途径转向昆虫。为了研究、利用黄粉虫，这些国家还成立了专门的研究机构，进行深入而系统的研究与利用。资料表明，最早研究黄粉虫并取得相当出色成绩的国家有法国、日本、德国、澳大利亚、俄罗斯、新西兰和墨西哥等。其研究方向和内容主要是黄粉虫生产饲养技术，人工养殖的饲料供应，黄粉虫的药用价值、食用价值、保健价值、工业价值和饲料价值等方面的探索，尤其是对黄粉虫酶系生化生理的研究较多，现在也已经取得了很多的成果。例如，美国已经开发了上百种昆虫蛋白资源，生产出了不同种类的昆虫食品并投放市场，备受人们青睐。在墨西哥、法国、澳大利亚、新西兰等国家的家庭餐桌上，“黄粉虫菜”非常普遍。另外，以黄粉虫为原料制作的药品和保健品也深受人们的欢迎，英国、德国一些昆虫食品开发商已经开发生产了十几种“昆虫饲料”。美国到1997年为止，已经建立了12家国际及民间科研机构，从事昆虫的养殖及加工研究，形成了昆虫的基础研究→应用研究→开发研究的科研体系。他们的主要研究工作是将黄粉虫资源物质分离纯化，研制成各种生化制品，如以几丁质（甲壳素、壳聚糖）为原料的产品，包括果蔬增产催熟剂、美容化妆品、保健品等。

从大的方面来看，国外目前黄粉虫主要还是用在宠物饲养上。例如，黄粉虫干品可以作为宠物狗、猫、鸟、蜥蜴饲料的添加剂，按比例把黄粉虫干品加入饲料中既可以替代鱼粉的添加，又可以预防疯牛病、口蹄疫和禽流感等传染性疾病的扩散。另外，黄粉虫还是各种观赏鱼、观赏龟的天然饵料。国外的研究资料表明，由于黄粉虫蛋白质具有特殊的功能，目前已经被开发成为寒冷地区饲料、药品、车用水箱及工业用防冻液和抗结冰剂的重要添加剂之一。

二、国内开发黄粉虫的情况

国外研究和应用黄粉虫的历史已经有100多年了，国外著名动物园都用其作为繁殖名贵珍禽、水产动物的肉质饲料之一。而我国对黄粉虫的利用和研究只有不到60年的历史，因此在开发应用和新领域利用方面还是和国外有一定的距离的。1952年，我国从苏联首次引进黄粉虫，主要用来饲喂一些珍稀飞禽，后来渐渐将其作为一些药用动物和其他经济动物的饲料，同时也用于教学研究。1955年左右，黄粉虫不断向社会扩散，渐渐流向当时北京的官园花鸟鱼虫市场，成为宠物的好饲料。这时的黄粉虫养殖还是小打小闹，主要是人们自发地将其作为自己家中的鱼、鸟的饲料，多余的一部分用来出售赚钱。随着人们对黄粉虫认识和开发的进一步加深，黄粉虫在我国的应用渐渐地上升了一个台阶。从 1981 年开始，人们在养殖蝎子时，发现黄粉虫是最佳的饲料来源，于是就有养殖户专门养殖黄粉虫作为饲料来养殖蝎子。到了 20 世纪 90 年代，人们开始认识到各种珍稀动物的保健作用，纷纷养殖甲鱼、蛤蚧、牛蛙、林蛙、蝎子等特种经济动物，这时对黄粉虫的饲料需求有了进一步的提高。这一时期黄粉虫还是作为饲料使用，虽然进一步得到了社会的重视，但规模小、分布狭窄、量低、利用率不高。20 世纪末，全球对昆虫的利用有了新的认识，我国黄粉虫的养殖也有了质的飞跃，已经有专门的生产专家和养殖场对其进行培育，一些科研工作者也加入了这方面的研究中。进入 21 世纪，关于黄粉虫的研究更是突飞猛进，2001~2003 年组织实施的农业部丰收计划项目《黄粉虫工厂化生产技术的示范应用》在 2003 年 8 月通过鉴定。国内对黄粉虫资源开发利用的探索经历了小规模散养和工厂化生产、加工、利用两个阶段，目前正向深加工、广应用阶段发展。黄粉虫资源的人工生产养殖利用将逐渐向规模化、专业化、标准化与综合利用深加工方向发展，同时与黄粉虫饲养有关的生物饲料饲养器具、分离设备也在配套发展。现在我国对黄粉虫的应用范围已经延伸到多个领域中，在产业化研究中，我国科研工作者们系统测试了黄粉虫各种不同虫态的蛋白质、脂肪、几丁质（甲壳素）、矿物质和微量元素的含量，对昆虫源蛋白、几丁质、壳聚糖在医药、保健品、食品、化妆品、纺织品以及农林果蔬增产剂等制造业中具有的诸多用途及前景做了探讨。主要表现在以下几个方面：黄粉虫是替代鱼粉的优质蛋白饲料，昆虫蛋白可以用于生产食品、氨基酸生物肥、天然蛋白丝等，其营养成分可与进口优质鱼粉相媲美，而生产成本远远低于鱼粉；黄粉虫是优质的油脂产品来源，昆虫油脂可应用于食用、饲用、医用、工业用生物柴油等；以黄粉虫鲜虫体或脱脂蛋白为原料开发的食品、饲料、调味品不断涌现；黄粉虫蛹罐头和黄粉虫菜肴已经出现；黄粉虫虫蜕是生产甲壳素的优质原料，其钙质含量远远低于虾、蟹壳，加工难度大大降低；虫粪沙作为饲料、生物有机肥的菌体吸附剂，是良好的有机肥料。

1. 黄粉虫的饲料研究

许多学者和养虫户已对生物饲料、饲料配方和饲料添加剂进行了研究。

（1）生物饲料。从绿色环保的角度出发，将微生物与原料混合，经发酵、干燥等制成的富含活性益生菌的优质饲料，使许多口感不佳的农副产品和废弃物转化为适合的饲料。生物饲料不仅能够预防疾病，而且还能提高饲料品质，治理环境污染。曾祥伟等（2012）将牛粪经 EM 发酵后按 60%的比例同常规饲料混合，饲料营养价值提升，适口性改善,适合作为黄粉虫幼虫饲料，黄粉虫群体能够完成幼虫生长过程并顺利化蛹，从而实现对牛粪的资源化利用。

（2）饲料添加剂。目前黄粉虫的饲料添加剂分两种。一种是微生态制剂。微生态制剂包含益生素、EM 制剂或生菌剂，是一种安全、环保的饲料添加剂。其原理是用外源添加菌来促使体内有益菌的繁殖，提高饲料转化率。张丽（2007）从幼虫肠道中分离出优势菌株，当添加量为 10×10^8 个/克时黄粉虫的生长发育各项指标良好。另一种是稀土元素。稀土元素具有增强生物抗逆性和免疫力、提高生物的品质、促进生物繁殖的效果。赵万勇等（2005）研究表明，用含稀土氧化铜 40mg/kg 的麦麸饲喂黄粉虫幼虫、成虫时能促进黄粉虫幼虫生长，缩短幼虫历期、降低幼虫死亡率，并能提高雌成虫的产卵量。

（3）饲料配方。在黄粉虫饲养中，可通过添加适量青饲料来改善饲喂麦麸饲料营养。卓少明和刘聪（2009）将水果皮与麦麸按不同比例混合来饲喂黄粉虫幼虫，结果幼虫总体效果较好的是麦麸中添加 50%比例西瓜皮组和麦麸中添加 50%比例香蕉皮组。温晓蕾等（2012）研究饲料添加紫红薯藤影响黄粉虫体内粗蛋白、粗脂肪的积累。于辉等（2011）报道了饲喂稿豆对黄粉虫幼虫粪便及生长发育的影响。高红莉等（2011）认为在麦麸中添加白菜能提高黄粉虫幼虫体重，加快增长速度。刘宁等（2012）初步探讨了黄粉虫能够取食黄顶菊，结果黄粉虫的生长发育及繁殖效果不佳。谢剑（2011）研究认为，黄粉虫幼虫取食灰绿藜和棉花秸秆后，幼虫生长不佳，说明其不能作为黄粉虫的主要饲料。此外，杨兆芬等（1999）研究发现，在幼虫期添加少量鲜马铃薯作为保湿及补充营养饲料，可极大地促进其生长。

2. 黄粉虫的食用研究

黄粉虫蛋白质含量高、脂肪中不饱和脂肪酸含量高、氨基酸组分合理且富含多种维生素及有益微量元素，因而被列入优良动物营养保健品之列，将其作为营养液、保健食品、焙烤食品的开发研制也方兴未艾。据测定，黄粉虫幼虫、蛹、成虫的粗蛋白含量分别为 47.7%、52.23%、64.7%。叶兴乾等

(1997) 认为，黄粉虫蛋白质含量占 47.4%，氨基酸含量占 45.56%，必需氨基酸含量占 19.23%。鲜黄粉虫的蛋白质含量高于鸡蛋、牛奶、柞蚕及猪、牛、羊肉，与鱼类的蛋白质含量相差无几。杨兆芬等（1999）认为，黄粉虫幼虫蛋白质和氨基酸含量分别占干重的 59.70%和 59.59%；不饱和脂肪酸占总脂肪酸含量的 77.05%，其中仅亚油酸就占总脂肪酸含量的 41.70%，有毒重金属的含量均低于国家标准。有机硒含量高达 34g/100g。维生素 A 和 E 含量分别为 337μg/100g 和 898μg/100g。

王文亮和孙爱东（2005）对黄粉虫人工食品加工技术做了初步研究，提出了三种食用方式：①将老熟幼虫和蛹磨成浆，成为全酯粉，可直接食用或作为食品添加剂；②油炸全虫，其味香酥可口；③ 将活蛹投入酒中，浸泡制成纯蛹酒，营养十分丰富。林学屺等（1997）对黄粉虫蛋白采用脱脂、浸提、双酶水解等处理，并用发酵法脱除异味，制得一种氨基酸含量丰富的水解液。崔蕊静等（1999）通过对黄粉虫蛋白质水解条件、水解液的发酵条件及发酵稳定性进行研究，从而制得了营养丰富的发酵饮料。杨兆芬等（1999）则对黄粉虫幼虫进行酶解制得氨基酸虫酒，且成本低，制得溶解率可达 93.8%的虫酒，总氨基酸含量可达 29.14%。

3. 黄粉虫用作天敌饲养中间寄主的研究

黄粉虫在经过特殊处理之后，可作为室内人工繁殖饲养天敌的优良材料。张卫光（2004）在室内对十种常见的害虫进行研究筛选，得出黄粉虫和玉米螟［*Ostrinia nubilalis*（Hubner)］是适合大量繁殖川硬皮肿腿蜂（*Scleroderma sichuanensis* Xiao）的两种新中间寄主。钱明惠（1999）用黄粉虫繁殖管氏肿腿蜂（*Scleroderma guani* Xiao）也取得了不同程度的成功。

在国外，黄粉虫还广泛应用于捕食性天敌昆虫的饲养。用黄粉虫饲养蝽科的 *Supputius cincticeps Stal*（*Heteroptera*：*Pentatomidae*）、*Podisus distinctus stal*、斑腹益蝽 *P. maculiventris*、*P. rostralis stal*，有不错的饲养效果，甚至比用家蝇还好。

4. 黄粉虫被用作保健品、药品的机能性研究

随着科技的不断进步，昆虫已被人们应用于各个领域。由于昆虫体内含有多种特殊的活性蛋白，这些活性蛋白具有治疗疾病、抗衰老等作用，因此，

目前昆虫亦是医药研究中的热点。

目前，利用黄粉虫干粉及提取液制作的保健品还在开发中，没有形成产业，但其药用价值已被证实，杨兆芬等（1999）研究指出，黄粉虫幼虫具有抗疲劳、抗衰老和降血脂及促进胆固醇代谢的功能。李汉臣等（2012）认为，黄粉虫幼虫具降血脂功能，通过用黄粉虫代替高脂饲料饲喂小鼠的试验表明，黄粉虫油既可以预防小鼠摄入高脂饲料时血液中总胆固醇升高，又可以降低高血脂小鼠血总胆固醇。

从分子水平解释，活性自由基是造成衰老的主要原因之一。超氧化物自由基是生物体在代谢过程中的产物，它的累积将导致膜蛋白酶损伤及生物分子交联，从而引起细胞功能的丧失，并导致各种疾病，最终导致集体衰老和死亡，而自由基清除剂（如超氧化物歧化酶、过氧化物酶等）能灭活超氧阴离子，促使过氧化物游离基转化成过氧化氢和氧，从而使机体免受超氧化物自由基侵害，延缓衰老。黄粉虫体内含有多种有益物质，从虫体内提取出的高蛋白干粉可制作具有多种保健功能的制剂，包括抗衰老、提高免疫力、防治心血管病及一些抗癌功能的保健和药品，并具有改善放疗和化疗副作用的效果。陈岫等（2011）研究发现蚂蚁体内也含有丰富的自由基清除剂，尤其是拟黑多刺蚁体内的超氧化物歧化酶与过氧化物酶的含量很高，是用于抗衰老的佳品。黄粉虫还可以将无机硒转化为有机硒，用黄粉虫制作富硒粉，可以治疗因缺硒引起的如肿瘤、大骨节病、眼病等疾病。

黄粉虫体内含有多种有益物质。从黄粉虫中提取 SOD 精品，不仅质量好，而且成本低，原料丰富。SOD 具有极好的抗衰老、抗皱及防病保健功能，已经广泛应用于保健及化妆品产业。昆虫虫体内的抗细菌肽和抗真菌肽，不仅对细菌、真菌有广谱抗菌能力，对病毒、原虫及癌细胞也有作用，而对高等动物正常的细胞无害。Lee-Kwang Moon 等（1998）已成功地从黄粉虫中分离得到了抗真菌蛋白 tenecin 3，Lee-Keun Hyeung 等（1998）、Moon H. J. 等（1994）也对黄粉虫中的抗细菌蛋白 tenecin 1 进行了分离和克隆。据研究，黄粉虫中的抗菌物质对部分主要的动植物病原菌均有一定的抑菌效应。以昆虫作为生物反应器，生产保健药品被看成是未来医药发展的一个重要方向。

黄粉虫中还含有抗冻蛋白（Antifreeze Protein），其活性很高，分离其基因对于进行转基因动植物和蛋白质工程的研究具有重要的理论与实践意义。

三、黄粉虫的生理生化研究

黄粉虫巨大的开发潜能和广阔的市场前景也促进了人们对其生理生化的研究。经过近二三十年的努力，黄粉虫的生理生化研究取得了可喜的进展，如表皮生物化学、防御免疫、抗逆性机理、消化与排泄机理、生殖机理及激素调节机理等。下面仅就防御免疫、抗逆性机理方面取得的进展作一综述。

1. 防御免疫机理

（1）体外防御。昆虫为了寻求自我保护演化出了一套独特的体外防御机制，主要表现为行为、构造、化学和色彩上的防御，其中化学防御又可分为注射毒物和释放特殊气味物质两种。黄粉虫属于通过分泌特殊气味物质来进行化学防御的昆虫。黄粉虫体外化学防御的研究目前主要集中在防御腺和防御性分泌物。

1）御腺的形态结构及着生部位。Waletr R. Tshcinkel（1974）通过对 115 种拟步甲科昆虫的腹部防御腺及其相关结构、形态进行系统研究发现，该科成虫的防御腺和贮液囊均由第 7、第 8 腹片的节间膜上一对袋状物演化而来，并显示出高度的同源性；其中，黄粉虫成虫的防御腺属于比较原始的一类，贮液囊容积较小、可部分外翻，内膜薄且皱褶程度不高，分泌导管分布于贮液囊背部表面，并且不具有辅助的防御结构或行为。强承魁（2005）又进一步研究了黄粉虫成虫腹部末端防御腺的着生位置和形态，结果表明，黄粉虫成虫的防御器官是第 7 和第 8 腹节的节间膜内陷形成的囊状结构，左右两囊在体腔内向盲端方向逐渐变细，两囊在基部共腔，防御腺分别位于两囊的基部背面。防御腺上每一分泌单元的导管均延伸至贮液囊处，由 30~40 个细胞的导管聚集成导管束，导管束和囊壁的愈合处伸出许多中空的短锥。

2）御性分泌物的化学成分及含量。Schildknecht 和 Weis（1960）认为，黄粉虫的防御性分泌物仅含有醌类物质。Waletr R.Tschinkel（1975）运用气—液色谱技术对拟步甲科 55 属 16 族中的 147 种昆虫的化学防御物质进行了定性和定量分析，结果显示，均含有甲基苯醌、乙基苯醌和苯醌，其中苯醌含量较低。杨兆芬等（2004）采用分光光度法对黄粉虫的防卫毒素——苯醌含量进行了分析，结果发现，黄粉虫的不同发育阶段苯醌含量不同，其中成虫最高，蛹次之，幼虫最低；黄粉虫同一发育阶段的苯醌含量随日龄增加而增大；并且同一日龄的雌蛹和雌成虫苯醌含量均高于雄蛹和雄成虫。强承魁等（2006）采用 GC/MS 法分析了黄粉虫防御性分泌物的化学成分，结果发现，黄粉虫成虫腹部防御性分泌物的二氯甲烷萃取液中共有 7 种成分：2-甲基对苯醌、对甲酚、正二十三烷、正二十四烷、12-二十五烯、正二十五烷和正二十六烷，幼虫和蛹腹末端的体液与成虫防御性分泌物拥有 4 种相同的长链烷烃：正二十三烷、正二十四烷、正二十五烷和正二十六烷；此外，幼虫还含有 3 种有机酸：十六酸、9-十八烯酸和 9，12-十八碳二烯酸，但幼虫和蛹均不含毒性较强的 2-甲基对苯醌和对甲酚。强承魁等（2006）还进一步分析了黄粉虫成虫分泌物中 2-甲基对苯醌和对甲酚的含量，结果表明，15 日龄时，雌成虫分泌物的 2-甲基对苯醌含量低于雄虫：但在 15~60 日龄期间，雌成虫分泌物的 2-甲基对苯醌含量持续增加，而雄成虫 2-甲基对苯醌含量呈先减后增趋势，但均远低于雌成虫；60 日龄时，雌、雄成虫的 2-甲基对苯醌含量均达最高；并且，雌、雄成虫分泌物的 2-甲基对苯醌和对甲酚总含量的变化规律也与 2-甲基对苯醌一致，成虫防御性分泌物中 2-甲基对苯醌和对甲酚含量的规律性变化可能与交配有关。Rolff 和 Siva-Jothy（2002）认为，交配可减弱甚至恶化成虫的支配免疫受动系统中的酚氧化酶活力。30 日龄前后的黄粉虫成虫正处交配高峰期，故雄成虫分泌物中 2-甲基对苯醌和对甲酚的总含量在 30 日龄时最低；随着高龄成虫繁殖活动的大大减少，至 60 日龄时，雌、雄成虫分泌物中 2-甲基对苯醌和对甲酚总含量即达最高。Blankespoor 等（1997）认为，长膜壳绦虫幼虫感染后的黄粉虫，其分泌物中 2-甲基对苯醌和间甲酚含量均降低。这表明，黄粉虫成虫分泌物中防御物质的含量可能受交配时的机械接触、性激素分泌和寄生虫感染等的影响。

3）御性分泌物的功能。强承魁等（2006）用牛津杯法和平板连续稀释法研究了黄粉虫防御性分泌物对大肠杆菌、金黄色葡萄球菌、白色假丝酵母、黑曲霉、桔青霉的抑菌作用，结果表明，分泌物对供试菌的抑菌强度为：桔青霉>大肠杆菌和金黄色葡萄球菌>白色假丝酵母>黑曲霉；而且该分泌物对 5 种供试菌的抑制效果均优于 2-甲基对苯醌和对甲酚标准品。这表明，分泌物中除 2–甲基对苯醌和对甲酚外，还有其他物质参与或强化了抑菌作用。

4）御性分泌物的释放。Lengerke（1925）认为，黄粉虫成虫的贮液囊借助插入其尖端的牵缩肌作用而外翻，并利用这种比较原始的形式释放分泌物。Walter R. Tshcinkel（1975）则将黄粉虫成虫释放分泌物这一过程划分为 3 个阶段：首先，黄粉虫腹部可见的腹片末端被牵缩肌作用而导致防御腺孔口暴露；其次，腹部背板的节间膜肌肉收缩，压迫体壁，使体液（fin 淋巴）压力增大；最后，分泌物的排出通道被打开，开始释放分泌物。

（2）体内免疫。昆虫除了具有特殊的行为、拟态、保护色及阻止异物入侵的体壁、消化道等物理性屏障和分泌化学防卫素的防御腺以外，还具有清除体内异物的免疫系统、解毒酶系统，以保卫肌体，稳定肌体内环境。昆虫的体内免疫包括细胞免疫和体液免疫。

1）细胞免疫。细胞免疫主要包括细胞的吞噬作用、包被成瘤和凝集作用。其中，包囊作用是昆虫对不能被血细胞所吞噬的大型异源物质的一种主要防御反应，但对包囊反应生化过程的认识目前仍旧十分模糊。为了分离鉴定包囊作用早期相关蛋白（ERPs），Mi Young Cho 等（1999）采用注射 3 种不同凝胶微粒和植入外科手术线片段的方法诱导黄粉虫的细胞包囊作用。处理 10 分钟后，回收诱导蛋白，并对其进行 SDS/PAGE。结果发现，诱导血淋巴中出现了 4 种不同的蛋白（86 kDa、78 kDa、56 kDa 和 48 kDa），且它们的含量较丰富。最终他们从中分离出 2 种包囊作用早期相关蛋白（56 kDa 和 48 kDa），并获得其多克隆抗体。免疫印迹分析表明，纯化的 56 kDa 和 48 kDa 包囊作用早期相关蛋白抗体与 48kDa 和 56 kDa 包囊作用早期相关蛋白具有交叉免疫反应。cDNA 克隆和序列分析表明，56 kDa 包囊作用早期相关蛋白由 579 个氨基酸残基组成，是一种新奇的、富含谷氨酰胺的蛋白，而 48kDa 蛋白是由 56kDa 蛋白在 Argl01–Glyl02 部位经限制性水解断裂形成的。Western 杂交分析表明，这些包囊作用早期相关蛋白只能在血细胞薄膜上检测到，当把表面涂有 56kDa 和 48kDa ERP 抗体的早期包囊化微粒重新注入黄粉虫幼虫体内后，没有观察到进一步的包囊反应发生，但把早期包囊化微粒与 56 kDa ERP 抗体或 48 kDa ERP 抗体或非免疫兔的 IgG 孵育后，再重新注入黄粉虫幼虫体内，进一步的包囊作用又发生了。

2）体液免疫。昆虫的体液免疫与高等动物有明显的不同：既没有专门的免疫器官和免疫细胞，也没有抗体和补体系统。昆虫的体液免疫主要依赖于血淋巴中的溶菌酶、抗菌肽和参与外源物杀伤或钝化作用的防御酶。黄粉虫的体液免疫研究主要集中在对其防御酶（酚氧化酶）和抗菌物质的研究。

酚氧化酶（phenoloxidase，PO，ECl.14.18.1），又称酪氨酸酶（tyrosinase），是昆虫体内的一类重要防御酶，在昆虫的正常发育过程中具有重要的生理功能：参与表皮的硬化、黑化过程；参与伤口愈合反应；参与对外来侵染物的免疫防御反应。一般来说，昆虫可以特异地识别入侵的病原物，如细菌、真菌、线虫等，并开启免疫防御系统来吞噬入侵者。在此过程的初始阶段，酚氧化酶酶原（prophenoloxidase，ProPO）被活化成具有活性的酚氧化酶（PO），然后再将酚类物质氧化，并在其他酶的催化下，经过一系列复杂的生化过程，最终聚合成有毒的黑色素将病原物隔离或杀死。由此可见，酚氧化酶在昆虫免疫系统中具有重要作用。正因为如此，酚氧化酶系的生物学功能及该酶系统的抑制、激活、调控研究也成为了昆虫生理、生化领域的研究热点。

Hyun Seong Lee 等（1999）为了研究细胞凝集反应相关蛋白，曾用黄粉虫幼虫血淋巴在体外诱导细胞凝集（粘着）反应，结果发现，在细胞凝集（粘着）反应残留物中有一种分子量为 72 kDa 的蛋白质尤其丰富。他们进一步采用免疫筛选法从黄粉虫 cDNA 文库中筛选出了该蛋白的 cDNA 基因，并运用 Sanger 双脱氧链终止法对该蛋白的 cDNA 进行测序，推导出了该蛋白的氨基酸序列，最后通过与国家生物信息中心（NCBI）的蛋白质序列数据库信息进行比对，确定该蛋白正是由黄粉虫酚氧化酶原活化而来的酚氧化酶。至此，他们不仅测定了黄粉虫酚氧化酶及其酶原的 cDNA 序列，而且明确了酚氧化酶的生物学功能：除参与黑色素的合成以外，还参与细胞凝集/粘着反应。虽然已知酚氧化酶原激活系统是无脊椎动物先天免疫防御系统的重要组成部分，并且与超氧化物的产生、黑色素的合成及外来入侵物的隔离有关，但对这些生物学反应的分子机制的认识仍旧十分模糊。为进一步深入了解酚氧化酶原激活体系的生物学作用，Sun Woo Lee 等（2001）曾做过一个酵母双杂交筛选试验。此次试验以酚氧化酶原的 3 个片段作诱饵，同时以黄粉虫幼虫的一个酵母双杂交 cDNA 文库为捕获对象。结果他们筛选出了一个新的编码富甘氨酸蛋白的 cDNA 片段，这种富甘氨酸蛋白能与酚氧化酶互作，因此被称为酚氧化酶互作蛋白（POIP）。POIP 含有 2 个结构域，即 N 末端的特异性结构域和 C 末端的富甘氨酸结构域；其中，C 末端的富甘氨酸结构域与昆虫的抗真菌蛋白结构域有序列同源性。反向酵母双杂交试验表明，PO 和 POIP 的互作是特异性的。同时，他们利用 315bp 长的 POIP N 末端特异性结构域的 PCR 扩增片段，从黄粉虫 cDNA 文库中克隆出了 POIP 的全长 cDNA。PO 与切去特异性 N 末端结构域的 POIP 的互作试验进一步表明，N 末端特异性结构域是 PO 与 POIP 互作所必需的。此外，注射细菌后，黄粉虫幼虫的 POIP mRNA 表达水平上升，这表明 POIP 的确参与了体液防御反应。

已知在外来入侵物周围合成黑色素是酚氧化酶的生物学功能之一，但对于酚氧化酶合成黑色素的分子机理却知之甚少。一直认为，节肢动物中酚氧化酶产生的醌类物质可能利用内源性的蛋白组分合成黑色素，但有关黑色素合成相关蛋白的研究却报道较少。为了分离鉴定黑色素合成相关蛋白，Kwang Moon Lee 等（2000）将黄粉虫幼虫血淋巴经葡聚糖凝胶 G-100 柱层析，制备出名为 G-100 的离体多酚氧化酶原激活溶液，这种溶液在 Ca^{2+}和 β-1,3-葡聚糖存在的情况下表现出酚氧化酶活力。在 Ca^{2+}和 β-1,3-葡聚糖存在的情况下，他们将 G-100 溶液与多巴胺一起孵育以诱导黑色素的合成，结果发现有 4 种蛋白（160kDa、酚氧化酶原、 酚氧化酶和 45 kDa）从 SDS-PAGE 电泳图谱上消失；但向反应体系加入酚氧化酶抑制剂——苯基硫脲后，其中的 3 种蛋白（160 kDa、酚氧化酶和 45 kDa）又出现在 SDS-PAGE 电泳图谱上。为鉴定这些黑色素合成相关蛋白，他们首先将分子量为 160kDa 的黑色素合成相关蛋白进行了纯化，并且制备了这种蛋白的一个多克隆抗体。cDNA 序列分析显示，这种蛋白由 1439 个氨基酸残基组成，与秀丽隐杆线虫 *Caenorhabditis elegans* 卵黄蛋白原前体-6 具有 19.7%的序列同源性。Western 杂交表明，这种蛋白在活化的酚氧化酶诱导黑色素合成时消失；当把这种 160kDa 的黑色素合成相关蛋白加入 G-100 溶液中后，黑色素的合成增强。这些证据表明，这种分子量为 160kDa 的卵黄蛋白原样蛋白与节肢动物的黑色素合成有关。

为进一步阐明昆虫酚氧化酶原系统激活的生化机理，Kum Young Lee 等

(2002) 又从黄粉虫幼虫血淋巴中分离纯化出一种分子量为 45 kDa、总体结构与果蝇假丝氨酸蛋白酶同系物相似的蛋白，并克隆出其 cDNA。这种黄粉虫假丝氨酸蛋白酶同系物（简称 Tm-mas）的 C 末端具有一个胰岛素样的丝氨酸蛋白酶结构域，但活性位点三联体中的 Ser 被 Gly 所取代，其氨基末端还有一个二硫桥结构域。当纯化的黄粉虫假丝氨酸蛋白酶与含有酚氧化酚原及其他酚氧化酶原激活因子的 CM.Toyopearl 离子交换柱洗脱液一起孵育时，诱导出的酚氧化酶活性与 Ca^{2+}无关，这表明 45kDa 的黄粉虫假丝氨酸蛋白酶是一种活化型的酚氧化酶原激活因子。同时，在酚氧化酶活性不明显的血淋巴中，他们还检测到分子量为 55 kDa 的黄粉虫假丝氨酸蛋白酶原。当把黄粉虫血淋巴与 Ca^{2+}一起孵育时，79 kDa 的黄粉虫酚氧化酶原和 55 kDa 黄粉虫假丝氨酸蛋白酶原分别转化为 76 kDa 的酚氧化酶和 45 kDa 的黄粉虫假丝氨酸蛋白酶，并检测到酚氧化酶的活性。此外，当把黄粉虫血淋巴与 Ca^{2+}和 β-1，3-葡聚糖一起孵育时，酚氧化酶原和假丝氨酸蛋白酶原的活化要比仅有 Ca^{2+}存在时快。这些研究结果表明，55 kDa 的黄粉虫假丝氨酸蛋白酶原被限制性水解成 45 kDa 的假丝氨酸蛋白酶，是维持酚氧化酶活性所必需的，黄粉虫假丝氨酸蛋白酶是酚氧化酶原激活的辅助因子。

在脊椎动物和昆虫中虽已经鉴定出多种识别肽聚糖和 1,3-D-葡聚糖的模式识别受体，但是对这些受体分子在模式识别及随后的信号传递中的分子机制还大多是未知的。为了深入研究 1,3-D-葡聚糖的模式识别蛋白在昆虫酚氧化酶原激活系统中的作用机理，Rong Zhang 等（2003）利用 1,3-D-葡聚糖亲和层析柱，从黄粉虫血淋巴中分离纯化到一种分子量为 53 kDa 的 1,3-D-葡聚糖识别蛋白（Tm-GRP）。这种纯化蛋白能特异性地与 1,3-D-葡聚糖结合，但不能与肽聚糖结合。进一步的分子克隆表明，Tm-GRP 包含一个类似细菌葡聚糖酶序列的区域，但令人吃惊的是，在 Tm-GRP 中，原来葡聚糖酶的 2 个具有催化作用的重要氨基酸残基却被另外的非同源性氨基酸所取代。这表明，Tm-GRP 基因是由古老的葡聚糖酶基因进化而来，但仅保留了识别 1,3-D-葡聚糖的能力。通过对内源性 Tm-GRP 蛋白水平的 Western 杂交分析表明，该蛋白能特异地被由 1,3-D-葡聚糖和 Ca^{2+}激活的酚氧化酶所降解；同时这种降解作用能显著被丝氨酸蛋白酶抑制剂所抑制，但却不能被半胱氨酸和酸性蛋白酶抑制剂所抑制。这提示，在酚氧化酶原的激活过程中，1,3-D-葡聚糖模式识别蛋白能特异性地被丝氨酸蛋白酶系所降解，而且这种降解作用被认为是酚氧化酶原激活系统的一种重要调控机制。

2. 抗逆机理

抗逆性是指生物对不良环境的适应性和抵抗力。昆虫抗逆性机制的研究目前主要集中在抗药性、耐寒性与耐热性机制方面。

（1）抗药性与解毒酶。多年来长期使用化学合成的杀虫剂防治害虫，导致近千种害虫已对杀虫剂或杀螨剂产生了抗性。根据抗药性机理的性质，可将昆虫抗药性分为行为抗性、生理抗性和代谢抗性。行为抗性（Behavioral Resistance）是指部分昆虫具有减少接触有毒化合物或其他能使其在对大多数昆虫个体致命或有害的环境中生存下来的行为；生理抗性包括昆虫表皮穿透作用降低、靶标部位敏感度降低（又称为靶标抗性）、惰性部位贮存（包括分隔作用）和加速排泄；代谢抗性则是指解毒酶活性增加，导致对杀虫剂代谢加速而产生的抗性。代谢抗性（Metabolic Resistance）和靶标抗性（Target resistance）是昆虫的主要抗药性机理。杀虫剂的作用靶标主要包括乙酰胆碱酯酶（ACHE）、神经轴突钠离子通道（SC）、γ-氨基丁酸（GABA）受体-氯离子通道复合体和保幼激素受体（JH）等，目前与抗性有关的靶标主要是前 3 种。代谢抗性涉及的解毒酶系主要包括 3 大类：细胞色素 P450 单加氧酶系（P450s）、非专一性酯酶系（Ests）和谷胱甘肽 S—转移酶系（GSTs）。这些酶系中每一种酶的组成部分发生改变均可改变其对杀虫剂的解毒作用。近年来，上述 3 大类昆虫解毒酶是昆虫抗药性机理研究的热点。

1）细胞色素 P450 多功能氧化酶（P4SOs）。细胞色素 P450 介导的多功能氧化酶，是昆虫体内参与各类杀虫剂以及其他外源和内源性化合物代谢的主要解毒酶系。细胞色素 P450 是多功能氧化酶系的末端氧化酶。在昆虫中，P450 酶系主要分布于中肠、脂肪体和马氏管，而这些组织都是化合物以食物进入或由表皮透入体内的第一道防线。一般认为，P450 介导的多功能氧化酶系是杀虫剂抗性的主要机制之一，它能够与多种外源化合物作用。P450 氧化酶参与的反应主要有 4 类：①O-、S-及 N-脱烷基作用，可将杀虫剂中与氧、硫、氮原子相连接的烷基脱掉；②烷基和芳基的羟基化作用，可将氨基甲酸酯类杀虫剂苯环上的烷基和拟除虫菊酯类杀虫剂三环上的烷基羟基化；③环氧化作用，可将杀虫剂中的-CH=CH-双键变成环氧化合物；④增毒代谢作用，这类氧化作用为增毒代谢，但其产物可进一步代谢为无毒化合物。许多研究表明，前 3 类代谢可使杀虫剂降低或失去杀虫活性，从而致使昆虫产生了抗药性。凡对拟除虫菊酯类杀虫剂产生抗性的昆虫，其体内细胞色素 P450 的活性或含量均比敏感品系有不同程度的增加。P450 酶系由高度趋异的基因超家族进行编码。在 P450 的标准命名中，P450 序列被冠以一个词头 CYP，其后紧跟着一个数字（例如 1、2、3）和一个大写字母（例如 A、B、C）分别标明基因的科系与亚科系，最后又用一个数字标明特殊基因。其中昆虫体内的 P450 酶系 CYP4、CYP6 和 CYP28 家族的一系列成员与杀虫剂的抗性机制密切相关。杀虫剂抗性分子生物学研究表明，P450 酶系的解毒代谢能力增强是由于抗性昆虫体内 P450 基因连续过量表达所致。黄粉虫细胞色素 P450 酶系的研究目前尚鲜见报道。

2）酯酶（esterses，EstS）。酯酶是能水解羧酸酯键和磷酸酯键的水解酶的统称，是昆虫体内的一种重要解毒酶系，它可以通过水解酯类化合物的酯键，或与亲脂类有毒化合物结合，降低有毒化合物的有效浓度来降低其毒性。许多杀虫剂分子都是含有酯键的酯类化合物，如有机磷、氨基甲酸酯和拟除虫菊酯类。因此，酯酶也是目前研究较多的一类昆虫解毒酶。酯酶活性提高是引起杀虫剂抗性的一个重要因素，而酯酶基因的点突变和表达量上升又是酯酶代谢或结合杀虫剂能力增强的 2 个重要原因。黄粉虫酯酶的研究目前的报道不多。赵万勇等（2003）曾对黄粉虫不同发育阶段的酯酶同工酶进行了初步研究，结果发现，黄粉虫不同发育阶段的酯酶同工酶谱及酶量差异较大，而且不同性别黄粉虫蛹和成虫的酯酶同工酶也有所不同。吉志新等（2005）研究认为，不同虫龄黄粉虫幼虫的酯酶谱带也有所不同，随虫龄的增加，酶带呈现逐渐增多的趋势。并且，黄、黑两种色型黄粉虫（除蛹外）的酯酶同工酶差异也较大。但不同色型黄粉虫的抗药性差异及其与酯酶活性和酯酶基因表达的关系至今还未见报道。

3）谷胱甘肽 S-转移酶（Glutathione S-trans-ferases，GSTs）。谷胱甘肽 S-转移酶是一个二聚体多功能酶系，分子量为 45.50 kDa，广泛分布于昆虫的脂肪体、消化道、表皮、马氏管及头部，是昆虫体内一类与抗药性有关的初级代谢及次级代谢酶系，在一系列外源化合物的解毒中起着重要作用。一般而言，抗性品系的 GSTs 活性高于敏感品系。GSTs 能使有害的亲电物质与内源的还原型谷胱甘肽（GSH）结合，其亲电性底物包括内源性物质（如环氧化物、过氧化物、氧化代谢产生的有活性的直链烯类）及外源性物质（如杀虫剂、除草剂、化疗药物或致癌物等）。亲电物质与 GSH 结合后被排出体外，保护体内的蛋白质和核酸等，并使杀虫剂增毒或代谢为低毒化合物。按亲电底物的特异性，可将 GSTs 分为 5 类：谷胱甘肽-S-烷基转移酶、谷胱甘肽-S-芳基转移酶、谷胱甘肽-S-芳烷基转移酶、谷胱甘肽-S-环氧化物转移酶和谷胱甘肽-S-链烯转移酶。在昆虫抗性机制中研究最多的是谷胱甘肽-S-烷基转移酶和谷胱甘肽-S-芳基转移酶。目前已知 GSTs 对有机磷杀虫剂，尤其是二甲基磷酸酯和二甲基硫代磷酸酯的脱烷基作用相当重要。据报道，能发生 GSH 与 O-烷基结合的有机磷类化合物有：甲基对硫磷、对硫磷、速灭磷、二嗪磷、保棉磷、敌敌畏、杀虫畏和对甲酰二甲苯磷酸酯等。此外，GSTs 对甲基保棉磷、二嗪农、碘甲烷、3,4-二氯硝基苯（DC-NB）也表现出较高的代谢活性。同时，有研究发现，一些植物次生物质及杀虫剂对昆虫 GSTs 具有诱导作用，因而不同程度地导致了昆虫对杀虫剂的抗性。有证据表明，昆虫体内 GSTs 活性的提高与 GSTs 基因的扩增与过量表达有关，但 GSTs 基因表达的分子调控机理目前还不清楚。黄粉虫 GSTs 研究国外报道较多。Iason 等（1996）对黄粉虫幼虫、蛹及成虫 3 个发育阶段的细胞质 GSTs 活性进行了研究，结果发现，刚刚形成的蛹的 GSTs 对底物 1,2-二氯-4-硝基苯（DCNB）和 1-氯-2,4-二硝基苯（CDNB）活性最高，而低龄幼虫 GSTs 则对利尿酸的活性最高；并且，幼虫和蛹 GSTs 对 CDNB 作用的最适 pH 值为 8.5，而成虫 GSTs 作用的最适 pH 值为 8.25。同时，黄粉虫幼虫、蛹和成虫的 GSTs 对 GSH 和 CDNB 的米氏常数和最大反应速度的测定表明，黄粉虫蛹的 GSTs 总量最高。Iason 等还采用亲和层析法从黄粉虫幼虫组织匀浆中分离到非结合性、低亲和性和高亲和性的 3 种组分，最后在 pH4.7 的条件下，对这些组分进行色谱聚焦分析，结果表明，GSTs 有 4 种同工酶。黄粉虫发育过程中 GSTs 的动力学特征和底物特异性的变化暗示，幼虫和蛹 GSTs 同工酶的表达存在差异，成虫阶段 GSTs 的解毒作用可能会降低。1998 年，Iason 和 Athanasios（1998）利用亲和层析及等电聚焦法进一步对黄粉虫幼虫、蛹和成虫期的 4 种 GSTs 同工酶进行研究，结果发现，黄粉虫的 GSTs 为二聚体，分子量约为 50.5kDa，并且黄粉虫这 3 个发育阶段 GSTs 的 pI、底物特异性、对抑制剂的敏感度和结合底物 CDNB 的最适 pH 值及动力学参数均不同。Papadopoulos 等（1999）报道了 2 种有机磷酸酯（对氧磷和甲基对氧磷）和 1 种拟除虫菊酯（溴氢菊酯）对黄粉虫幼虫 GSTs 的酶活性及其同工酶特征的影响。他们发现，注射杀虫剂对幸存黄粉虫幼虫的 GSTs 初提酶液活性无显著影响，但处理后 24h，GSTs 同工酶的组成却发生了剧烈变化。同工酶聚焦色谱分析表明，各种 GSTs 同工酶的等电点（PI）无显著变化，但每种同工酶的活性却变化明显。Iason 等（2001）又报道了黄粉虫幼虫和蛹 GSTs 对有机磷杀虫剂（对硫磷和对氧磷）和拟除虫菊酯类杀虫剂（溴氢菊酯）的解毒机理，即 GSTs 以活性位与有机磷杀虫剂结合，然后再与 GSH 形成轭合物，实现对有机磷杀虫剂的解毒；对于拟除虫菊酯类农药，GSTs 则采取隔离（螯合）机理与农药分子结合，从而起被动保护作用。有关不同色型黄粉虫 GSTs 活性比较及其 GSTs 基因至今未见报道。

（2）耐寒性与抗冻蛋白。昆虫抗冻蛋白（Antifreeze Proteins，AFPs）是近年来的研究热点之一。它是一类能抑制冰晶生长的特殊蛋白质，它能够非依数性地降低水溶液的冰点，但对熔点的影响甚微，从而导致水溶液的熔点和冰点之间出现差值。这种差值称为热滞活性（Thermal Hysteresis Activity，THA），因而 AFPs 亦称为热滞蛋白（Thermal Hysteresis Proteins，THPs）t1971。AFPs 可以抑制重结晶（Ice Recrystal-lization，RI）过程并直接影响冰晶的形成。目前，已在鱼类、昆虫、植物和微生物等多种生物体内发现了抗冻蛋白，不同来源的抗冻蛋白碱基序列保守性低、氨基酸组成变化大、蛋白质二级结构差异大。大量研究表明，昆虫抗冻蛋白的抗冻活性普遍高于鱼类和植物抗冻蛋白，因此昆虫 AFPs 的研究和应用越来越引起众多实验室的重视。昆虫抗冻蛋白一般在脂肪体中合成，分子量多在 7.20kDa，含有比鱼类抗冻蛋白更多的亲水性氨基酸。氢键和二硫键的形成是抗冻蛋白活性所必需的。目前已从许多种昆虫（包括弹尾目、缨翅目、直翅目、半翅目、长翅目和鞘翅目）中分离纯化出TAFPs，其中以鞘翅目昆虫抗冻蛋白的研究较为深入。黄粉虫原产于南美洲，属寒冷地区的一种仓储害虫，其幼虫能够耐受-12℃的低温，因此，关于黄粉虫抗冻蛋白的研究也较多。Grimstone等（1968）首次从黄粉虫幼虫体内发现了抗冻蛋白活性物质，截至目前，在www.ncbi登记的黄粉虫抗冻蛋白已有近20种，黄粉虫抗冻蛋白cDNA片段多达30多个。近年来，对黄粉虫抗冻蛋白的结构、性质、作用机理及其基因的表达调控等方面也进行了较为深入的研究。核磁共振及X.衍射分析表明，黄粉虫抗冻蛋白含有右手B.螺旋结构（12个别圈）。点突变和蛋白结构分析结果显示，黄粉虫抗冻蛋白分子富含半胱氨酸、苏氨酸和结合水，进而使其能形成氢键和二硫键，并有效模拟冰晶的结构。Graham等（2000）对处于不同发育阶段和不同环境条件下黄粉虫幼虫的抗冻蛋白表达规律进行了研究，结果表明，黄粉虫抗冻蛋白的表达受时序和环境双重调控，其幼虫抗冻蛋白的表达随日龄增大而增强，末龄幼虫抗冻蛋白及其mRNA的含量很丰富。同时，低温、缺水、饥饿等逆境也都能诱导抗冻蛋白基因的转录和表达。Sindre等（2006）进一步研究了黄粉虫抗冻蛋白表达与微量元素应激的关系，结果发现，夏季饲喂添加Zn、Cu、Cd的饲料会降低黄粉虫幼虫体内抗冻蛋白的正常表达水平，而冬季饲喂添加Zn、Cu、Cd的饲料却能诱导黄粉虫体内抗冻蛋白的表达。他们的研究结果再次证实了黄粉虫抗冻蛋白的表达与其所处的环境条件有关。Wen和Virginia（2006）从3个基因组文库中分离出11个不同的黄粉虫AFP基因克隆片段，这些克隆片段都只有唯一的一个编码序列，而且未发现居间序列。他们进一步对其中3个基因克隆片段进行分析发现，这些片段编码区的上游和下游都各具有一个TATA框序列和一个poly（A）信号序列。一个名为B1037的黄粉虫抗冻蛋白调控序列与荧光素酶报告基因序列结合、转染至一个昆虫细胞系时，表现出了转录活性。从中鉴定出了一个长为143 bp、包含一个TATA框序列的核心启动子。该启动子插入一个长为245 bp的外源内含子后，其启动转录活性增强4.4倍；但附加一个与该启动子前120 bp相同的序列后，其活性又减少了一半。同时，他们还鉴定出几个可能具有激素应答特点的序列。唐馨等（2011）利用RT-PCR法，获得9条新的黄粉虫抗冻蛋白基因cDNA片段；同时，构建起黄粉虫抗冻蛋白基因的原核表达载体

pGEX-4T-1-tmafp-XJ430 和真核表达载体 pCDNA3-tmafp-XJ-430，并且将重组质粒 pGEX-4T-1-tmafp-XJ430 成功转化大肠杆菌 E.coli BL21 进行原核表达。但黄粉虫种内不同品系间 AFP 及 AFP 基因是否存在差异，至今未见报道。

第二章

黄粉虫的生物学特性

第一节　黄粉虫的形态特征与近缘种

一、外部形态

黄粉虫如蝴蝶一样是一种完全变态的动物，其整个生长发育过程分为成虫、卵、幼虫和蛹 4 个阶段，因此它的外部形态是随着不同时期、不同生长阶段而有所不同的。通常所讲的黄粉虫也就是它的幼虫体，体形像家蚕，体长在 30mm 左右，身体有黄褐色的光泽，身体的体壁比较坚厚。

黄粉虫在全世界分布很广，资料表明，目前已经记录的有 25 种。我国已记载种类有黄粉虫和黑粉虫两种，成虫前者有光泽，后者无光泽；幼虫前者为黄褐色，后者为暗红带黑褐色。它们作为谷物害虫曾在全球传播，而黄粉虫经过人工培养，已能为人类利用。

二、近缘种

1. 黑粉虫

黑粉虫（Tenebrio Obscurus Fabricius），是黄粉虫最主要的近缘种，俗名大黑粉虫，又叫拟步甲、伪步行虫，体形大小与黄粉虫基本相同。两者是同属异种，十分相似。黑粉虫和黄粉虫一样都是仓库重要的害虫，主要危害粮食、油料、鱼、肉制品、药材及各种农副产品，往往在仓库的墙角、柜底潮湿的地方见到它们的踪迹。黑粉虫和黄粉虫虽然相似，但还是有相当大区别的。

（1）黄粉虫幼虫胸部各节、背中部及前后缘为黄褐色，腹部及节间为淡黄白色。黑粉虫幼虫胸部各节为黑褐色，节间与腹部为黄褐色。

（2）黄粉虫成虫体较圆滑，赤褐色具光泽。黑粉虫成虫体较扁平，深黑色无光泽。

（3）黄粉虫末节长大于宽，第三节短于第一、第二节之和。黑粉虫末节宽大于长，第三节大于第一、第二节之和。

（4）黄粉虫分布在我国北部地区，在黄河以北地区不卫生的仓库中常可采到。黑粉虫适应性较广，全国各地均有分布。

（5）黑粉虫比黄粉虫生性活泼，负趋光性（喜黑暗），爬行快急，一般6~18个月1代，雌虫产卵量大，多的可达860个以上，但成活率较低，人工养殖效果不及黄粉虫。

黑粉虫卵长0.4~0.7mm，宽0.2~0.3mm，长肾型，初产的卵为乳白色，略透明，有光泽，表面有黏液，随胚胎发育的完成逐渐变为淡黄白色。幼虫身体细长，圆筒形，初孵幼虫1.8~2.0mm，乳白色，透明。裸蛹 体长15.70~17.58mm，宽5.0~5.3mm，初化蛹乳白色，后变为黄褐色，羽化前颜色变深，呈红褐色。蛹活泼，腹部可扭动，蛹体表面光滑，略弯曲，尾铗二叉状，雄蛹第7腹节下方的突起上靠近中线处生有一对短而钝圆的乳突，雌蛹第7腹节下方的乳突较宽阔，且分为二叉。成虫体长14.0~18.5mm，长椭圆形，体稍扁，黑色，无光泽，触角11节第3节几乎等于第1、第2节长度之和，为第2节的3倍或为第4节的2倍，末节的宽大于长度，前胸背板长宽几乎相等，背板上的刻点特别密集，鞘翅刻点极密，行列中间有大而扁的刻点，故产生明显而隆起的脊鞘翅末端略尖削。雄成虫第5可见腹节后缘钝圆，第3、第4可见腹节间和第4、第5可见腹节间的节间膜较宽，雌成虫第5可见腹节后缘较尖锐，第3、第4、第5可见腹节间的节间膜很窄。

黑粉虫成虫具有很强的负趋光性，试验结果表明，在光照条件下，有90%以上的成虫爬向器皿的阴暗处，少数留在明亮处的成虫也钻入饲料里，不再留在饲料表面活动。成虫具有很强的趋湿性，在饲料内加入新鲜菜叶或滴加少量蒸馏水，发现成虫都聚集在菜叶下或湿润的饲料中，若饲料湿度不够时，成虫取食不活跃。此外，在饲养过程中发现，黑粉虫幼虫也有趋湿性，且喜欢聚集在含水量较高的覆盖物下方，成虫团状且行动活跃。成虫的产卵前期为35天，卵多为散产，既可产在饲料中，也可产在饲料下层的卵纸上，这主要取决于饲料的厚度及细度。若饲料太厚，卵多散落在饲料中，成虫在经过20目筛的上层疏松麦麸饲料中产卵，有85%以上的卵都产于纸上。幼虫具有群集性，尤其是高龄幼虫喜欢聚集在饲养器具的边缘，若器具内壁不光滑，幼虫易出现逃逸的现象。幼虫具有自相残杀的习性，受伤的幼虫往往会颜色加深、干枯死亡，当虫体密度过高、饲料不足以及饲料含水量不足时，高龄幼虫能够以蛹为食。老熟幼虫进入预蛹后停止取食，经过冬眠期，于翌年春季化蛹。黑粉虫化蛹于饲料表面，蛹体受伤后极易引起成虫羽化不良，产生畸形成虫，甚至导致蛹感染病原菌变黑死亡。

温度是影响黑粉虫生长发育和繁殖的重要因子，从温度对黑粉虫卵、幼虫、蛹、成虫的生长发育的影响结果分析，当温度为17~32℃时，黑粉虫的发育速率随着温度的升高而加快，当温度达到或超过35℃时，黑粉虫的发育速率呈下降的趋势，往往不能正常生长发育，并最终导致死亡，这表明黑粉虫的最适温度范围低于35℃。采用直线回归法、加权计算法和直接优选法得出的黑粉虫各虫态的发育起点温度基本一致，有效积温也很接近，用直接最优法得到的卵、幼虫、蛹的发育起点温度分别为11.3614℃、7.5321℃、11.2347℃，有效积温分别为112.4625度·日、1724.6972度·日、104.1842度·日。温度对黑粉虫生长发育的影响是多方面的。温度对卵的孵化率的影响以29℃时最高，为87.78%，幼虫的存活率也以29℃时最高，为96.85%，温度对蛹的羽化率的影响在29 ℃时达到最高，为92.57%。不同温度条件下，成虫的单雌平均产卵量以20℃最多，为90.06粒，32℃时最少，仅29.00粒。

由于黑粉虫的人工养殖周期较长，产卵能力也远远比不上黄粉虫，因此养殖经济效益不如黄粉虫明显，所以专门养殖黑粉虫的养殖户并不多。有一部分养殖户是在饲养黄粉虫的同时顺带养殖一小部分黑粉虫，因此在选择养殖对象时，为了经济效益，还是要放弃对黑粉虫的养殖。

2. 大麦虫

大麦虫，又称为超级麦皮虫或超级面包虫，属于节肢动物门昆虫纲、鞘翅目、拟步甲虫科昆虫。大麦虫以麦麸皮为主要饲料，因此称为大麦虫。大麦虫在温度为28℃、相对湿度为75%的条件下，完成一个世代需110~140天，大麦虫属完全变态的昆虫，一生需经历卵期、幼虫期、蛹期、成虫期4个阶段。大麦虫的卵为长圆形，乳白色，长1.5~2mm，宽0.6mm，卵外表为卵壳，卵壳薄而软，极易受损伤，外被有黏液，可黏附一层虫粪和饲料，起保护作用。雌成虫一般初产卵成一直线，最终集片，少量散产于饲料中。大麦虫幼虫身体细长，呈圆筒形。初孵幼虫2.7~2.9mm，乳白色、透明、有光泽，后变为黄褐色。成年幼虫一般体长为50~60mm，老熟幼虫最长可达70mm，身体直径为5~8mm，体壁较硬，周身有细毛刺，体壁有光泽。虫体中间为黄、黑相间，中间有一圈斑点，接近头、尾部三节黑褐色较重，腹面为灰褐色。头壳较硬，为深黑色。各足转节腹面近端部有两根粗刺。大麦虫老熟幼虫体色变深，表皮光洁度变差，活动迟缓，会爬到饲料的表面，虫体卷缩，此为蛹前期。初化蛹体长20~30mm，宽7mm左右，呈乳白色，体壁较软、无毛、有光泽，腹部向腹面弯曲明显，后期逐渐变为浅黄色。腹部末端有一对较尖的弯刺，呈“八”字形，末节腹面有一对不分节的乳状突，雌蛹乳状突大而明显，端部扁平，分别向两侧弯曲，略呈外“八”字形；雄蛹乳状突较小，基部合并，端部不弯曲，略呈管状。成虫刚蜕皮羽化出来壳为乳白色，头为橘黄色，甲壳很薄，成熟后变为黑褐色，长20~30mm，宽约8mm，虫体分为头、胸、腹三部分。足3对，1对长在前胸部。雌性成虫体型比雄性成虫体型略微偏大。

大麦虫与黄粉虫外形相似，大麦虫的老熟幼虫最大体长能达到6cm左右，比一般的黄粉虫体长大2~3倍，其营养价值更是远远超出幼体蟋蟀和黄粉虫。

大麦虫和黄粉虫一样，是完全变态的昆虫，一生历经卵、幼虫、蛹、成虫4个阶段，从卵孵化到成虫羽化需要3个多月的时间。成虫体色变黑即为性成熟，具有持续交配和产卵的习性。雌性成虫体形比雄性成虫个体明显偏大。

虫卵的孵化周期在温度为30℃时需要3~5天，15~20℃时需7~10天，低于10℃时几乎不孵化。不同的饲料直接影响幼虫的生长发育。合理的饲料配方较好的营养，可以促进幼虫取食，加快生长速度，降低养殖成本。幼虫的饲料比较简单，初孵化出的小幼虫长2~3mm，体壁柔软、颜色为白色，刚孵化出的小幼虫因体积较小，所以要适当地添加一些精饲料，如小麦粉、大麦粉等。幼虫喜好黑暗、怕光。幼虫蜕皮时常爬浮于群体表面。初蜕皮的幼虫为乳白色，十分脆弱，也是最易受伤害的时期。约2小时后逐渐变为黑褐色，体壁也随之硬化。虫蛹生长过程中，体表颜色先呈乳白色，第一次蜕皮后变为黄褐色，以后每6~10天蜕皮1次，虫蛹期共蜕皮6~10次。幼虫30日龄时在饲料中化蛹，室温在20℃以上时，蛹经10天蜕皮变为成虫。大麦虫成虫后翅退化，不能飞行，爬行速度快，附着能力强。它是负趋光性动物，性喜黑暗，怕光，夜间活动较多。成虫的寿命一般为140~180天，雌虫交配2~3天后，在取食并生存其中的麦麸糠杂中产卵，并且多次交配多次产卵，雌虫产卵高峰为羽化后的15天左右。成虫繁殖期为40~60天，雌虫产卵量为400~1600粒，平均产卵量为600粒/只。大麦虫的食性非常杂，与黄粉虫相似，麦麸、各种果菜残体、人工饲料、动物尸体均可采食。

目前大麦虫人工养殖以麦麸为主料，添加各种果菜残体，补充味精、糖、维生素、鱼粉、骨粉等；水分的获得主要通过根茎类、厚叶片类蔬菜及瓜果皮的采食补充，以免环境过于干燥而导致虫体死亡。有部分养殖户和科研专家在对黄粉虫和黑粉虫混养过程中发现，杂交种当中有一种既黄又黑的幼虫大量出现，这个品种就是黄粉虫和黑粉虫的野生杂交种，它具有明显的杂交优势。一些专家研究后表明，这种后代的生长速度比双亲都快，而且生活能力更强，这对黄粉虫的增殖是大有好处的，可以为解决黄粉虫资源的退化提供一种新的思路。大麦虫在我国目前主要用于高档宠物，如名贵金龙鱼、银龙鱼等高级观赏鱼类的专用活饵料。随着生产养殖技术的成熟，社会养殖量逐渐增加，价格趋于平缓、稳定，尤其是因具有营养丰富、容易消化、适口性好等优点，开始逐步向各类人工饲养爬行类宠物（壁虎、蜥蜴、龟等）推广应用。

第二节　黄粉虫的生活史

黄粉虫是一种完全变态的昆虫，它的生活史（指一个生长周期）可分为卵、幼虫、蛹、成虫 4 个阶段，各阶段的特点如下：

一、卵

卵呈椭圆形，近似乳白色，聚团状，每粒卵约有芝麻粒大小。黄粉虫卵很小，肉眼不易看清，一般卵长径 1~1.5mm，短径 0.5~0.8mm，卵外被卵壳，卵壳薄而脆软，起保护作用，极易受损伤。卵由成虫产出，在成虫产卵时，往往先产成一条直线，由于虫量较多，最后由众多的成虫产出的卵集片成群，这时就需用接卵纸接住虫卵，以方便孵化。但有少量成虫的产卵行为不正常，会把卵产在饲料中，这时就要用专用的筛网及时筛选并分离出虫与卵及虫粪与卵，再进行孵化。

研究表明，黄粉虫的卵很柔软，也很脆弱，极易破裂，因此在运输时一定要小心。卵的内部结构可分为卵壳、卵核、卵黄原生质。卵虽然易破裂，但是在生产中可以发现一个奇特的现象，即卵壳一旦破裂后，就会立即分泌出卵液，这种卵液具有很强的黏性，它会迅速黏合虫粪或食物，从而在卵的周围形成一圈保护层，起保护作用，这可能就是黄粉虫在大自然中为了自身的生存而形成的一种特殊本领。

卵要放在专门的孵化箱内孵化，孵化时间随温度而异，孵化时适宜温度为 19~26℃，孵化时适宜湿度为 78%~85%。当温度在 25~30℃时，卵期为 5~8 天；当温度在 19~22℃时，卵期为 12~20 天；当温度在 15℃以下时，卵极少孵化甚至不孵化。

【注意】成虫在缺食时会吞食自己产下的卵，这一点非常重要，因此在养殖时要随时取出产出的卵。

二、幼虫

破壳孵化出来的小虫至蛹化前，统称为幼虫，幼虫期为76~201天，平均生长期为120天。刚刚孵出的幼虫呈银白色，十分脆弱，也不易观察，体长仅为2~3mm，孵出10小时后逐渐由白转黄，以后随着日龄的增加，体长也逐渐增加，约20天后，全部变为黄褐色，无大毛，有光泽，体壁亦随之硬化。各龄幼虫初蜕皮时为乳白色，随着生长，体色加深，逐步变为黄白色、浅黄褐色。成熟的幼虫虫体呈圆条形，身体直，皮肤坚，前后粗细基本一致，体径为4~6mm，体长为28~36mm，从头到尾共分13节，第1节为头部，第2~4节为胸部，头胸所占虫体的比例较短，约为身体的1/5。第13节为肛门，其余几节为腹节，节间和腹面为黄白色，各节连接处有黄褐色环纹，头壳较硬，为深褐色。头缝呈“U”字形，嘴扁平。尾突尖，向上弯曲。值得注意的是，各龄幼虫处于蜕皮时均为乳白色，每46天蜕皮一次，身体增长一次，在蜕皮5小时后，体色会渐渐转变为黄白色、浅黄褐色，直到最后的黄褐色。幼虫缺食时会互相残杀。幼虫就是常说的黄粉虫，也就是利用价值最高的阶段，可用箱、桶、盘和水泥池养殖。

【提示】幼虫长到65日龄时，体重已达高峰，此时可以出售或使用。

三、蛹

昆虫蛹是一个相对静止的虫态。幼虫长到50天后，长为15~19mm时，已经长为老熟幼虫了，这时裸露于饲料表面开始化蛹。蛹初为白色半透明，体较软，隔日后渐变褐色，之后变硬，无毛，有光泽鞘翅伸达第三腹节，腹部向腹面弯曲明显，紧贴胸部。蛹的两侧呈锯齿状或“八”字形，有棱角。成蛹以后，颜色由白色转为黄色，头大尾小，不吃也不动，这时要将蛹从培养箱或盘中移出并放进产卵箱，以免被幼虫咬死，蛹经10天变成成虫。蛹生长的适宜温度为26~30℃，适宜湿度为75%~85%。蛹在6~8天即可羽化。

【注意】①蛹期为黄粉虫一生中最为脆弱的阶段，必须高度重视。②蛹的活动只能靠扭动腹部进行，不能爬行。蛹期是黄粉虫死亡最主要的危险期，也是生命力最弱的时期，因为身体娇嫩，不食不动，缺乏保护自己的能力，很容易被幼虫或成虫咬伤。只要蛹的身体被咬开一个极小的伤口，就会死亡或羽化出畸形成虫。另外，幼虫阶段高龄期（化蛹前）也是容易死亡的时期。因为该阶段生命代谢旺盛，取食量大，生长迅速，易于感染病原菌而死亡。

四、成虫

黄粉虫的成虫也叫黄粉甲，俗称蛾子，是一种甲壳类的虫体，性喜黑暗、怕光，夜间比白天活动多。蛹在25℃以上经过一星期后就可以蜕皮成为成虫。自蛹羽化后大小基本不变，只有体色由浅变深。初羽化的成虫壳先为乳白色，头为橘色，甲壳很薄，呈椭圆形，经过10~25小时后颜色由白变黄，最后变成黑褐色，甲壳变得又厚又硬，这时就完全成熟了。成虫体长14~19mm，宽6~8mm，成虫羽化后4~5天进入性成熟期，开始交配产卵，成虫可多次交配。

【注意】成虫繁殖的适宜温度为25~30℃，低于5℃时进入冬眠状态，高于39℃就死亡，因此在养殖过程中，一定要把好温度关。

成虫的虫体结构要比幼虫复杂一些，分为头、胸、腹三部分。成虫头部比幼虫头部多长出一对触须，并且是幼虫的五倍长。成虫体表多密集黑斑点，无毛、有光泽，复眼，红褐色。足三对，一对长在前胸部，另外两对长在腹部，足长比幼虫长8~10倍。成虫虽然有一对漂亮的翅膀，但是它的前翅角质较厚，为身体的保护器官，后翅退化（一般甲虫类飞行都是用后翅），所以黄粉虫成虫不能飞行，翅膀一方面用于保护身躯，另一方面还有助于爬行。

成虫阶段为黄粉虫的繁殖期，是黄粉虫生产的重要阶段。在适宜的温度与湿度条件下，每年繁殖3~4代，且世代重叠，无越冬现象。成虫一生中多次交配、多次产卵，交尾时间是在晚上8：00~凌晨2：00，每次产卵5~40粒，最多50粒。每只雌成虫一生可产卵280~370粒，其产量高峰为羽化后的60天以上。雌成虫寿命为34127天，雄成虫寿命为39~82天。在华东地区，黄粉虫的最佳产卵季节为4~6月和9月中旬至11月上旬这两个阶段。若科学管理，可以延长产卵期和增加产卵量，如利用复合生物饲料，适当增加营养，且提供适宜的温度与湿度，产卵量最多可提高到800粒以上。

第三节　黄粉虫的内部结构

黄粉虫与大多数的节肢动物一样，属于体腔血液循环系统，在骨骼系统上属于外骨骼。了解黄粉虫的一些主要内部结构，揭示黄粉虫的生命现象和机能规律，对于解决生产实际中遇到的一些问题极有帮助。例如，通过了解黄粉虫的肠道结构，可以充分了解黄粉虫的摄食习性，能在生产中为其提供最好的食物。这里简要地介绍一下黄粉虫的基本内部结构。

黄粉虫的内部生理系统包括消化系统、生殖系统、神经系统、呼吸系统、循环系统、体壁系统、内分泌系统等，其中对生产有直接影响的主要是消化系统和生殖系统，本节主要介绍这两种系统。

1. 消化系统

由于黄粉虫是完全变态的昆虫，因而它们各期的消化系统是有区别的。蛹期基本上是不活动的，消化系统对于生产基本上是没有意义的，卵期的消化是在内部进行的，对于生产也没有太大的意义，故本书主要介绍幼虫和成虫的消化系统。幼虫呈长圆筒形，与之相适应，它的消化道也是平直而且很长的，几乎贯穿整个躯体，前肠和中肠发达，主要完成食物的消化和吸收功能。而成虫是甲壳状的昆虫，体短，所以与之相适应，消化道也比较短，但是其肠壁质地较硬，尤其是中肠较发达，成虫主要依靠它完成食物的消化。由此可见，成虫的消化系统不如幼虫。

黄粉虫幼虫和成虫的消化道结构不同，幼虫的消化道平直、较长，马氏管一般为 6 条，直肠较粗且壁厚质硬。成虫的消化道较幼虫的相对细而短，中肠部分较发达，质地较硬，肠管也不及幼虫发达。经共焦荧光免疫镀金电镜技术和克隆发现，从黄粉虫幼虫的中肠组织中分离出来的 2 种 β 糖苷酶，即 β 糖苷酶 1 和 β 糖苷酶 2，属中肠胞外分泌，仅存在 4 个氨基酸残基的差异，具有相同的动力学性质和不同的疏水性，并且在其他昆虫、哺乳动物和植物中均表现出高度的同源性和相似性。

β 糖苷酶 1 属苷水解酶类，亲核试剂 E379 和质子供体 E169 参与氨基酸接触反应，可水解二糖、芳香基糖苷、寡纤维糊精和海带多糖聚合体等。研究发现，黄粉虫体内该酶的生理学作用主要是消化源于半纤维素的二聚糖和寡糖。而 FerriraAH 等提出黄粉虫幼虫中肠组织中含有 4 种 β 糖苷酶，即 β 糖苷酶 1、β 糖苷酶 2、β 糖苷酶 3 和 β 糖苷酶 4，其中前两种酶的功能如上，β 糖苷酶 3 具有 1 个活性位点，可水解二糖、纤维素精和植物中合成的 β 葡糖苷。通过植物组织研究发现，β 糖苷酶 4 的主要生理学作用可能是水解半乳糖酯。

黄祥财和王国红（2008）报道，黄粉虫肠道内存在 β 葡萄糖苷酶和内切 β-1,4-葡聚糖酶（Cx 酶），其最适宜温度分别为 40℃和 50℃。Cx 酶和 β 葡萄糖苷酶分别在 pH 为 4.4 和 5.6 的时候具有最大的活力。Cx 酶具有比 β 葡萄糖苷酶更强的温度和 pH 值适应性，在温度为 35℃~50℃时可维持最大酶活力的 70%，且在 pH 为 3.6~5.6 时能维持 70%的最大酶活力。此外，黄粉虫具有不完全的纤维素酶消化系统可能是由于其内外生活环境的影响的结果。

食物方面幼虫和成虫也应有区别，在幼虫期可以多提供一些含有水分的蔬菜或者是颗粒较大的食物。在生产实践中，发现黄粉虫的幼虫对食物不挑剔，几乎可以食用常见的所有东西，如腐败的有机物、废弃的有机物、各种动植物的尸体，甚至毛发、塑料、纸张、木材等它都能高效食用。而成虫则对食物的挑剔性很强，这就要求在生产中应将成虫饲料的营养成分提高一些，加工得更加精细一些，通常给成虫喂麦就是这个道理。在具体的日常投喂时，要讲究“少量多次、不欠不剩”的原则。

2. 生殖系统

黄粉虫的繁殖能力是很强的，所以它的种群也是很大的，这对于黄粉虫的增殖是大有益处的，也是养殖户们所期待的，这种繁殖能力就是以它的生殖系统的生理机能为基础的。黄粉虫的生殖系统包括雌性生殖系统和雄性生殖系统，是产生卵子或精子、进行生殖交配、完成种族繁衍的器官。生殖系统主要分为内、外两个部分，也就是外生殖器官和内部生殖系统。外生殖器官基本上是由腹部末端的几个体节和一些附肢组成，位于身体腹部。而内部生殖系统还包含生殖腺和附属腺，位于腹腔内，结构相对比较复杂，这是与它们的使命相关的，主要功能就是释放生殖激素，产生生殖细胞，并通过吸收营养成分来完成生殖细胞的生长发育。到了一定时候，就通过一系列生殖行为将生殖细胞进行雌雄配合并排出体外，进行卵期发育。

（1）雄性生殖系统。含有1对管状附腺和1对豆状附腺，睾丸1对，内含许多精珠，每个精珠内储存有近百个精子，射精管1个，阴茎1个。雄虫自羽化后第6天就可以通过解剖镜清晰地看到这些发达的附腺和睾丸，在交配时，通过神经系统的支配，睾丸内的精珠在两对附腺的帮助下，与附腺产出的产物一起从射精管中排出，与雌虫的卵子结合。相关研究表明，在排放精珠的过程中，两对发达的附腺功不可没，它们通过不断地伸缩，向射精管输送液体，这种液体可能是起润滑作用的，有助于射精的快速完成并起到输送精液的作用。资料表明，一只雄虫一生可交配3~6次，每次可产生精珠15~40个，计产生精子约3000多个。

（2）雌性生殖系统。雌性生殖系统比雄性生殖系统要发达一些，主要由卵巢、输卵管、侧输卵管、排卵管、受精囊和附腺组成。随着雌虫羽化，其体内的生殖系统就发生一系列的生理变化，主要是向着成熟方向发展。刚羽化的雌虫，生殖系统是严重不发达的，从羽化第6天开始，生殖系统会发生特别大的变化，标志着生殖功能已经开始具备，到了第15天，生殖腺发育良好，已经达到产卵盛期，两侧的输卵管内会聚集大量的成熟卵子，卵巢也不断地分裂发育成幼小的新卵，在这期间如果遇到雄虫的刺激，雌虫神经系统就会发出指令，让雌虫做好生殖准备。每次交配时，雄虫输出精珠，雌虫会将精珠存入贮精囊中，卵子通过时，贮精囊内的精珠会及时释放出1个或多个精子，卵子受精后，形成受精卵，排出体外继续完成卵的发育。当雌虫体内的精子及精珠用完后，雌虫会重新寻找雄虫并与之完成新一轮的交配活动，以不断获得新的精珠和精子，如此多次，整个群体就完成了生殖行为。

【提示】雌虫在排卵28天左右，如果没有大量的新鲜能源补充了，卵巢就会渐渐萎缩退化，如果此时能持续补充充足的能量，可促进雌性生殖系统尤其是卵巢的继续发育，可以重新产生大量的优质卵子，以供下一次的生殖行为之用。所以在成虫的繁殖期间，一定要提供充足的优质饲料，这不但可以提高卵子的数量，而且对卵子的质量也大有好处。

其他结构包括神经系统、内分泌系统、体壁系统等，对于黄粉虫自身来说，是非常重要的，但对于养殖者而言，就显得没有太大的意义，因此在这里就不做重点介绍了。

电磁场生物学效应是一门新兴的学科，主要研究磁场对细胞各成分和结构的综合干扰。近年来磁场的生物学效应在农、医等方面的研究和应用，引起了人们的浓厚兴趣和重视。磁场的作用方式有照射、贴敷、植入和饮用（磁化水）等。人们据此做了许多的研究，取得了显著的效果。席晓莉等（2001）研究证明，极低频脉冲磁的生物学效应也是存在的。不同类型磁场的医疗保健功能和生物学效应正逐渐被研究，以便进行广泛的开发和利用。磁场对各种生物都会产生一定的影响，但只有适当强度的磁场对生物才起到有益作用。研究发现，50~120mT 强度的永恒磁场、1Hz 和 50Hz 的脉冲磁场有延缓黄粉虫生长发育的作用；50~120mT 强度的永恒磁场和 50Hz 的脉冲磁场对成虫的存活率、雌虫的产卵期和产卵量具有显著的副作用。

第四节　黄粉虫的生活习性

一、变态习性

黄粉虫是完全变态的昆虫，它具有变态的习性，一生要历经四次不同的形态，即小而圆的卵期、长圆形的幼虫期、大而娇嫩的蛹期、甲虫状的成虫期。每次变态前，它们都有一些明显的征兆，如体色变白、活动减弱、爬到饲料上，变态前基本上不摄食，变态后短时间内体质非常娇弱，极易受到伤害。了解这些变态前的行为后，可以有效地采取措施，加强保护，提高它们的变态成活率。

在自然界，一般黄粉虫一年发生 1 代，以幼虫的形态越冬。有时也有两年发生 1 代或一年发生 2 代的现象，但很少见。在人工养殖条件下，黄粉虫可周年繁殖，一年可发生 3~4 代，世代重叠，最多可达到重叠的 6 代，无越冬现象，冬季仍能正常发育。

黄粉虫各虫态的经历时间长短与温度、湿度密切相关。总体来说，适宜的温度为20~30℃，在20~25℃的条件下，黄粉虫从卵发育至成虫约需133天；在25~32℃的条件下，黄粉虫从卵发育至成虫只需110天。卵在10~20℃条件下需20~25天孵化；在20~25℃条件下，卵期为7~8天；在25~28℃下，卵期为5~7天；在30~32℃下卵期为3~4天。在10~15℃的条件下，幼虫生长期为90~480天，平均120天；在20~25℃条件下，幼虫生长发育速度最快，约为122天；在25~32℃的条件下，幼虫期约为103天。

蛹期发育也略有不同，在10~20℃的条件下，需15~29天孵化；在20~25℃的条件下，需要8天；而在25~32℃的条件下则需要6天。成虫寿命为50~160天，平均寿命为60天，科学测试表明，黄粉虫一生中的有效积温总和在1450℃；温度在20℃以上时，成虫寿命随温度的升高而缩短。例如，在20℃条件下饲养时，黄粉虫的寿命为64天左右；在24℃条件下饲养时，黄粉虫的寿命为55天左右；在28.5℃条件下饲养时，黄粉虫的寿命为42天左右；在31.5℃条件下饲养时，黄粉虫的寿命为38天左右；在36.5℃条件下饲养时，黄粉虫的寿命为27天左右。

黄粉虫和鱼一样是变温动物，一般变温动物对环境的依赖性明显高于恒温动物。它进行生命活动所需要的能量，主要是来自吸收太阳的辐射能，还有一部分是黄粉虫本身机体进行新陈代谢所产生的能量。当周围环境的温度发生变化时，黄粉虫的生长发育和生殖行为等一系列的生理活动都要受到影响，甚至引起死亡。

黄粉虫一般在15~40℃条件下可以正常存活，但是不同虫态对环境温度的适应情况有所不同。对于成虫来说，-5℃是其生存低限（但自然越冬的幼虫可忍受-15℃的低温），低于6℃进入冬眠状态，12℃是发育起点温度，24~35℃是其生存适宜温度，在此温度下生长健壮，成活率高。生长最快温度是35℃，但长期处于此温度容易发病。高于37℃，生长速度明显降低，死亡率也增加，40℃以上是致死温度。对于蛹来说，其最怕高温，35℃以上就可能使其窒息死亡。因此，在夏季尤其要注意通风降温，减小密度，防止太阳暴晒。

另外，黄粉虫在温度低于10℃时，会处于一种休眠或半休眠状态，低于

6℃进入完全冬眠状态，此时若用手摸虫体就会感到虫体全身发凉，在冬眠时，黄粉虫不吃、不喝、不动也不死。

彭中健和黄秉资（1993）研究认为，黄粉虫在23℃~30℃，各虫态生长发育正常，历期随温度升高而缩短。但王应昌等（1996）研究认为，在20℃、25℃和30℃时黄粉虫幼虫料虫转化重量比分别为3：1.02、3：1.01和3：0.49。即在20℃和25℃料虫转化率比在30℃高1倍还多，表明虽然较高的温度有利于黄粉虫的历期缩短，但对于生产而言，却不一定是最适合的（因料虫转化率不高）。当饲养过程中虫口密度较大时，黄粉虫幼虫会由于虫体间相互摩擦而产生较多热量，使其实际体温较气温高，其增加幅度随虫口密度增加而增大，最高可达5℃以上。因而在实际生产中应该注意。

黄粉虫属于变温动物，其进行生命活动所需热能的来源首先是太阳的辐射热，其次是由本身代谢所产生的热能，但在很大程度上取决于周围环境的温度，周围环境的温度对黄粉虫的生长发育有很重要的影响。黄粉虫对温度的适应范围可划分为高适温区、最适温区和低适温区。

研究者设置了15℃、20℃、25℃、30℃、35℃五个温度处理，经过方差分析，25℃的温度处理对黄粉虫幼虫的平均体重增长作用最显著，说明25℃的温度处理属于黄粉虫幼虫最适温区的温度，能够促进黄粉虫的生长繁殖。而在15℃和25℃的温度处理中，对黄粉虫幼虫的生长发育作用不明显，尤其是在35℃，黄粉虫幼虫趋食性减弱，虫体较其他温度处理下瘦小，幼虫体重低于其他温度处理，死亡率也升高，说明35℃达到了黄粉虫幼虫的高适温区。这主要是由于温度过高引起体内水分过量蒸发，从而使黄粉虫体内蛋白质凝固、变性而导致其死亡。蛋白质凝结温度的高低与含水量有关，蛋白质含水量高时，凝结低温低；含水量少时，凝结低温高。同时，高温还能破坏黄粉虫幼虫细胞的线粒体，影响黄粉虫幼虫体内酶的代谢和对营养物质的吸收，抑制酶、激素的活性，在一定程度上加速了生理过程的不协调，如不能供应足够的氧气、不能排泄更多的代谢产物会引起中毒以及造成神经系统的麻痹等，进而导致黄粉虫幼虫的生长发育受到抑制。

在人工饲养过程中，冬季可以将饲养室温度提高，使幼虫恢复正常取食，而且能够化蛹、羽化，交配产卵，这样就能够满足黄粉虫正常生长发育对温度的需要。同时还要维持温差的稳定，否则就会破坏黄粉虫的正常新陈代谢，引起患病，增加死亡率。通过人为温度处理，可以周年不断地饲养繁殖黄粉虫，提高黄粉虫幼虫的产量，满足黄粉虫加工开发利用中所需要的大量虫源，解决加工原料短缺的问题。

在本次试验中，温度对于黄粉虫幼虫增重及死亡均有显著作用，而且均有最适值，过高或过低均不利于黄粉虫的生长及存活。总体上讲，当温度较高时，其生长增重较快，但同时其死亡率也会增加。考虑到温度对两者的影响都不是主因素效应，而且增重率大于150%和死亡率小于0.5%的95%置信区间的温度值分别为26~27℃和24~25℃，相差并不大，因而在实际生产中可以灵活掌握，控制在24~27℃的范围即可。

另外，在试验过程中，由于本试验模拟的黄粉虫幼虫饲养为大规模群体饲养，饲养密度很高，因此在环境温度为21~33℃时，黄粉虫幼虫虫体实际温度比环境高3~4℃，最高可达到5℃。但若少量或低密度饲养时，黄粉虫幼虫最适生长温度应略高于本试验所得值。

【提示】在养殖黄粉虫的过程中，遇到冬眠时，千万不要以为冬眠可以不管不问，除了正常防止蚂蚁、老鼠等天敌外，还要注意在冬眠时一定要保持其体表适宜的湿度。否则，虫体会因新陈代谢消耗体能而逐渐干枯死亡。另外，在冬眠时，黄粉虫温度不可长期低于5℃，否则也会被冻死。

二、湿度要求

湿度要求实际上就是水分的问题，包括空气相对湿度和饲料含水量两个方面。适宜的水分含量是维持黄粉虫生命活动所必需的，例如，黄粉虫体温的调节离不开水分的蒸发，营养物质在体内的运输也离不开水分，对食物的消化作用同样离不开水分。从黄粉虫的耐旱、耐饥渴生理特性来说，黄粉虫喜欢稍为干燥的环境，不喜欢潮湿的环境。

1. 不同饲料的含水量

黄粉虫属仓储害虫，其野生生存环境为干燥的粮仓。杨兆芬等（1999）研究认为“维持麦麸与虫重量比不小于8，同时每天加入马铃薯片，马铃薯的重量是麦麸重量的2%，可维持幼虫正常生长7天。这表明黄粉虫能较长时间地忍耐干旱。但同时，水分对黄粉虫幼虫的生长也有十分重要的作用。在缺水状态下，幼虫几乎不能正常地生长发育。同一时期，是否添加湿料可导致幼虫间体重相差达 10 倍以上。不仅如此，适当增加水分（湿料）供给，可以加速幼虫的生长发育，促进幼虫提前化蛹，增加蛹重，延长成虫寿命和增加成虫产卵量。

而纵观黄粉虫生长发育，应该说，黄粉虫幼虫的不同生长时期，对水分的需求也不完全相同。幼虫前期生长缓慢，相应地对水分及饲料总量的需求也较少。其体重的增加主要集中在高龄幼虫生长期，这一时期是黄粉虫养殖的关键时期之一，这一阶段能否管理得好，将直接影响到黄粉虫产量。华红霞等（2001）采用 3 龄幼虫（约 20 日龄左右）饲养 20 天和 30 天，发现饲料含水量为 18%的处理组的增重速度，是含水量 12%的处理组的 1.6 和 1.7 倍。彭中健和黄秉资（1993）认为，在幼虫生长后期（8 龄幼虫，50~55 日龄以后），饲料添加水量为每 500g 麦麸加水 200~300ml。本次采用 60 日龄左右的黄粉虫幼虫进行试验，此时黄粉虫幼虫增重率处于较高水平。试验表明在此时若想获得高增重率，饲料含水量应维持在 33.27%~39.71%。

同样地，饲料含水量对幼虫死亡率也有较为显著的影响。随着饲料含水量的增加，水分补充充足，容易产生大而凶猛的个体，在其他幼虫蜕皮及化蛹时常常将其咬死咬伤，从而影响种群存活率。另外，饲料含水量增加也容易滋生病菌，这可能也是幼虫死亡率增高的一个原因。试验结果表明，要使黄粉虫死亡率保持在较低水平，应该使饲料含水量维持在 13.48%~17.48%。

那么，要想保持高增重率、低死亡率，饲料含水量应该处于一个什么样的水平呢？首先，从绝对数值来看，增重百分率远高于死亡百分率。其次，试验中，幼虫死亡后，在记录之后即被剔除，并未对增重率的计算产生影响。最后，饲料含水量对增重率的影响表现为主因素效应，而对死亡率的影响尽管也很显著，但只是处于第三位的。所以综合以上因素考虑，我们认为在实际生产中应以幼虫增重率为主要考虑因素，采用较高的饲料含水量，即采用 33.27%~39.71%的含水量较好。

只是在生产过程中，还应注意以下问题：黄粉虫生长到化蛹前的预蛹时期，对水分需求有一个骤然下降的过程，此时应及时控制饲料尤其是水分的供给，以避免饲料与虫粪板结而使老熟幼虫和蛹大量闷死于饲养盆中。同时，饲料过湿也会导致饲养盆中病菌滋生，温度上升，而易于产生病害等问题，故也要注意在较高湿度条件下的防病。

黄粉虫喜湿，嗜食湿料，单纯采用干麦麸组的幼虫几乎不能正常地生长发育。杨兆芬等（1999）发现，添加湿料（马铃薯片）组幼虫比干麦麸组幼虫体重在同一发育期相差可达10倍以上。食料中经常补充甘蓝叶片也有同样作用，可增加幼虫体重45%，并提前化蛹，增加蛹重21.77%。而对于成虫，彭中健和黄秉资（1993）认为，成虫经常取食含水量高的食料，产卵量可大幅度提高。如加喂菜叶，可增加产卵量111.54%，寿命延长20天。

以上研究表明，水分或湿料的添加在黄粉虫生长发育过程中起重要作用，其添加方式一般为直接喷水或添加菜叶、萝卜、马铃薯等湿料。添加菜叶、萝卜和马铃薯等的效果明显好于直接喷水。这是因为前一种方式不仅满足了黄粉虫生长必需的水分和湿度，而且为黄粉虫生长提供了丰富的微量元素、多种氨基酸和维生素，且与麦麸中的营养成分形成互补。另外，直接喷水可能导致虫体的所处的环境过湿而不利于虫的生长。

黄粉虫对水分的调节主要通过虫体结构、生理和行为活动等，如黄粉虫的体壁构造具有良好的保水机制；消化道后肠的直肠段可以回收食物残渣和排泄物种的水分；也可以通过气门的开闭或改变栖息场所等调节体内水分。但是黄粉虫几乎不能直接得到水分，黄粉虫获取水分的途径主要是通过取食含水量较大饲料。取食含水量多的食物，虫体含水量也会升高；取食含水量较低的食物，虫体含水量也会降低。同时，黄粉虫还可以利用代谢水和通过体壁或卵壳从环境中吸取水分。试验中，饲料含水量设置了5%、10%、14%、18%、23%和干麦麸对照组六个处理，研究发现，饲料含水量为18%的处理中，黄粉虫幼虫的平均体重较其他处理差异显著，说明含水量为18%的饲料最适合黄粉虫幼虫取食，能够满足黄粉虫幼虫正常生长发育和营养代谢所需要的水分。但是随着饲料含水量的增加，超过了黄粉虫幼虫正常生长发育需要的水分，黄粉虫幼虫的生长受到了饲料含水量的抑制，在饲料含水量为23%的处理中，黄粉虫幼虫的平均体重开始下降，死亡率升高。这主要是由于饲料含水量过高引起了饲料的霉变，产生霉菌，导致黄粉虫死亡。

黄粉虫蜕皮时从背部开裂蜕裂线，许多幼虫和蛹的蜕裂线因干燥不能正常开裂，从而无法蜕皮，使其不能正常生长，逐渐衰老死亡，也有些因不能完全从老皮中蜕出而出现畸形。在对照组中，用纯麦麸饲养黄粉虫幼虫，由于饲料较干燥，幼虫的生长和蜕皮受到影响。湿度过高时，饲料与虫粪混在一起易发生霉变，使虫体染病。所以，人工养殖黄粉虫时要保持一定的饲料含水量，随时补充适量含水饲料（如菜叶、瓜果皮等）是十分必要的。保持食料稳定的含水量，对黄粉虫生长、交配、产卵及繁殖都是十分重要的，在黄粉虫大规模、工厂化饲养中具有重要的应用价值。

2. 空气相对湿度

黄粉虫各虫态在相对湿度为40%~80%时发育良好，且在此范围内，随湿度增加而生长发育加快，龄数减少，历期缩短，成虫寿命延长，产卵量增多。这说明黄粉虫虽然耐旱，但其达到最佳生长条件仍需要较高的湿度条件。在通常饲养过程中常常对虫喷水或添加菜叶，所以虫体所处的环境湿度在很多时候明显高于空气相对湿度，但高出量并没有一个准确的数值。

空气相对湿度在试验控制条件下与黄粉虫幼虫死亡率有不显著的线性关系，幼虫死亡率随空气相对湿度增高而增大。其原因可能是湿度增大会导致环境中病菌的滋生，从而影响黄粉虫存活率。因黄粉虫在饲养过程中为群体饲养，必然会有不同程度的摩擦损伤，病菌从伤口感染而使黄粉虫患病死亡。频次分析结果表明空气相对湿度以64%~70%为宜。

【注意】①在北方干燥的养殖室内进行喂养，患干枯病现象较多；②在南方多雨季节特别容易患腐烂病，死亡率较高。

【提示】黄粉虫一般不直接喝水，黄粉虫体内水分的获得途径主要是食物，所以在喂养中不需要直接给水，饲料含水量不仅影响黄粉虫对水分的吸收，而且影响黄粉虫对养分的有效利用。

黄粉虫对湿度变化的适应能力很强，不同的虫态对湿度的适应能力也有所不同。研究表明，成虫的最适相对湿度为58%~77%，卵的最适相对湿度为55%~73%，幼虫的最适相对湿度为67%~75%，蛹的最适相对湿度为63%~74%。在此范围内各虫态发育正常，对卵发育历期影响不明显，但幼虫发育进度随湿度升高而加快，龄数减少，成虫寿命延长，产卵量升高。

【特别提示】当湿度过高时，没有及时吃完的饲料会和虫粪黏在一起，易发生霉变，导致黄粉虫生病。另外高湿度会吸引蚊蝇，这对黄粉虫的养殖有时也是灾难性的，所以一定要科学控制好湿度。

总体来说，湿度过高或过低都不利于黄粉虫生长发育。虽然黄粉虫不怕干燥，即使在含水量低于10%的饲料情况下也能生存，但湿度太低时体内水分过分蒸发，因而生长发育慢，体重减轻，饲料利用率低，所以最适宜的饲料含水量为15%，室内空气湿度为70%，但当饲料含水量为18%和室内空气湿度为85%时，黄粉虫不但生长发育减慢，而且容易生病，尤其是成虫易患软腐病死亡，更怕潮湿。

当空气湿度小于50%时，干燥会影响黄粉虫的生长和蜕皮，导致黄粉虫干枯而死。要提醒养殖户朋友，这里所讲的湿度一般是指养殖环境中的空气湿度，但对黄粉虫的生长发育起直接影响的则是饲养箱盒或饲养盆内的湿度。只有在日常管理中不断摸索，才能掌握快速判断温度和湿度是否合适的技巧。湿度对黄粉虫繁殖的影响也很大，相对湿度以60%~70%最为适宜，相对湿度达90%时，幼虫生长到2~3龄即大部分死亡，低于50%时，产卵量大量减少。

三、食性

黄粉虫的卵和蛹基本上不取食外源性的食物，通常投喂的就是成虫和幼虫，研究表明，黄粉虫的成虫和幼虫都属杂食性昆虫，对食物要求不高。在自然界中，能取食各种粮食，如小麦、玉米、高粱大米、大豆、麦麸等，也可取食鱼肉、果品、油料和粮粕加工的副产品，如糠麸、渣饼等，同时也吃食各种蔬菜叶，尤其爱吃胡萝卜与马铃薯。幼虫的食性比成虫更为广泛，除吃上述食物外，还可吃干鲜桑叶、榆叶、豆科植物的叶以及各种昆虫尸体，当食物缺乏时，甚至会咬食木头做的饲养箱和垫底的纸片等。有学者在研究中发现，它们甚至可以取食塑料，而且能消化并吸收，在一般人的眼中，这是不可想象的。可见，发展养殖黄粉虫是一种变废为宝的好途径。

【注意】青菜要洗净晾干后再喂黄粉虫。

四、对光的反应

黄粉虫幼虫复眼完全退化，仅有单眼 6 对，怕光而趋黑，主要以触角及感觉器官来导向，呈负趋光性。试验设置了室外自然光照、室内自然光照和室内黑暗三个处理，通过对黄粉虫幼虫的平均体重的显著性分析，室内黑暗处理对黄粉虫幼虫的体重增加最为显著，而室外自然光照处理对黄粉虫幼虫的平均体重增加不显著，生长速度缓慢，并且死亡率较高。这说明黄粉虫幼虫对强光有负趋性，怕强光刺激。若长期处于强光的环境下，黄粉虫幼虫的取食和代谢会受到抑制。试验研究表明，黄粉虫比较喜欢在无光或较弱的暗光下活动。因此，可以在工厂化或家庭人工饲养环境中，给黄粉虫创造一个光线较暗的环境，这样有利于促进黄粉虫幼虫的生长和繁殖，获得较好的经济效益。

黄粉虫性喜黑暗、怕光，也就是说它是负趋光性昆虫，不需要太强烈的光照，在暗处比在光亮处生长要快。在自然界，成虫喜欢潜伏在阴暗角落，如树叶、杂草、粮堆表面的阴暗角落或其他杂物下面躲避阳光；幼虫则多潜伏在粮食、面粉、糠麸的表层下 1~3cm 处生活，夜间活动较多。一旦光线强烈，黄粉虫就要钻入暗处隐藏起来，所以人工饲养黄粉虫时要主动为它们创造一个光线较暗的环境，饲养箱应有遮蔽，在养殖中要尽量防止阳光直接照射影响黄粉虫的生活。蛹最怕太阳暴晒，在太阳下暴晒 2 小时后就会死亡。但黄粉虫也不能完全生长在黑暗中，平时有散射光照就行了。

【提示】正因为黄粉虫具有长期适应黑暗环境生活的特性，所以黄粉虫可分层饲养，充分利用空间。一旦成虫遇到强光照射，就会向黑暗处逃避，养殖户常常利用这一习性，分拣蛹与成虫黄粉虫。另外，不同的光照时间对黄粉虫成虫的产卵量也有较大的影响。成虫在自然较弱光照条件下，产卵量多、孵化快、成活率高；若遇强光长期连续照射，则会向黑暗处逃避，若无处躲避则会出现产卵量减少、繁殖力降低的现象，导致种群退化。

五、群居性

黄粉虫是集群性动物，性喜群居，幼虫和成虫均喜欢聚集在一起生活，适于高密度饲养，最佳饲养密度为每平方米 2000~3000 只老龄幼虫或成虫。人们常常利用它的这种习性来进行高密度饲养，但是编者认为，黄粉虫饲养的密度要适中，不宜过大。这是因为万事皆有度，一旦饲养密度过大，黄粉虫的活动空间就会大大减少，易造成食物不足，导致成虫和幼虫吞食卵和蛹，造成养殖上的损失。还有一个原因就是当密度太高时，过多的黄粉虫拥挤在一起，导致群体内部的温度升高，这对刚孵化或刚蜕皮的幼虫极为不利，往往造成它们的死亡。当然，为了有效提高养殖效益，饲养密度也不宜过小，这样会造成地方的浪费，降低生产率。所以人工饲养时应注意分箱，控制饲养密度。自相残杀习性是指黄粉虫群体有相互蚕食现象，这里既有成虫吃卵、咬食幼虫和蛹，高龄幼虫咬食低龄幼虫、蛹和卵的现象，也有各虫态均被同类咬伤或吃掉的现象，表现为大吃小、强噬弱、能动的咬不能动的等行为。例如，成虫羽化初期，身体白嫩娇弱，行动迟缓，易受伤害；从老熟幼虫中新羽化的蛹因不能活动易受损伤；正在蜕皮的幼虫因无力防御而易被同类吃掉；卵也是其他虫态的同类取食的对象。

黄粉虫幼虫饲养密度对其死亡率的影响呈主因素效应，密度过高或过低均会使黄粉虫死亡率上升。这与柴培春和张润杰（2001）所报道的“密度过高和过低都影响它的生长发育”的结论相似，华红霞等（2001）认为，在 25g 麦麸中饲养 300 头幼虫，30 天后死亡率高达 45%。我们在试验中也发现，由于饲养密度高，幼虫间互相咬死咬伤的机会大大增加，尤其是在幼虫蜕皮及化蛹阶段，虫体体壁未完全老化时，最容易受到同种群其他个体的攻击。

但是，实际饲养过程中，饲养密度只能是一个相对的概念。因为随着时间的变化，黄粉虫虫体不断生长，其饲养密度必然处于不断变化之中。到底在多大密度才是能给黄粉虫生长造成负面影响的拥挤密度，目前还没有一个较好的标准来判断。柴培春和张润杰（2001）认为，密度对黄粉虫的影响分成两个阶段：孵化后生长 1 个月的低龄幼虫阶段和幼虫生长一个月后的高龄幼虫阶段。在低龄幼虫阶段以较高密度为宜，反之在高龄幼虫阶段，密度过高会导致密度的负效应产生，从而影响黄粉虫幼虫的生长发育。

以何种标准确定幼虫密度，目前主要采用两类标准：其一，幼虫的最适生长密度取决于每虫所能分摊到的饲料量，杨兆芬等（1999）认为应维持麦麸与虫体重比不小于 8。其二，以饲养面积来确定幼虫饲养密度，如彭中健和张润杰（1993）认为 8 日龄以上幼虫密度以 10 头/cm^2 为宜。黄粉虫高龄幼虫成活率随密度增高而下降（从 100%降至 63%），因而在高龄幼虫期间应降低幼虫的密度。

在黄粉虫的人工规模化饲养中，饲养密度对黄粉虫幼虫的产量有着重要的影响。饲养密度过大容易引起黄粉虫种群个体之间的竞争，同时黄粉虫具有互相残杀的习性，大而强壮的个体会攻击个体瘦小的黄粉虫，引起黄粉虫种群的变动和幼虫产量的下降。

本试验中，饲养设置了 0.24 头/cm^2、 0.47 头/cm^2、0.71 头/cm^2、0.94 头/cm^2、1.18 头/cm^2 和 1.41 头/cm^2 六个密度处理。通过对黄粉虫幼虫每个处理平均体重的方差分析和显著性检验表明，饲养密度为 1.18 头/cm^2 的处理对黄粉虫幼虫平均体重的增加作用最明显，而在 1.41 头/cm^2 的密度处理中，黄粉虫幼虫的平均体重均低于 1.18 头/cm^2 处理组，说明 1.41 头/cm^2 的密度处理超过了黄粉虫幼虫的正常生长所需要的密度范围。这说明在黄粉虫幼虫的饲养过程中，1.18 头/cm^2 的密度能够获得黄粉虫幼虫较高的产量。

黄粉虫幼虫密度过大时，虫体不断运动，虫体之间相互摩擦生热，可使局部温度升高 3~5℃，温度的升高又进一步影响黄粉虫幼虫的取食和营养代谢，使幼虫生长减缓，发育历期变长，死亡率升高。因此在饲养过程中，要减小虫体饲养密度，加快散热，同时还要注意夏季和冬季饲养密度的调节，夏季气温较高，在黄粉虫幼虫的饲养过程中减小密度，可以增加黄粉虫幼虫之间的通风，从而不至于因局部温度过高而造成死亡率上升。冬季温度普遍较低，饲养密度可以适当增大一些，这样有利于提高黄粉虫幼虫种群之间的温度，使其能够更好地生长。

【提示】自相残杀会严重影响产虫量，这种现象通常发生于饲养密度过高的情况，特别是在成虫和幼虫不同龄期混养的情况下更为严重，当然饲料投喂不足或不均匀时也会发生这种情况。为了提高生产效益，必须想尽一切办法来防止黄粉虫自相残杀，这也是人工养殖中需要解决的问题。经过生产实践，我们认为可以从以下几个方面做好相关预防工作：

（1）提供充足优质的饲料，满足它们的摄食需求。

（2）不要大小、老幼不分地一起混养，最好是同批卵同时产下的幼虫一起饲养，以确保养殖群体相对齐整，当养殖到了一定阶段后，要及时分拣，将个体差异较大的拣出另外养殖。

（3）合理控制养殖密度，不可一味地为了追求高产量而将密度安排得过大，这是很值得注意的一项工作。

（4）用特制的产卵筛饲养产卵成虫，一旦产卵时，虫卵会及时从筛网的孔隙中漏出，从而达到虫与卵分隔的效果，此方法较好地解决了成虫吃卵问题。至于吃蛹问题，可以通过强光刺激的方法，让成虫躲避后，再将蛹取出另行饲养。

（5）加强日常管理，主要工作是分期采卵、分期孵化和分群饲养，加强观察，对混养或者养殖时间较长的群体，要采取分拣方法及时分出虫蛹或成虫。

黄粉虫成虫期才具有生殖能力，它们是通过两性交配进行繁殖的。在自然界中，雌雄虫比例为 1：1.05，如果生活环境的条件良好，雌性黄粉虫的数量会急剧增加，群体的雌雄比例可达（3~4）：1，如果生活环境恶化，尤其是营养条件不足时，雄性比例会急剧增加，雌雄比例会达到 1：（3~4），而且亲本的成活率都很低。雌雄成虫一生中都可以交配多次，亲本羽化后 3~4 天即开始交配、产卵，夜间产卵在饲料上面。一般黄粉虫成熟的雄虫和雌虫喜在阴暗处交尾产卵，在自然环境下交配多在夜间，交配过程遇光刺激往往会受惊吓而终止。因此在养殖时，一定要保证成虫期有黑暗的环境。另外，交配对温度也有要求，20℃以下或 32℃以上很少交配，因此在养殖过程中一定要控制好养殖环境的温度，这也是提高黄粉虫养殖产量和养殖效益的保证。

成虫一生中可多次交配、多次产卵，每次产卵 1~10 粒，最多 30 粒。因此每只雌虫的产卵总量在 60~480 粒，平均产卵总量约为 300 粒。如果人为地加强管理可延长产卵期和增加产卵量，例如，在提供营养丰富的复合生物饲料和适宜的温度、湿度条件下，有的优质种虫产卵量可达 1000 粒以上。产卵期为 22~130 天，但 80%以上的卵在 1 个月内产出，常数十粒粘在一起，表面粘有食料碎屑物，卵壳薄而软。雌虫产卵一个半月后，产卵量下降，可以淘汰。成虫期仍进食，饲料质量影响产卵量，因此在交配产卵期要供给营养丰富的饲料。

由于雄虫的交配能力较强，可连续与6~8只雌虫交配而不影响它的寿命和受精率，因此在大规模饲养时，要充分利用这一特点，为了减少多余雄虫对饲料的消耗以及雄虫对雌虫的侵扰，同时也是为了适当降低养殖密度，可以在黄粉虫雌雄比例为1∶1的条件下，群体交配繁殖8天左右，及时去除老的雄虫，补充新的雄虫，更换的老雄虫可以直接到市场上出售，也可以用来加工或是投喂其他经济动物，同时利用更新雄虫的机会把雌雄比例降下来，甚至将雌雄比例降为2∶1都可以。

黄粉虫的雌雄虫在虫蛹阶段易于辨别。虫蛹长12~20mm，乳白色或黄褐色，无毛，有光泽，鞘翅芽伸达第三腹节，腹部向腹面弯曲明显。腹部背面各节两侧各有一个较硬的侧刺突，腹部末端有对较尖的弯刺，呈“八”字形，腹部末节腹面有一对不分节的乳状突，雌蛹乳突大而明显，端部扁平，向两边弯曲；雄蛹乳突较小不显著，基部愈合，端部呈圆形，不弯曲，伸向后方，以此可区别雌雄蛹。

六、运动习性

黄粉虫生性好动，昼夜都有活动现象，但以夜间最为活跃。在饲养过程中往往会发现成虫喜欢爬到光线较暗的地方活动和产卵，因此在饲养过程中要人为地创造一些黑暗的条件。成虫后翅化，不能飞行。成虫、幼虫均靠爬行运动，极活泼。人工饲养黄粉虫的饲养盒内壁如果粗糙，幼虫和成虫极易爬出，为防其爬逃，饲养盒内壁应尽可能光滑。

七、蜕皮习性

黄粉虫幼虫具有周期性蜕皮的习性，而且这种蜕皮现象一般只发生在幼虫时期，其他虫态不蜕皮。幼虫每蜕皮一次增加一龄，体形增加，体重也随之增加，可以这样说，黄粉虫如果不蜕皮，就不可能长大。这是因为黄粉虫与其他昆虫一样，属于外骨骼动物，由于其表皮坚韧（即外骨骼），属于非细胞性组织，伸展性很小。当幼虫营养积累到一定程度后，必须蜕去旧表皮，形成面积更大的新表皮，才能使虫体进一步增大。在自然条件下，黄粉虫的寿命在 60~160 天，平均寿命为 120 天左右。据观察，在这短短的 100 多天中，幼虫蜕皮 8~19 次，通常为 13~15 次，也就是说通常为 13~15 龄，经 4~8 天蜕皮一次，每只黄粉虫的蜕皮次数与营养条件密切相关。

蜕皮时幼虫停止取食，头部脱裂线裂开，幼虫蜕出，刚刚蜕皮的幼虫呈乳白色，1~2 天后变为黄褐色。在蜕皮时间上，黄粉虫幼虫经 4~6 天蜕一次皮。每次蜕皮的间隔时间随虫龄和温度、营养条件的不同而不同，通常随着虫龄的增加，蜕皮间隔时间也增加。另外，幼虫蜕皮的速度和质量也与温度、湿度、营养等条件密切相关，在温度、湿度、营养适宜的情况下，幼虫蜕皮顺利，否则将出现蜕皮困难，甚至畸形死亡现象。

【注意】在养殖过程中，黄粉虫在蜕皮时和刚刚蜕皮后的短时间内，躯体十分娇弱，抵抗外来物侵袭的能力非常弱，极易受到同胞的蚕食，要注意防范和保护。

黄粉虫的生态学特性主要表现在各种生命活动的环境因素及其相互之间交互作用对黄粉虫的影响上，环境因素主要包括光照、温度、 湿度、饲料及自身的密度效应。黄粉虫幼虫喜暗，对强光有负趋性，若长期连续处于强光或黑暗的环境时，其取食和代谢均受到抑制。相较于长期连续强光或黑暗的环境，在明暗交替的环境中黄粉虫的生长速度较快且发育历期较短。黄粉虫成虫遇强光照射时会逃向黑暗处，而且在连续光照条件下，成虫的繁殖力会锐减。

吴书侠（2009）认为黄粉虫的最佳生长温度为 25 ℃。黄粉虫喜湿，其生长的最适空气相对湿度为 60%~75%。

黄粉虫嗜食湿料，在饲喂过程中，适量添加水分或湿料可以促进虫的生长发育。添加菜叶、切碎的马铃薯、南瓜等湿料或直接喷水均可，且一般选择前者，因为饲喂湿料不仅能满足黄粉虫必需的水分和湿度，还可为黄粉虫生长提供丰富的维生素及微量元素，而直接喷水则会导致环境过湿，从而容易发生饲料霉烂及黄粉虫软腐病等病害，不利于黄粉虫的生长。吴书侠研究发现，饲料含水量为 18%时最适宜黄粉虫的生长发育，但肖银波认为饲料含水量以33.27%~39.71%为宜，因为在实际生产中应主要考虑幼虫的增重率。

黄粉虫的生长发育、化蛹、产卵还受到饲养密度的影响。黄粉虫在3龄后，生长密度为5400头/m^2时的发育历期短且增长速度最快。研究表明，饲养密度还会影响成虫产卵量，随着虫数的增加，产卵量也相应增加，但单体产卵量呈下降趋势，最佳饲养密度为2万头/m^2。

第五节　黄粉虫变态历程

一、孵化

像小鸡孵化一样，黄粉虫的卵在完成一系列的胚胎发育后，它的幼体就会钻破卵壳爬出，这个过程叫作卵的孵化，刚孵化出来的幼虫非常娇嫩，还没有防御敌害生物侵袭的能力，因此要加强管理，确保养殖的成功。

二、化蛹

黄粉虫在变态历程中，有一个特点就是必须经过化蛹阶段，即幼虫变为虫蛹的过程。黄粉虫幼虫从孵化开始通过取食不断积累营养，生长蜕皮，当幼虫阶段营养积累完成后，就要化蛹。在化蛹前，黄粉虫老熟幼虫爬行到幼虫较少的场所和食物表面，停止取食，经一段时间后蛹从幼虫表皮中蜕出，初为白色，后变为黄白色。蛹是表面静止而体内发生复杂变化的虫态，是幼虫器官结构转变为成虫器官结构的过渡阶段。

【提示】由于化蛹期是相对静止期，且持续时间较长，蛹很容易遭受黄粉虫幼虫和成虫的捕食，因此及时将蛹从幼虫饲养容器中拣出、把羽化的成虫及时移到成虫饲养容器中是非常重要的管理环节。

三、羽化

羽化是虫蛹变为成虫的过程，也是黄粉虫一生中必须经历的一个虫态期。黄粉虫蛹的羽化对环境温度和湿度有一定的要求，一般温度为25~30℃，湿度为65%~75%的条件对其羽化有利，温度过高或过低、湿度过大或过小都会影响羽化的质量。

第三章
人工养殖黄粉虫

第一节 人工养殖黄粉虫的优点

人工养殖黄粉虫具有以下几个优点：

一、饲料来源广泛

人工饲养黄粉虫时，主要以麦麸、米糠、玉米皮、豆粕、农作物秸秆、青菜、秧蔓、酒糟等为食，每3~5天仅需投喂一次。这些原料在农村遍地可寻，而且价格低廉，将这些低值甚至被视为农村垃圾的原材料转化为黄粉虫，是一种新型的农副产品转化方式。

二、饲养成本低

除了饲料来源广泛、饲料成本低外，人工饲养黄粉虫还具有饲养用具较少的特点。家庭用的木盒、塑料盆、木架、木柜等都可以当作饲养容器，这些东西既可以在市场购置，也可以自己制作，成本很低，只要容器内壁光滑即可。还有一个成本低的原因就是，饲养黄粉虫不需要太大的面积或者专用的饲养场所，在农家屋舍里随时随地都可饲养，甚至许多初创业者将黄粉虫饲养在床下的木箱里也是很可行的。

三、生长繁殖快

黄粉虫以 3 个月为一个生长周期，每只雌虫可产卵数百粒，繁殖快得惊人，对温度、湿度等环境条件要求不高，在 10~35℃的温度下均可正常生长。

四、易养殖、疫病少

黄粉虫自身没有太多传染病，也不是传播疫病的主要载体，喂养技术含量低，养殖户不受文化水平限制，人人都能饲养成功。

五、养殖形式多样化

黄粉虫养殖项目大面积推广，可形成新兴产业，增加就业门路。养殖黄粉虫既能以公司形式专门化养殖，也可以由农户单独养殖，如果能形成产业化生产，可以采取“公司+基地+农户”模式经营，也就是以农户为生产单位，组成科研、生产、加工、营销一条龙的联合公司。形成产业后，完全可以缓解当地就业压力。

六、市场需求量大

黄粉虫的市场需求量取决于它的功能和效用。黄粉虫既可以作为蛋白质能源的提供者，是名贵珍禽、特种动物的鲜活饲料，也可以制作营养保健品，可提高人体免疫力，具有抗疲劳、延缓衰老、降低血脂、抗癌等功效。同时它还是新兴的菜肴，用黄粉虫加工的“昆虫蛹菜”洁净卫生，完全无毒、无异味，不污染环境，经烘烤和煎炸后有奇香，口感好、风味独特，在国内如广州、上海等大城市已形成消费热潮，在国外如日本、韩国、英国、德国、法国等也早已成为大众普通菜肴。总之，养殖黄粉虫市场前景诱人，是一条城乡发家致富的好门路。

七、具有业余创利的优点

养殖黄粉虫劳动强度小，操作简便、易于管理，饲养不占用白天工作时间，晚间喂食即可，因对养殖环境要求不高，在城乡居民住房、阳台、墙角或简易温棚均可顺利开展养殖，工薪阶层在工作之余也可以用它来创收。只要掌握正确的饲养方法，其成活率可达75%以上。根据调查，10m² 内立体生产每月可生产100~150kg 黄粉虫。按现在养殖专业户生产能力计算，一个三口之家的农户，用50m² 左右的房屋做养殖场，一年可收入2万元左右。

八、黄粉虫的利用模式多

1. 黄粉虫食品的开发利用

（1）传统加工品。

1）初加工产品。①油炸黄粉虫。黄粉虫的幼虫、蛹经过排杂处理、烫漂、沥干水分，再经过爆炒或油炸，加入调味料即可食用。营养丰富，风味独特。②速冻黄粉虫。将黄粉虫洗净，经过排杂处理后整形、挑选，然后装入食品级塑料袋中封口，送到速冻车间速冻，产品可在-18℃贮藏。③黄粉虫罐头的加工。选择体态完整的黄粉虫幼虫或蛹，经过清蒸、红烧、油炸、五香腌制等不同的调味工艺，制成风味各异的罐头，使其具有耐藏、营养丰富、口味独特、食用方便的特点。工艺流程为：虫体清理除杂→清洗→固化→调味→装罐→排气→密封→杀菌→保温检验→冷却→成品。④"汉虾粉"系列产品的制作。黄粉虫经排杂处理，再经消毒、固化，烘干后磨成粉，称为"汉虾粉"。具体工艺流程如下：虫体清理除杂→清洗→固化→脱色→烘烤→研磨→筛分→成品。在饼干中加入7%的汉虾粉，味美可口，蛋白质含量提高1倍；膨化食品中加入5%的汉虾粉可使食品香酥可口，营养丰富；将汉虾粉加入酥糖或月饼里，可制成特殊风味的"汉虾酥糖"和"汉虾月饼"；将汉虾粉加到面包里，可以制成虫香味浓郁，氨基酸含量很高的营养型面包。

2）深加工产品。①黄粉虫虫浆的加工。选用鲜黄粉虫经过去杂处理，清除消化道内分泌物，然后清洗干净、磨浆，同时配以食用油、豆粉、芝麻、辣椒等辅料，配制成酥糖馅、月饼馅等各种点心馅来制作加工点心。其工艺流程如下：鲜黄粉虫→清理除杂→清洗→磨浆→调配→成品。②黄粉虫酱油的加工。选用体态完整、气味正常、无腐烂的新鲜黄粉虫，经严格清理除杂，加水磨浆，然后调 pH 值，加入酶水解蛋白质，再经过滤、杀菌、调味调色等工序制成，黄粉虫酱油营养丰富、味道鲜美、香味浓郁，无不良后味。经检测，黄粉虫酱油氨基酸含量高于 168mg/100mL，富含钠、钾、铁、钙等多种微量元素以及维生素和一些功能性成分，兑 5 倍水后的味道可与普通酱油相媲美，因此该产品是一种营养价值高且很有发展前途的调味品。具体工艺流程如下：鲜黄粉虫→清洗除杂→拣选→加 3 倍水磨浆→调 pH 值→加酶水解→水浴加热→灭酶→粗滤→调 pH 值→杀菌→调味调色→搅拌→过滤→分装→封口→检验→成品。③黄粉虫保健酒的加工。选用老熟的黄粉虫，经清理去杂、固化、烘干脱水后，配以红枣、枸杞，放入白酒中浸泡 1~2 个月即成。这种补酒颜色红润、口味甘醇，具有安神、养心、健脾、通络活血等功效。此外，还可以通过向白酒里面添加黄粉虫粉末的方法，使里面的有效成分浸提完全，从而提高虫酒的保健功能。

（2）高新技术系列产品。

1）黄粉虫冲剂的加工。成熟黄粉虫幼虫经清理去杂、脱脂、脱色等处理，采用喷雾干燥等工艺制成乳白色粉状冲剂。其蛋白质、微量元素、维生素含量丰富，适合配制滋补强身的饮料及各种冷饮食品。具体工艺流程：虫体清理除杂→清洗→固化→脱脂→脱色→研磨→过滤→均质→喷雾干燥→成品。

2）黄粉虫蛋白粉的制取。黄粉虫经清理除杂、灭菌、烘干、粉碎，然后采用加盐或加碱法使虫体蛋白质充分溶解，然后可以采用等电点、盐析或透析等方法，使蛋白质凝聚沉淀，再把沉淀烘干，即得黄粉虫蛋白粉。具体工艺如下：虫体清洗除杂→软化→杀菌→烘干→脱色、脱臭→洗涤→破碎→提取分离→洗涤→烘干→粉碎→筛分→成品。

3）黄粉虫氨基酸水解液的制取。黄粉虫中蛋白质的氨基酸组成合理，可制取氨基酸产品。还可以进一步用于加工保健产品、食品强化剂，也可以用作治疗氨基酸缺乏症的药品。一般水解的方法有酸水解、碱水解和酶水解三种方法，我们现在大都采用酶水解法。具体工艺流程如下：鲜黄粉虫挑选→洗涤→烘烤→磨粉→脱脂→浸提→调 pH 值→加酶→灭酶→调 pH 值→第二次加酶→灭酶→过滤→调配→杀菌→冷却→黄粉虫氨基酸水解液。

4）黄粉虫酶解制成胶囊。先对黄粉虫加酶水解，使蛋白质分解成氨基酸，在此基础上添加一些功能性食药兼用的原料，然后经浓缩、喷雾干燥（或冻干）等工艺过程，最终制成胶囊。

5）黄粉虫功能饮料的加工。前几年国内市面上见到的饮料多数是单纯为了解渴，而具有保健功能的并不多见。近期在一些大城市的商场中出现了一定数量的功能饮料，但是大多数添加的都是通过人工合成的营养物质。我们可以利用黄粉虫直接酶解得到的氨基酸水解液进行调配，加工成含有各种氨基酸的全营养型功能饮料。饮料中含有大量游离氨基酸，易被人体吸收，维生素和微量元素的含量也较高，是一种新型的营养保健饮料，具有很高的营养价值，适合运动员、婴幼儿、青少年及重体力劳动者饮用。另外，还可以将黄粉虫蛋白与其他各种乳饮料中所含蛋白按一定比例进行科学搭配，使动物蛋白、植物蛋白得以互补，各种氨基酸比例比较平衡，从而提高饮料中蛋白质的生物价。

6）甲壳素和壳聚糖的制取。黄粉虫成虫的骨骼、鞘翅，幼虫的表皮以及蛹壳都是由几丁质构成的，可将黄粉虫除去蛋白质、脂肪后制取甲壳素，将甲壳素进一步脱乙酰基即得可溶性甲壳素，即壳聚糖。具体工艺流程如下：黄粉虫虫体→酸浸提→碱煮→脱色→还原→干燥→甲壳素→碱浸提→水洗→干燥→壳聚糖。

甲壳素和壳聚糖及其衍生物具有无毒、无味、可生物降解等特点，在食品中可作絮凝剂、填充剂、增稠剂、脱色剂、稳定剂、防腐剂及人造肠衣、保鲜包装膜等，具有多种用途。

2. 黄粉虫食品开发的前景

黄粉虫营养丰富，必需氨基酸比值与人体所需比值接近，尤其与婴幼儿所需比值相符。黄粉虫脂肪也优于其他动物脂肪，而且含有较丰富的维生素 E 和维生素 B_2。同时黄粉虫还可以作为有益微量元素的转化“载体”，通过在饲料中加入无机盐，其可以转化为各种生物态有益元素，成为具有保健功能的食品，补充人体所需的微量元素。但是黄粉虫加工中必须严格清杂排毒，以保证食用的安全性。我国 21 世纪食品工业发展的战略方向是重视发展营养功能食品，特别强调食品的营养保健功能。把营养与功能结合起来，通过现代科技培养、分离、提取，重组研制开发具有预防疾病、病后康复、增加免疫功能、辅助疗效等功效的功能食品及满足人体必需营养要求的功能食品。目前黄粉虫的研究开发利用还处于初级阶段，特别是在食品中的应用还有待于进一步的开发。我们除了要巩固发展那些传统的加工品外，还要加快医疗滋补保健品的开发步伐，通过进一步深入地对黄粉虫营养成分进行分析，明确其保健功能的作用机理，开发出具有影响力的保健功能食品。随着人类对保健食品的认识，黄粉虫食品将会成为21世纪最受欢迎的食品。

第二节 养殖方式的选择

黄粉虫的养殖技术虽然简单，但在方式的选择上也不容忽视，不然会影响产量和养殖效益。养殖者应根据自己希望达到的养殖规模、掌握的养殖技术以及具备的养殖水平、经济水平和承受风险的能力选择合适的养殖方式。养殖方式可以简单地划分为混合饲养、分离饲养和工厂化养殖三大类。

饲养黄粉虫首先要确定养殖规模，这是因为养殖规模与养殖方式密切相关。可以这样说，养殖规模决定了养殖方式，养殖方式决定了养殖产量。根据目前黄粉虫的养殖产量，可将黄粉虫的养殖分为工厂化大规模养殖与家庭小型饲养两种形式。

一、大规模养殖

不同养殖形式的区别主要在于产量和经济要求上，大规模养殖的要求就是产量高，而且生产的总量也较高，经济效益也较高。由于黄粉虫属于比较容易饲养的昆虫，而且操作简单、饲料来源广泛，具备了工厂化大规模养殖的可能性。因此对于那些需要规模发展、技术成熟、投资巨大且市场稳定的企业来说，适宜工厂化大规模养殖。

二、家庭小型饲养

一般情况下，若抱着养养玩的目的且投资不大，技术不很成熟的情况下，适宜家庭小型饲养。另外，对于那些刚刚起步的企业来说，也要先进行小型饲养，在了解了养殖技术、掌握黄粉虫的生长规律后，再进行大规模养殖，这也是规避风险、提高养殖成功率的一种做法。

家庭小型饲养性成熟的成虫，由于很快就要产卵繁殖了，要把它们放进特制的产卵盆内，再在下面一层放上接卵用的白纸。黄粉虫为群居性昆虫，交配产卵必须有一定的种群密度，即有一定数量的群体，交配产卵方能正常进行。一般密度为每平方米虫箱养 1500~3000 只。成虫产卵期应投喂较好的精饲料，这时可以人工配制饲料，通常可用小鸡料 90%、进口淡鱼粉 5%、禽用骨粉 5%制成，青饲料如菠菜、西瓜、冬瓜、南瓜、胡萝卜、山芋、菜叶等要喂足。配合饲料加适量水捏成小团，投放在产卵盆四个角内，但配合饲料的水分千万要控制好，不能过多，否则含水饲料喂多了，会造成饲养盆内的湿度过大，虫子容易患病，死亡率很高。青饲料切成小片放置盆内，每天投喂 2~3 次，由于成虫是负趋光性小动物，其夜间活动量大，食量也随之增加，因此傍晚投料要充足，投料量以第二天早上吃完为宜，不要新陈相接，以免造成浪费，同时陈的饲料长期不吃会发生霉变，导致黄粉虫生病。一般每 5 天左右可以停食半天，仔细观察虫粪，如果其中已经没有大的饲料颗粒，底部基本上是均匀细小的虫粪颗粒，那么此时可以用 40 目或 60 目的筛子将虫粪筛出，然后继续投喂，有些生产量小的养殖户每天都筛，这样也是可以的，但是工作量会加大，建议 5 天左右筛一次就可以了。

黄粉虫的交配产卵过程，这里不再赘述，交配后的雄虫容易死亡，要及时清理出死虫的尸体，防止其腐烂发臭，传染疾病。

第三节　箱养黄粉虫

一、箱养黄粉虫的优势

箱养是黄粉虫养殖最常用的方法，它具有以下几个优点：①适用范围广，可以适合中、大型规模的养殖。②操作方便，尤其是在换箱、清粪、分离时很方便。③木箱较为轻巧，搬动方便，可一层层叠放，通过叠加的方法来充分利用空间，可以提高空间利用率，减少占地面积，相对增加单位体积的产量。因此，许多养殖户在大规模饲养黄粉虫时就会根据需要做一定数量的木箱，在室内架起，进行立体饲养。④取材方便，用农村常见的木材就可以制作，如果是用塑料箱，市场上可以很方便地买到。⑤养殖产量高，养殖户的经验表明，1 平方米的虫箱，可以养殖 3~5kg 的黄粉虫，每养 500g 黄粉虫需 1.5kg 左右的麦麸，在不影响工作的正常情况下，一个人利用业余时间可以养 15 平方米左右木箱的黄粉虫。按每条成虫繁殖 2000 条计算，一年可繁殖 4 代左右，那么一年可产 200kg 左右的黄粉虫，这样的产量还是相当惊人的。⑥技术易掌握，一旦正确掌握了箱养黄粉虫的技巧，黄粉虫的繁殖量和养殖产量会大大增加，经济效益会显著提高。因此现在大部分养殖户都使用这种箱养技术。

二、设备准备

箱养黄粉虫的养殖设备主要是养虫箱，这是养殖的基础，还有就是供繁殖用的集卵箱，当然用于分离虫粪的筛子或箩筐也是不可或缺的。

1. 木质养虫箱

目前在农村采用箱养黄粉虫技术的养殖户，大多数都使用木质养虫箱，这是因为在农村使用木箱的成本很低，可降低养殖风险。顾名思义，木质养虫箱是用木质板材制作的，这些板材可以是实木板、密度板、胶合板或者是其他板材，最好是用实木板。当然在制作家具或砌房造屋时，那些下脚料也是不错的选择，既利用了边料，减少了浪费，又可以通过养殖黄粉虫来取得一定的经济收入。

因黄粉虫惧怕明水，用塑料盆养虫时，饲料水分稍大一些，盆底就会出现明水，对虫子有害，与塑料盆相比，木盒有一定吸潮作用，即使饲料湿度大一些，对黄粉虫也不会造成危害。当然，使用木质养虫箱也有缺点，主要是箱体较大，在周转操作时劳动强度较大。木质养虫箱一般是以卯榫制作，也可以用铁钉钉上，但一定要注意，用铁钉钉上时，不能让钉子露出边框。边框用 1 厘米厚的木板制作，长度则要根据实际情况而定，一般长与宽的比例为 2：1，底部用三合板或纤维板制成，当然农村的木料较多的话，也可以用木板。养虫箱的内侧应光滑，深 25 厘米左右，以防黄粉虫逃跑。通常是将箱侧板的内侧用砂纸打磨光滑，然后用 5 厘米宽的胶带纸或蜡光纸贴上一圈，用手轻轻压平，也可以用塑料薄膜钉好，这可以有效地防止虫子外逃和产卵不定位。

2. 塑料养虫箱

塑料养虫箱的来源主要有两种：一种是直接从市场上购买，以长方形为宜，长与宽的比例为 2：1，深为 20cm 左右，有时市场上没有合适的长方形箱，用正方形的虫箱也可以。另一种就是自己设计尺寸，然后到塑料生产厂定制，定制的塑料养虫箱能够容量足而且合乎标准，适用于规模化养殖。

【提示】塑料箱子的优点是来源方便，本身较轻，便于操作，缺点就是它的底部不像木质箱那样能渗透过多的水分，易积水，当养殖环境的湿度过大时或投喂的青饲料过多时，往往会发现有部分水积在塑料盆中，从而造成底部的黄粉虫死亡。

3. 集卵箱

顾名思义，集卵箱就是为了收集成虫所产的卵而准备的特制的箱子，实际上它并不是一个箱子，而是由一个养虫箱和一个卵筛共同组成的。卵筛的外径规格比养虫箱小一号，根据生产实践，一般可以小 10%左右，目的是方便卵筛装入养虫箱和从箱中及时取出卵筛。集卵箱一般是特制的，常用木材制作，内侧要求光滑，处理方法同前面的木质养虫箱，深度和养虫箱一样，卵筛底部要钉上铁窗纱，使卵能漏下去。

集卵箱的用途有三个：一是减少为了因成虫对卵的蚕食而造成的损失；二是减少饲料、虫粪对卵的污染，造成卵的发育不良；三是方便收取卵箱或接卵纸。

集卵箱的使用方法也很简单，先在养虫箱底部铺上一张洁净的报纸，便于收集卵，然后在报纸上均匀地铺设一层 3~5mm 厚的麦麸作为集卵饲料，接着将经过选择可用于繁殖的成虫放在卵筛中，最后将卵筛放入养虫箱内就可以了。到了产卵的时候，雌性黄粉虫会将产卵器伸到卵筛的纱网下面，将已经受精好的卵产在卵筛下面的集卵饲料中，通过分离卵与饲料就可以得到比较纯净的卵了，再将卵进行孵化就可以繁殖下一代了。

4. 筛网

筛网是筛选和分离用的，主要用于筛选和分离虫粪和虫体、不同大小的幼虫个体、卵和饲料等。筛网的结构可以是圆形的，也可以是长方形的，从方便操作的角度来考虑，建议养殖户使用圆形的筛网。为了防止黄粉虫顺着筛网爬走，筛网的四周也要保持光滑，可用硬质塑料薄膜贴一圈，筛网的高度以 35~45cm 为宜，使用筛网时要小心一点，动作不能太大，以免造成撞击力导致虫体破损。

筛网的网目可以多备几种，既要能满足分离不同个体所用，也要能满足分离卵所用，常用的筛网网目有 120 目、100 目、80 目、60 目、40 目、30 目、10 目和普通铁窗纱或塑料窗纱等几种。一般是 1 龄的幼虫用 100 目筛网除粪，2 龄的幼虫用 60 目的筛网除粪，3 龄以上幼虫用 40 目筛网除粪，10 目的筛网可用来分离幼虫及蛹，其他的网目当然也各有用途了：一是连续投喂 5 天左右后，当虫子将养虫箱内的饲料吃完时，用筛网筛走虫粪；二是饲养一段时间后，黄粉虫的密度较大而且个体生长出现了明显的差异时，为了防止弱肉强食的惨剧发生，要及时用筛网将大小不同的个体分离；三是在收集到卵后，要及时用筛网将集卵饲料从卵中分离出去；四是分离蛹和幼虫时，也要用到筛网。总之筛网是非常重要的辅助养殖用具，一定要准备好。

5. 养虫箱架

箱养黄粉虫时，不可能只使用一两个箱子，当箱子多了的时候，就有出现叠放的问题。在实际操作中，箱子的叠放方式很多，有交叉式叠放、层递式叠放、放在架子上叠放等，但是如果叠放不好的话遇水就会容易翻倒，给养殖造成一定的麻烦，尤其是塑料养虫箱比较光滑，很难上下放好，所以养虫箱架就应运而生了。养虫箱架的大小、材料、样式和规格都不是固定的，而是养殖户根据自己的具体情况自行设计的，总体要求是能放稳、占地少、充分利用空间、方便操作。另外，要用规格一致的箱架，这样便于用报纸或窗帘遮挡光线，且方便管理，有利于黄粉虫的饲养。冬季保暖在规模化养殖时一定要使用养虫箱架，这是提高生产效益和利用空间的主要措施之一。

养虫箱架一般也是木制的，当然也可以用铁制的，毕竟铁制的更加牢固，但是铁制的太沉重，搬运极不方便。所以目前大部分养虫箱架都是木制的，箱架间距一般比养虫箱宽 5cm 左右即可，长度和养虫箱的长度一样就可以了，可以像超市里的货架一样分层摆放，这样会更加整齐、美观、稳定，也方便操作。

一些养殖户并没有使用养虫箱架，那么不同的箱子是如何摆放的？在生产实践中，一些养殖户在冬季会将相同结构的箱子上下重叠放置，这样有助于保温，但不利于氧气的供给，夏季也不利于通风散热，会造成黄粉虫死亡。于是有些养殖户就做了略为科学的改造，在两个养虫箱之间用两根木条支撑，这样既可以达到叠放的目的，又可以起到通风散热的作用，木条的长度要比木箱长一些，宽和厚一般为 5cm 左右就可以了。值得注意的有两点：一是这种方法适用于箱子叠放层次不多的情况；二是应在通风良好的情况下使用，而且更适用于木箱。

三、虫体选择

虫体选择的总体要求是选择优质虫种，生长性能不好和伤残的都不能要。

四、放养密度

生产实践表明，幼虫在饲养箱中的厚度以 1.2cm 为宜，不能超过 1.8cm，以免发热。参考密度为 5~8kg/m^3，根据这种密度可以推算，一个养虫箱可以养殖幼虫 0.7~1.0kg，具体的密度要依据个人的养殖技术、养殖经验和环境条件而定，同时也与季节有一定关系，例如，冬季虫子的密度可以适当增加10%左右，而夏季虫子的密度也要相应减少 10%左右。

根据测算，黄粉虫的养殖密度可以用具体数字表示，现将不同时期黄粉虫幼虫的个体数列出来，养殖户可以根据这个数字大概测算出自己的养殖数量或鉴定一下养殖密度是否合适。以 500g 的黄粉虫个体数量计算，刚刚出壳的幼虫约 50 万只，1~2 日龄幼虫约 30 万只，3 日龄虫约 15 万只，4 日龄虫约 6 万只，5 日龄虫约 3 万只，6 日龄虫约 1 万只，7 日龄虫约 8000 只，8 日龄虫约 5000 只。

五、幼虫的管理

幼虫的饲养是指从孵化出幼虫至幼虫化为蛹这段时间的饲养。这个过程是养殖生产的关键，一方面是因为它的增重倍数大，另一方面是因为此时的虫体是最希望得到的成果。在卵孵化前先进行筛卵，以取得相对纯净的卵，筛卵时先用筛网将箱中的饲料及其他碎屑筛下，然后将卵纸一起放进孵化箱中进行孵化。孵化箱与产卵箱的规格相同，但箱底放置木板，这样一个孵化箱可孵化 1~3 个卵箱筛的卵纸。值得注意的是，所有的卵纸不能堆放在一起，这样会使小幼虫死亡，科学放置的方法是将不同的卵纸分层堆放，层间用几根小木条隔开，以保持良好的通风。之后在卵上盖一层青菜叶，以保持适合的湿度。将室温保持在 25℃左右时，虫卵在孵化箱中经 3~5 天可孵出幼虫。将孵出的幼虫从卵纸上取下移到饲养箱里喂养，放一层厚 2~3mm 的经过消毒的麦麸让其采食。如果孵化箱比较充足，可以将幼虫留在原箱中饲养，在 3 日龄前不需要添加混合饲料，原来的饲料就够食用，但要经常放菜叶，让幼虫在菜叶底下栖息取食。在箱中饲料吃完后进行过筛，筛出虫粪后仍将幼虫放回箱内饲养，并添加 3 倍于虫体重的混合饲料，以麦麸为主。饲养实践表明，一般投喂 2.5kg 麦麸可收黄粉虫 1kg。虫体长至 4~6 日龄时，可采收来喂养蝎子等动物。用来留种的幼虫则继续饲养，到 6 日龄时因幼虫群体体积增大，应进行分群饲养，幼虫继续蜕皮长大。幼虫经 10 天左右进行第一次蜕皮，以后共要蜕 6 次皮左右，方才成为老龄幼虫。

幼虫的管理中有一样很重要的事就是饲料的投喂要科学，幼虫在 15 日龄前消化功能尚未健全，因此不宜喂青饲料，但为了使虫体得到应有的水分，要在饲料上加喷少许水分，15~20 日龄后可投喂青饲料，如嫩菜叶、水果皮等。随着幼虫的生长，因各虫体生长速度不同，个体大小并不整齐，为了防止相互残杀，要大小分群饲养，可用不同目孔的网筛分离幼虫。

因季节不同，管理方法也不同。夏天气温高，幼虫生长旺盛，虫体内需要有足够的水，故必须多加水分含量多的青饲料，有时还要高效通风降温；冬季虫体含水量小，必须减少青饲料的投喂量。

【注意】基本上同龄的幼虫应在一起饲养，不能大小相混，这有利于方便投食。旺盛幼虫需补充营养物质，老幼虫则不需要。当然，如果是将黄粉虫的幼虫当作饲料，直接用来投喂蝎子、观赏鱼时，可把卵纸放在脸盆中孵化出幼虫，在盆中饲养幼虫除了要提供足够的饲料外，主要是做好饲料保湿工作，湿度控制在 15%的含水量，当幼虫至 3~4 日龄时，把幼虫筛出投喂蝎子等动物。还有一个日常工作就是要及时筛掉幼虫的蜕皮壳和粪粒，以便于及时添加饲料。

六、蛹的管理

经过一段时间的喂养，当老熟幼虫长到 50 天左右，长为 23cm 时开始化蛹。老龄幼虫在化蛹前四处扩散，寻找适宜场所化蛹，这时应将它放在包有铁皮的箱中或盆中，防止其逃走。要加强对蛹的护理工作，由于蛹的防御能力很弱，甚至几乎没有防御能力，加上刚化蛹时躯体相当娇嫩，因此它不能与幼虫混养，否则幼虫会咬死蛹，造成损失。预防方法很简单，就是及时把新化的蛹拣到饲养箱饲养，箱里先放一层 3~5mm 厚的麦麸。化蛹初期和中期，每天要拣蛹 1~2 次，把蛹取出，放在饲养箱中，避免被其他幼虫咬伤。虽然蛹期不吃不动，但它也要呼吸，进行体内的新陈代谢，所以管理上也不能放松，要放在通风、干燥、温暖的地方。

七、成虫的管理

刚开始，蛹头大、尾部小，两足向下紧贴胸部，呈白色，后逐步变黄，在温度 25℃左右时经过一周就可以蜕皮变成成虫，刚蜕变的成虫为乳白色，经 10 小时变黄，两天左右变黑色，完全羽化成熟的成虫，经交配产卵，繁殖第二代。刚孵化的成虫，虫体较嫩，抵抗力差，不能吃水分过多的青饲料，而其他成虫则无所谓。没有性成熟的成虫的管理同本章第四节棚养黄粉虫中成虫的管理。

成虫饲养的任务是使成虫产下大量的虫卵。性成熟的成虫，很快就要产卵繁殖了，这时要在虫体体色变成黑褐色之前把它们放进特制的产卵箱中饲养，再在下面一层放上接卵用的白纸。成虫产卵箱是长、宽、高分别为 60cm、40cm、15cm 的木箱，底部钉上网孔为 2~3mm 的铁丝网，网孔不能过大，否则成虫容易掉下逃走，但也不能太小，不然箱内的杂物筛不下来。

【提示】箱内侧四边镶以白铁皮、玻璃或硬质塑料薄膜，也可用透明胶条粘贴一圈，防止虫子逃跑。投放雌雄成虫的比例为 1∶1。在投放成虫前，先在箱子底下垫一块木板，木板上铺一张纸，让卵产在纸上。箱内铺一层 1cm 厚的饲料，这样才能使成虫把卵产在纸上而不至于产在饲料中。在饲料上铺上一层鲜桑叶或其他豆科植物的叶片，使成虫分散隐蔽在叶子下面，并保持较稳定的温度。然后再根据温度和湿度盖上白菜，温度高、湿度低时多盖一些，蔬菜主要是用来提供水分和增加维生素的，随吃随加，不可过量，以免湿度过大菜叶腐烂，致使成虫生病，降低产卵量。成虫在生长期间的管理同本章第四节棚养黄粉虫中成虫的管理。

成虫产卵时多数钻到纸上或纸和网之间的底部，伸出产卵器穿过铁丝网孔，将卵产在纸上或纸与网之间的饲料中，这样可以防止成虫把卵吃掉的食卵现象，大约每隔 2 天取出产卵纸，换上新白纸，将收到的同期卵放进饲养盒让其孵化。这样，虫生长整齐，能减少自残，便于管理。

黄粉虫的交配产卵过程，这里不再赘述，成虫连续产卵 3 个月后，雌虫会逐渐因衰老而死亡，未死亡的雌虫产卵量也显著下降，故饲养 3 个月后就要把成虫全部淘汰，以免浪费饲料和占用产卵箱，从而提高生产效益。交配后的雄虫容易死亡，要及时清理出死虫的尸体，防止其腐烂发臭变质，招来病菌，传染疾病。

第四节　大棚养殖黄粉虫

养殖黄粉虫可在普通民房开展，城乡居民住房及旧粮仓粮库等都可利用。也可建设简易大棚养殖，这是一种高效且廉价的养殖新方法。塑料大棚在农业上的应用已经十分广泛，而且技术十分成熟，尤其是在种植业上更是相当发达。在养殖业上也常有应用，利用塑料大棚进行黄粉虫的养殖也是可行的，根据生产实践，通常采用半地下式塑料大棚养殖黄粉虫。

一、大棚养殖黄粉虫的优点

（1）大棚的投资相对较小，仅需棚体支撑和塑料薄膜即可，利用得好，也可以重复利用和长期利用。

（2）场地灵活：可以因地制宜地发展黄粉虫的养殖。

（3）可以利用塑料薄膜吸收太阳能。利用薄膜封闭大田，达到保温的效果，在夏季也可以利用半地下式的优势来及时降低温度。

（4）大棚的面积和长度可以灵活确定，根据各位养殖户的技术条件、生产成本和市场情况而定。

二、大棚建设的关键问题

在利用半地下式大棚养殖黄粉虫时，一定要注意把握以下 3 个关键问题，这些问题会直接影响养殖黄粉虫的产量。

（1）场地的选择要有讲究，不是什么地方挖个沟槽盖上塑料薄膜就能养殖黄粉虫的。由于黄粉虫对湿度有一定的要求，因此在建设大棚时一定要避开低洼易积水的地面。

（2）大棚要方便照管，要能供电、道路通畅。

（3）场地要相对开阔，气流要通畅。

（4）要远离污染场所。

（5）要有防止鼠类和蚂蚁的设施，建筑物的门、墙基、屋顶等部位，最好用灰沙、水泥等制成，防止鼠类、蚂蚁打洞、筑巢。

（6）为了防止雨季雨水倒灌入大棚内，应在大棚外沿着棚基开挖一条有效排除雨水的沟。

（7）为了保证大棚内的空气新鲜，要加强排气换气设施建设，通常是在墙面部分每隔 10~12m 安装一个 100W 的排风扇。

（8）在夏季，如果温度过高时，白天可以在大棚顶部加盖黑色的遮阳网来降温，也可以用草帘铺在棚顶，然后在顶部浇水或用水冲洗大棚来达到降温的目的。而在冬季草帘则可以加温保温，此时可在白天掀开草帘，让大棚接受光照，在晚上则覆盖上草帘来保温。根据实践经验，这种半地下式的塑料大棚保温性能是相当好的，冬季可以比普通房间的温度高 5~10℃，完全能达到黄粉虫幼虫越冬的需要，如果还要让它继续繁殖、连续生产的话，可以通过人工加温的措施来达到目的。

三、大棚的建造

1. 开挖棚体

选择地面平坦、阳光充足的地方作为棚址，在选好的地址上开挖长、宽、深合适的沟槽，冬季阳光斜射入棚，所以塑料大棚要南北延长。挖好沟后要进行科学处理，将池底整理平坦，用泥土夯实或用水泥砖垒均可。池中无淤泥，夯实成硬底质，宽 5~7m，池深以 0.8~1m 为宜，在底部放些瓦片、竹枝供黄粉虫隐蔽。根据生产需要，通常将沟槽建设成土池或水泥池，选择的依据是哪种更划算，建设成水泥池的话，可以说是一次性投入，多年利用，而且很牢固。如果是建成土池，在放养黄粉虫前还要用一层硬质塑料薄膜将沟槽的底部和两边围起来，这样一方面可以防止积水渗漏，另一方面也方便将来的操作管理，而且投入不多。大棚四周堤坎都需高出地平面 15~25cm，以防雨水流进池内而降低池水水温。不要使阳光直射进来，在前后左右墙壁上安装数个门窗用于通风或透光即可。

2. 架设大棚

在沟槽上用竹木、水泥制件或铁管等材料做支柱和拱架来搭设棚架，使整个大棚呈“△”形或“人”字形，棚架上盖两层塑料薄膜，覆盖材料为聚氯乙烯薄膜或聚乙烯软质薄膜，薄膜与地面相连接四周用稀泥封闭，以维持养殖池的温度。为了保持棚内温度，墙和顶部都要用薄膜覆盖。

【注意】在建大棚时还要注意一点，就是应尽量降低空间高度，只要不影响操作，一般为 1.5m 左右就可以了，这样可减少空间，从而尽量减少热量损失。在选用薄膜时也要注意，聚氯乙烯薄膜重量轻，透光性能好，保温性强，热传导率低，抗张力大，故使用寿命长。目前农用薄膜最长寿命可达 2~4 年。聚乙烯薄膜透光性更好，但其保温性、抗张力、伸长率都较差，拉长后不能复原、容易硬化。在使用时，它不会散发出有害气体。虽然两者都可使用，但还是建议养殖户用双层聚氯乙烯薄膜。

3. 温度控制

在外界温度较低时，应注意做好塑料大棚的保温工作，在有条件的地方，棚内可放置家用取暖炉，但必须配备烟道。越冬期间，遇天气晴朗暖和的日子，待日出后可将南端薄膜掀开 2~3cm 以调节交换空气，使阳光直射大棚表层，从而提高温度，日落后仍将薄膜盖严，并在棚顶的塑料薄膜上加盖草帘，或在薄膜中间夹草苫子遮光保温。也可以在塑料大棚内安装电热器进行加温，一般在面积 4~5m² 的大棚越冬池中，安装 1 台 0.5~1.0kW 的电热器，并采用控温措施。在夏季要将两端的塑料薄膜全部打开，以利于空气对流，从而达到降温和保持空气新鲜的目的。在酷热的正午，要将大棚上方用黑色遮阳网遮好。

放养前，棚内池子应用生石灰和漂白粉进行彻底消毒，以杀灭池中的病原体，然后再放养黄粉虫。放养黄粉虫前一定要对黄粉虫进行仔细认真的挑选，选取那些个体大且生活能力强的虫子，要尽可能选择规格整齐、色泽鲜亮的个体。

【注意】那些身体有残缺、个体较小、身体发黑的虫子要坚决剔除掉。大棚养殖黄粉虫的密度也有讲究，生产实践表明，幼虫在棚中的厚度以 1.5~2cm 为宜，最好不要超过 2.5cm，具体的密度要依据个人的养殖技术、养殖经验和环境条件而定。当然到了冬季时，虫子的密度可以适当增加 10%左右，夏季密度则可以相应减少 10%左右。将孵出的幼虫从卵纸上取下移到大棚里喂养，放一层厚 2~3mm 的经过消毒的麦麸让其采食。幼虫须经不断地蜕皮才能生长，刚蜕皮的幼虫虫体白嫩，在日常管理和检查时一定要小心，注意不能损伤虫体。随着幼虫的生长，会出现个体大小不整齐的现象，要及时进行大小分群饲养，可用不同孔目的网筛分离大小幼虫。幼虫长到 2~3cm 时开始化蛹。蛹的躯体相当娇嫩，而且抵御能力极差，因此要及时把新化的蛹拣到另外的箱中进行专门饲养，饲养箱要放在通风、干燥、温暖的地方。用大棚养殖黄粉虫，要做好温度、湿度调控。黄粉虫最适宜的生长温度为 24~35℃，若超过 40℃则会死亡，低于 10℃进入冬眠。在温度为 25℃左右时蛹经过一周就可以蜕皮变成成虫，成虫的投喂量一般以总体重的 15%左右为宜。在夏季气温特别高时，虫体内必须有足够的水分来保持正常的新陈代谢，故要多添加青饲料，如青菜、青草、莴苣都可以作为饲料，同时要打开薄膜通风。为采光升温，在晴天要充分利用光照，增加棚内温度，多蓄热；下午早盖苫保温。夜间温度低时，可在大棚内点燃煤炉，使温度至少保持在 20℃以上。若大棚内湿度太低时，可在煤炉上放水壶，让水壶里的水保持沸腾状以增湿增热，为大棚内保温、加湿。冬季在门窗上挂厚草帘或棉帘以保温，夏季在大棚上覆盖遮阳网以降温。

【注意】成虫的产卵与孵化与其他养殖方式是相同的，值得注意的是，交配后的雄虫容易死亡，要及时清理出死虫的尸体，防止其腐烂发臭，传染疾病。

第五节　规模化养殖黄粉虫

黄粉虫虽然身价不高，但规模化饲养却能取得较好的效益。总体来说，只要掌握规模化生产的技术要领，养殖黄粉虫也是比较简单的，而且其饲料来源广、用工少，只要容器内壁光滑能防逃即可。一般情况下，一人可管理几十平方米甚至上百平方米的养殖面积，也可以立体生产。规模化养殖黄粉虫具有投入成本低、经济效益高的优点，平均每 1.25kg 的麦麸，加上一点青菜就可以养殖 0.5kg 的黄粉虫，一般在 $10m^2$ 的房间内进行立体养殖，每月可生产出成虫 200~400kg。饲养黄粉虫不受地区、气候条件限制（即使在-10℃的气温下黄粉虫也不会被冻死），黄粉虫无臭味，也无其他异味，可以在居室角落里养殖。实践证明，只要掌握正确的饲养方法，其成活率可达 95%。

一、规模化养殖的基本理念

规模化养殖黄粉虫也叫工厂化养殖黄粉虫，有时也被称为立体式养殖黄粉虫。规模化养殖是一个相对的概念，通常分为家庭小规模养殖和工厂化大规模养殖两种，规模化养殖是黄粉虫养殖从量到质的一个飞跃。通过规模化可以实施规范化科学养殖黄粉虫的技术管理措施，实现机械化养殖的应用，甚至能做到产、供、销一条龙服务的产业链，从而大幅度地降低养殖成本，提高经济效益。

【提示】立体化养殖是指在养殖中采用多层次立体饲养形式，提供适宜的温度、湿度，使用营养全面的商品型饲料和适宜的工具以及科学的饲养方法，以最低的成本和最短的时间，获得最大的经济效益。家庭小规模养殖一般是在居室内，只要有合适的面积和器具即可生产，小面积加温的主要设施是土暖气或带烟罩的煤炉子，适用于年产 2 吨左右的产量。对房间也有一定的要求，就是要能防止强光照射，满足冬季加温至 10℃以上、夏季降温至 32℃以下的要求，同时要能有效地防鼠类和蚂蚁，室内空气的相对湿度控制在 80%以内。当然对于那些新装修的房屋，还要求室内不能有挥发性的有害气体，如油漆、汽油、农药及其他一些挥发性的有机溶剂等。只要是符合以上条件且不漏雨的楼房、平房、瓦房、草房都可以用来养殖黄粉虫。

工厂化大规模养殖则要严格得多，从产量上讲，它基本上突破了年产量 20 吨左右的规模，要有专门的养殖场所、专门的技术人员和服务管理人员，甚至还要有专门的深加工环节，以提高黄粉虫的附加值。

二、规模化养殖需要考虑的问题

黄粉虫的规模化养殖并不容易，要想把规模化养殖做大做强，达到黄粉虫工厂化养殖的高效益，首先要考虑和解决以下几个问题：

1. 饲料的来源

饲料来源问题就是自然饲料与商品饲料的搭配以及标准化的问题，虽然黄粉虫的饲料来源广，但是在规模化养殖时不可能每天喂一些粗枝烂叶，要讲究效益，因而喂养专用的配合饲料更加合适，这就要求在配制饲料时，配制方法要经济，原材料来源要有保障，饲料成本要低廉。因此只要留心一下身边的原材料，如各种秸秆、各种蔬菜、各种谷糠等，加以科学配制就能达到要求。

2. 高密度养殖的技术保障

要提高黄粉虫的养殖密度，做到高密度养殖，还要有与之相适应的使黄粉虫能适应高密度生活条件的用具和技术，以达到优质高产。这种养殖技术目前已经有所突破，但还有很大的提升空间，应在以后的生产实践和研究工作中得到重视。

3. 实现快速分离

要着力找出在同一时间内将不同虫态分离出来的方法，包括将幼虫和蛹及时分离、幼虫和蜕的皮及时分离、虫粪和食物残渣从饲养盘里清理出来的方法，这是目前黄粉虫养殖的一大难点，也是黄粉虫实现规模化工厂化养殖的技术关键。

4. 有效的病虫害防治方法

虽然野生的黄粉虫没有什么疾病，但在人工养殖尤其是规模化养殖的环境下，黄粉虫还是会生病的，无论是生理性疾病，还是传染性疾病，或者是来自鼠、蛇、蛙等天敌的侵害，目前都已经有了相应的解决办法，只要在养殖前多学习多请教，就能解决好这个问题。

5. 技术控制要得当

适应规模化养殖的高效养殖技术和环境条件控制技术，尤其是饲养过程中的喂食方法、成虫交配产卵的条件、虫卵孵化的适宜条件、成虫在争食互残中的矛盾等，在高密度养殖下，这些问题必须要加以解决。

6. 自动化程度的开发

作为规模化养殖，走生产自动化、立体化是值得探索的好路子，因此对于黄粉虫养殖的生产流程及自动化装置的设计和合理利用等方面，要加大投入力量和资金。

7. 深加工要能跟得上

对养殖出来的产品要有后续开发的能力，作为规模化养殖产品也不是一时半会就能销售完毕的，因此必须考虑产品储藏、深层次的加工技术和质量保证等问题。在传统养殖方式中，饲养设施简单，常常是因陋就简，规格不统一，多种多样，生产场地也是如此，这就给规模化生产统一工艺流程技术参数带来了极大的不便，而黄粉虫的规模化生产恰恰弥补了这种缺陷，因此在生产场地方面就有新的要求。总体来说，规模化生产场地要能满足以下几个条件：

（1）场地选择要经济适用，善于利用各种环境。工厂化规模生产黄粉虫可新砌厂房，也可充分利用闲置空房；既可利用房舍，也可利用塑料大棚采热养殖；既可单独使用，也可将两者进行有机结合来使用，即房舍与大棚连体建设，充分利用自然条件调节温度。总之以能达到规模化经营生产为目的，以最大限度地利用现有资源，降低投入成本为主要出发点。

（2）管理方便。为了集约化管理和规模化经营，所有的生产厂房和大棚最好相近且连片，形成一定的产量规模，同时也是为了便于管理、技术指导和产品出售。购入种虫少时暂在居室一角饲养，多时要设专室，一般一间屋能养 300 盘虫。

（3）通风性能良好。尤其是在夏季必须能满足这个条件，否则会造成大批的黄粉虫死亡，所以养殖场地要求选择通风条件好、干燥无鼠害的房间。

（4）具备加温保温的条件，最好能建设成为恒温生产养殖模式。黄粉虫的各虫态对环境温度有着不同的要求，但总体来说，要求并不高，它对环境的适应性很强。因此，要注意夏季散热、冬季保温。俗话说："寒能加暖、热不能扒皮"，饲养房内部要求的温度无论冬夏都要保持在 20~25℃，相对湿度保持在 70%，那是最好的。室内要设温度计与湿度计，虫盘中央也需插温度计测温。夏季气温高时，在地上洒水降温；冬季要保温，以保证黄粉虫正常生长发育的需要。

（5）能防治敌害。选择坐北朝南的房屋，门、窗都要装纱窗，也可用质量普通、宽 2.5m 的塑料布封好，所有房间必须堵塞墙角孔洞、缝隙，粉刷一新，以防成虫逃逸和蜘蛛、蚂蚁、蟑螂、鸟类、壁虎、鼠等天敌危害。

（6）室内地面要整洁。地面要做到平整光滑，搞好养殖卫生，这样便于拣起掉在地上的虫子。

（7）建筑结构合理。饲养黄粉虫的场所最好是在背风向阳、冬暖夏凉的屋里，光线不宜太强。到了冬季，可以根据屋子的宽度，用整幅的塑料布封顶，这样不会有露水滴落。安装方法：高度可在 2.2m，为了不让塑料布顶棚上鼓下陷，可横着每 50~80cm 拉一道铁丝，把塑料布上下编好封边，然后固定铁丝、拉紧。

（8）场址选择，这一点往往被养殖户忽略，最终造成一定程度的损失。黄粉虫喜欢通风安静的场所，惧怕刺激性的气味，所以最好选择远离闹市嘈杂的公路及离化工厂远些的地方作为饲养场所，农村安静的环境是最适宜的。

三、饲养设备

规模化养殖黄粉虫所需的器具与其他方式不尽相同，一般需要单独设计的标准饲养盘、筛盘、托盘、饲养架、分离筛、产卵筛、孵化箱和羽化箱以及其他设备。

1. 饲养盘

饲养盘是工厂化养殖中最主要的设备之一，相当于箱养技术中的养殖箱，但是饲养盘的规格更精确，并且要求饲养器具规格一致，数量更多，这样就更便于确定工艺流程技术参数和进行生产管理。各个养殖户可以根据自己的需要来设计饲养盘，最好选择梧桐木板，该板材具有轻便的优点，为了节约成本，也可利用旧木料自行制作饲养盘，或者采用硬纸制成纸质养殖盒，但规格必须统一。适用于工厂化规模养殖的标准饲养盘的规格一般有三种：①第一种规格的标准是，外径：长 62cm×宽 23.6cm×高 3.8cm；②第二种规格的标准是，外径：长 60cm×宽（25~30）cm×高 5cm；③第三种规格的标准是，外径：长 80cm×宽 40cm×高 15cm。一般生产上最常用的规格是 80cm×40cm×15cm，长宽比为 2：1，板厚 1.5cm，底部钉纤维板或三合板，如果采用边长为 80cm 的饲养盘，每张三合板正好可以做 9 个盘底，要注意三合板的光滑面在盒外面。饲养盘内一定要衬进口的油光纸，若没有油光纸可用蜡光纸或胶带代替。为了使胶带等让内侧光滑的东西牢固且不让虫子外逃或咬木，要将胶带贴在盘底部且多留 2mm 再和底封严，上部用手摸不到就行了。当然饲养盘也可以采用铁皮箱、瓷盆、瓦缸和硬纸箱等替代。

【提示】由于饲养盘的数量比较多，而且一般都是要叠放的，因此制作饲养盘还是有讲究的。实际上，不论采用哪种规格的饲养盘，均要求饲养盘大小一致、坚固耐用、底面平整、整体形状规范，不能有歪歪扭扭或翘或扁的情况存在。饲养盘底部及四周均具透风孔，利于通风换气，散发虫体集群呼吸的热量。

饲养盘制作好后，还要做一点加工，就是在盘子的内侧特别是饲养成虫的饲养盘内侧贴上宽的胶带纸或用塑料薄膜纸钉好，确保内壁光滑，同时要有纱网做盖，防止黄粉虫的幼虫和成虫沿壁爬出或产卵不定位。

2. 筛盘

筛盘规格与饲养盘相同，底部用 1cm 方木条钉上 12 目铁纱网。饲养成虫的筛盘，还要在底部装一张铁纱网，使卵能够漏下去，从而不至于被成虫吃掉，纱网下要垫一层接卵纸，以便收集卵块。

3. 托盘

托盘规格比同组的饲养盘四周都大 2cm，采用纤维板制成，四周钉上约 2cm 的方木条。饲养盘饲养幼虫，筛盘放在托盘上，供蛹孵化及成虫产卵之用。

4. 饲养架

饲养架又叫立体养殖架。在大规模饲养黄粉虫时，为了提高生产场地利用率、充分利用空间、便于进行立体饲养，特地设计研制了活动式多层饲养架。养殖架是在养虫室内架设的，以便将饲养盘多层叠起，进行立体饲养。饲养架可由 30mm×30mm×4mm 木制（也可用三角铁或铁方管制成）的多层架组装而成，架高一般为 1.620m，具体高度依操作方便和房间高度而定，既不能亏料又要实用，一般分为 6~8 层，层高为 20cm 左右，每层可以放置 6 个标准饲养盘，每架共计摆放 36~48 个标准饲养盘。架层间距要视饲养盘的大小而定，注意尺寸和跨距，一定要保证饲养盘抽拉自如，这样既节约了空间，又不易拉掉盘子。根据经验，通常架层间距比饲养盘高度大 5cm 即可。为了实用和降低成本，农村可以根据具体情况，因地制宜，在保证规格统一的前提下，自行设计。

5. 分离筛

分离筛是起分离作用的，是用于分离虫卵、虫体、饵料、幼虫和虫粪的工具，一般分为虫粪分离筛和虫蛹分离筛两类。虫粪分离筛用于分离各龄幼虫和虫粪，箱底钉上不同目数的筛网或铁纱网、尼龙丝，目的是及时清洁养殖环境并将幼虫和粪便分离开来，减少污染。为了适应不同幼虫分离和虫粪分离的要求，以及实现其他分离目的，通常要多备几种网目，一般有 8 目、10 目、12 目、14 目、16 目、20 目、40 目、50 目、60 目、80 目、100 目等，由不锈钢丝网或尼龙网做底制作而成。虫蛹分离筛用于分离老熟幼虫和蛹，规格通常为 80cm×40cm×8cm，四周用 1cm 厚的木板制成，再用胶条贴好，由 3~4mm 孔径的筛网做底制作而成。

6. 产卵筛

产卵筛主要是黄粉虫成虫产卵用的，由产卵隔离网筛和生产饲养盘两部分组成。产卵筛和其他筛子制作方法一样，但产卵筛的尺寸要求严格，由 40~60 目筛网制作而成，四周不能太大也不能太小，其规格比标准饲养盘缩小 1~2cm，正好能顺利放入饲养盘里就行，封筛网的木条不要太厚，在 0.8cm 左右就可以了。总体来说，为了适应规模化生产的需要，产卵筛的规格要与饲养盘相统一，这样便于确定工艺流程技术参数。由 8 目筛网制作而成的产卵筛，很利于成虫产卵和节省麦麸，最好选择铁网，这样不易坏，成本也就降低了。

7. 孵化箱和羽化箱

孵化箱和羽化箱是专门供黄粉虫卵孵化和蛹羽化所用的养殖设备，既可有效提高卵的孵化率和蛹的羽化率，也可有效提高发育整齐度。黄粉虫卵和蛹的发育是各生活史中最长的，也是最没有抵抗能力的。为了防止蚂蚁、螨虫、老鼠等天敌的侵袭和黄粉虫成虫及幼虫对它们的损害，同时也是为了保证其所需的最适温度和湿度，人们就设计制作了孵化箱和羽化箱。这两种箱的基本结构是一样的，内部都是由双排多层隔板组成，上下两层之间的距离以标准饲养盘高度的 1.2~1.5 倍为宜，两层之间外侧的横向隔离板相差 10cm，便于抽放饲养盘。左右两排各放 5 个标准饲养盘；中间由一根立体支柱间隔；底层还要预留出一定的空间，以便放置和更换水盆，从而确保湿度。在规模较大的生产养殖条件下，可以单独建设一个羽化或孵化房间，以达到同样效果。

8. 其他设备

养殖黄粉虫除上述器具外，还需要一些其他的辅助设备，主要有温度计、湿度计、不同规格的塑料盆（放置饲料用）、塑料撮子、喷雾器或洒水壶（用于调节饲养房内湿度）、弯镊子、放大镜、小扫帚、旧报纸或白纸（成虫产卵时制作卵卡）等。

四、养殖场分区

黄粉虫的养殖是有一定特殊性的，规模化养殖更有其特别的地方。因此，为了确保规模养殖的效益，建议根据黄粉虫各虫态的特点以及功用将养殖场进行科学分区，主要分为养殖区、繁殖区、孵化区、饲料区、库管区、周转区、成品加工区等。

【注意】各分区之间要相对独立，设备在互用时，要做好交接和消毒工作，尽可能减少人为污染和病害的交叉感染。

1. 养殖区

养殖区是黄粉虫养殖的关键分区，也是决定产量和效益最主要的地方，当然也是一个养殖场中面积最大的地方，通常应占整个养殖场的2/3左右。其实这个分区就是黄粉虫孵化好的幼虫养殖以及成虫养殖的地方。将主要产品的养殖集中到一个分区里，可以实现流水线作业的目的，便于操作、管理以及计划生产，更重要的是可以保证虫体增长速度一致，减少了个体大小不均匀现象的发生，可节约大量的劳动力。

2. 繁殖区

这是黄粉虫延续后代并决定未来产量的分区，主要功能是完成黄粉虫的成虫交配、化蛹等任务。

3. 孵化区

这是在黄粉虫卵经过筛选和分离后，将干净的卵箱和卵纸集中后进行孵化的分区。

4. 饲料区

饲料区主要有两种：一是饲料加工区，包括粉碎机、颗粒饲料机等，由于在加工时会产生振动、噪声和大量粉尘，易对黄粉虫的生长造成一定的影响，所以一般把饲料区放在养殖区的最外侧，并与养殖区、孵化区和繁殖区严格分开。二是饲料储藏区，主要是用于储存加工好的饲料或是临时储存一些麦麸、菜叶等天然饲料。

【提示】根据生产的需要，饲料是必须储存一定时间的，但不宜太久。一般夏季以 40 天内为宜，冬季以 70 天内为宜，如果存放过久，会发生饲料霉变现象，导致损失。饲料区要注意防老鼠、螨虫、壁虎、蚂蚁及其他害虫，所以要选在干燥、密闭的地方。

5. 库管区

库管区主要分为两大部分：一是饲料储存区，上面已经讲述。二是成品储存区。这个储存区的要求较严格，只有大型的规模化生产才具备这个条件。根据需要，将黄粉虫的幼虫或成虫，主要是幼虫加工成干品虫后进行储存，在 4℃以下进行储存的干品虫，保存期一般在 8 个月左右，但在常温下不能度过炎热的夏天。如果将虫子进行快速鲜品冷冻后，再放入-15℃的冷库中进行保存，可以保存一年以上。

6. 周转区

有的大型养殖企业周转区的功能较多，有产品周转区、虫粪周转区、饲料周转区等，这里主要讲的是虫粪周转区。由于黄粉虫的虫粪具有很好的肥料作用，而且市场价格不菲，因此许多企业都是将虫粪进行简单加工和处理后出售，这就需要一个储存虫粪的地方，也就是虫粪周转区的主要作用。任何一种动物的粪便都是最终的排泄物，含有大量的杂菌和酶类，如果处理或储存方法不当，会对黄粉虫的养殖造成污染。为了防止给黄粉虫的养殖造成损失，建议将虫粪周转区远离养殖中心区。

7. 成品加工区

这是提高黄粉虫附加值的分区，也是大型企业获取高额利润的分区，就是将黄粉虫的成品进行粗加工或深加工的地方。一般来说，现阶段大多数养殖企业力所能及的加工项目主要是对黄粉虫进行清洗、除杂、烘干、超低温冷冻等程序。至于提炼虫油、虫蛋白、壳聚糖及保健品等深加工，那不是一般养殖场能做得了的。

五、规模化养殖技术

1. 黄粉虫的饲养环境

规模化养殖黄粉虫，对饲养环境有一定的要求，总体来说要在温暖、通风、干燥、避光、清洁、无化学污染的条件下进行。

2. 种虫

购入优良种虫十分重要，最好向有养殖经验的单位购买，不但种虫好、繁殖率高，而且可以学到很好的养虫技术与经验。

3. 适宜密度

根据生产经验，在规模化生产时，采用以下参考密度是比较适宜的，具体的密度还要与养殖者的技术把握程度、环境条件的优劣、饲料的供应等条件密切相关。

（1）幼虫饲养密度每平方米为 2 万只左右（约 5kg）。

（2）蛹身体娇嫩，以单层平摊无重叠挤压为宜。

（3）成虫饲养密度每平方米以 2000~3000 只为宜。

（4）夏季高温饲养密度要小一些，冬季密度可稍大一些。

4. 饲料

主要以麦麸、蔬菜为饲料，蔬菜主要包括白菜、萝卜、甘蓝、土豆、瓜类、野菜。麦麸可以用少量粗玉米面、米糠代替。这里介绍一个配方：麦麸 70%、糠皮 19%、玉米面 6%、饼粉 5%。每 100kg 混合料再加入多种维生素 6g、微量元素 100g 喂虫更好。由于营养全面，黄粉虫繁殖快而健壮。一般每 3kg 麦麸、6kg 蔬菜可养出 1kg 黄粉虫，每千克黄粉虫的饲料成本为 4~6 元，如果青菜全是自己种植的，成本还能降低。

5. 对温度的要求

黄粉虫是变温动物，其生长活动、生命周期与外界温度、湿度密切相关。黄粉虫对环境温度、湿度的适应范围很宽，但只有在最佳生长发育和繁殖的温湿度条件下才能繁殖多、生长快。黄粉虫的成虫繁殖适宜温度为 20~30℃，卵为15~25℃，幼虫及蛹以25~30℃为宜。在适宜范围内，温度降低则延迟孵化、发育，因此夏季要注意通风降温，冬季要防寒加温。在黄粉虫养殖过程中，根据不同的环境采取相应措施来控制养殖环境温度的方法主要有：一是根据不同的饲养环境采取不同的措施，例如，在室内养殖的，可以用煤炉、电炉、空调加热，在大棚里养殖的，可以利用火道、暖风加热；二是冬季越冬的生产间，可用塑料布严封四周墙壁和窗孔，可以集中、缩小养殖空间，减少热量的散失；三是将大房间隔成面积较小的房间更加便于加温。

6. 对湿度的要求

黄粉虫有耐干旱的习性，但正常的生理活动没有水分是不能进行的。黄粉虫对湿度的适应范围也很广，成虫和卵最适应的湿度为55%~75%，幼虫和蛹最适应的湿度为65%~75%，湿度高于85%会使黄粉虫易生病甚至死亡。研究表明，一般当虫体含水量接近对应时期最适应湿度时，低湿大气会抑制其新陈代谢而延期发育，高湿大气却能加速其发育。养殖环境的湿度对黄粉虫养殖还是有影响的，当环境湿度低于50%时，可能会导致部分已经怀卵的雌虫不能正常产卵，即使已经产下卵，那些在卵内已完成发育的幼虫也可能不会继续孵化发育。当环境湿度较低时，那些在蛹壳内已形成的成虫不能顺利羽化，一些已羽化的成虫不能正常展翅。环境湿度较低会影响黄粉虫生长和蜕皮，尤其是黄粉虫在蜕皮时要从背部开裂蜕裂线，许多幼虫和蛹的蜕裂线因干燥不能正常开裂，从而无法蜕皮，导致其不能正常生长，逐渐衰老死亡。也有的因不能完全从老皮中蜕出而呈残疾状态，失去商品意义。这主要是因为湿度偏低使虫体水分消耗较多，在虫体内不能形成足够的液压，对黄粉虫的产卵、孵化、蜕皮、羽化和展翅等产生不利的影响。

【提示】当环境湿度过高时，饲料与虫粪混在一起易发生霉变，使虫体得病。

蛹期黄粉虫虽然不吃不动，但它仍然在呼吸，故仍需置于通风干燥、保湿的环境中，不能封闭和过湿，以免蛹腐烂成黄黑色。南方夏季炎热，蛹皮容易干枯，要适当翻动，喷一点水雾，以保持蛹皮湿润。黄粉虫从外界获得水分的方式有三种：一是从食物中取得水分，因此必须经常投以瓜皮、果皮、蔬菜叶之类的饲料，通常饲料含水量以保持在15%~18%为宜，若空气湿度过大，再加上粪便污染，易使虫体患病。二是通过表皮从空气中吸收水分。南方炎热的天气里，要在饲养盒中喷少许水滴，以造成湿润小气候。三是黄粉虫从体内物质转化中获得水分。温度和湿度超出适宜范围，黄粉虫各虫态的死亡率较高。夏季气温高，水分易蒸发，可在地面上洒水，降低温度、增加湿度。梅雨季节湿度过大，饲料易发霉，应开窗通风。

7. 控制环境湿度

研究表明，黄粉虫对湿度的适应范围较宽，成虫最适相对湿度为50%~70%，卵和蛹为65%~75%，幼虫为50%~65%。为了确保黄粉虫养殖取得成功，必须控制环境湿度，通常可以从以下两方面入手。

（1）对周围环境采取加湿的方法。这是针对黄粉虫养殖环境里空气偏干燥时的处理方法。环境加湿可根据养殖水平、当时的湿度情况和经济能力而采取不同的方法。一是如果条件允许，可使用加湿器增加环境湿度，这是一种可调控的半自动的加湿方法，可利用加湿器的自动控制功能将环境湿度调节在设定的范围之内；二是如果经济条件不允许或是在农村资源比较丰富的地方，可以采用地面洒水、喷水等简易的方法增加环境湿度；三是在养殖房内多放置几盆清水，水里放几尾金鱼，利用金鱼的搅动来添加空气湿度；四是在养殖房内设置开放式的观赏鱼水族箱，利用水族箱的自动加湿功能来达到养鱼控湿一体化的效果；五是在养殖房内多摆几盆鲜花，平时勤浇水。

（2）对周围环境采取降湿的方法。环境降湿一般在6~9月，这段时间既包括黄梅季节，也包括夏天多雨季节，当环境湿度大于85%时，就应采取降湿措施。降湿的方法也有几种：一是通过加强养殖空间的通风换气速度和频率来吸收水汽，从而达到降低环境湿度的效果，这一种是最简单的方法；二是如果直接通风有困难，可采用排风扇、换气扇、电风扇等进行强排换气；三是可使用干燥剂降低环境湿度，即在养殖环境置放一定量的干燥剂（可重复利用），通过干燥剂吸附潮气来降低空气湿度，但应注意及时对干燥剂进行干燥更换处理。

8. 对光线的要求

黄粉虫生性怕光、好动，而且整夜都在活动，甚至雌性成虫在光线较暗之处比在强光下产卵要多。

9. 及时调整密度

黄粉虫是群居性昆虫，它的饲养密度也在不断地调整中。如果种群密度过小，虽然虫体的取食和活动空间会变得大一点，生病的机会也少一点，但即会直接影响养殖产量和效益，主要表现在产量太低上。但是密度太大对养殖也是极为不利的，主要表现在夏季气温高时，如果密度过大，虫体相互挤压摩擦会产生大量的热能，导致局部温度升高而使虫体死亡。另外，密度过大时，虫体间的相互残杀概率会大大增加，导致黄粉虫死亡。

10. 饲养管理

黄粉虫在 0℃以上可以安全越冬，10℃以上可以活动吃食，在长江以南一带一年四季均可养殖。在特别干燥的情况下，黄粉虫尤其是成虫有相互蚕食的习性。黄粉虫幼虫和成虫昼夜均能活动，但以夜晚较为活跃。

饲养前，首先要在饲养箱内放入经纱网筛选过的细麸皮和其他饲料，其次将黄粉虫幼虫放入，幼虫密度以布满容器或最多不超过 2~3cm 厚为宜，最后在上面盖上菜叶，让虫子生活在麸皮菜叶之间，任其自由采食。虫料比例是虫子 1kg、麸皮 1kg、菜叶 1kg。当然，刚孵化后的幼虫要精养，饲料以玉米面、麸皮为主，随着个体的生长，应增加饲料的多样性。每隔一星期左右，换上新鲜饲料并及时添补麸面、米糠、饼粉、玉米面、胡萝卜片、青菜叶等饲料，也可添加适量鱼粉。每 5 天左右清理一次粪便。幼虫要经常蜕皮，每蜕皮一次就长大一点，当幼虫长到 20mm 时，便可用来投喂动物。一般幼虫体长达到 30mm、体粗达到 8mm（最大个体体长 33mm、体粗 8.5mm）时，颜色会由黄褐色变浅，且食量减少，这是老熟幼虫的后期阶段，很快会进入化蛹阶段。初蛹呈银白色，逐渐变成浅黄褐色。初蛹应及时从幼虫中拣出来集中管理，蛹期要调整好温度与湿度，以免发生霉变。

黄粉虫的卵经数天后就可以孵化成幼虫，幼虫再经连续多次蜕皮后就化为蛹。蛹本身生活在饲料堆里，有时自行活动，蛹再蜕皮羽化为成虫（蛾），蛹将要羽化成成虫时，不停地左右旋转，经几分钟或几十分钟便可蜕掉蛹衣羽化为成虫。在饲养的过程中，卵的孵化以及幼虫、蛹、成虫的饲养要分开。当大龄幼虫停止吃食时，要将其拣出来放于另一器具里并使其产卵，经 1~2 个月的养殖，其便进入产卵旺期。此时接卵纸要勤于更换，每 5~7 天换一次，每次将更换收集的卵粒分别放在孵化盒中集体孵化。经 7~10 天便可孵化成幼虫，再将孵出的幼虫分出并放在饲养盒中饲养，这样周而复始，循环繁衍，只要室温保持在 15~32℃，一年四季均可繁殖。

虽然现在黄粉虫的养殖与推广比以前有很大的改观，人们养殖黄粉虫的热情也大为高涨，但是工厂化大规模养殖黄粉虫在技术方面还有些问题需要进一步解决。

（1）要有高性能的新品种，研究人员可以继续收集黄粉虫及其近缘种的种质资源，通过杂交、回交、基因组配等方式进行品种选育工作，分离培育适应性强的系列品种，从而为高效养殖提供服务。

（2）进一步完善房舍与大棚连体养虫技术，改进完善不同环境的加温措施，做到常年恒温、恒湿养殖。

（3）黄粉虫消化道微生物群落的研究与动物微生态制剂的研制、应用。可用于调节动物机体微生态平衡或作为动物治疗药物的饲料添加剂叫作微生态制剂。黄粉虫作为一种食谱宽泛、饲料转化力极强的生物，其消化道微生态系统的研究与开发利用具有十分诱人的前景。微生态系统的研究始于 20 世纪 60 年代中期，在 20 世纪 70~80 年代积累了丰富的基础研究成果，并陆续开发出了动物微生态制剂。人们通过对化学药品残留和细菌抗药性的深入研究，发现化学药品，特别是抗生素作为治疗剂和饲料添加剂的广泛应用，对畜牧业生产和人类产生了较大的副作用。抗生素在杀灭致病菌的同时，也杀灭了对机体有益的生理性细菌，破坏了肠道微生物的生态平衡，出现了菌群失调现象，导致幼畜对病原微生物的易感性增加。另外，长期饲喂抗生素致使动物体内产生具有抗药性的细菌，这些细菌对人畜有害，而使用动物微生态制剂可以解决这一问题。以往对黄粉虫及其他昆虫肠道微生物的研究较少，主要是从反刍动物的瘤胃中分离筛选菌株。深入研究黄粉虫及白蚁、天牛幼虫、小蠹虫等昆虫的肠道微生物，分离培养有益菌，是开发利用动物微生态制剂的重要方向。

第六节　酒糟养殖黄粉虫

利用酒糟养殖黄粉虫是一种很好的养殖模式，它具有变废为宝、高效综合利用的效果，是黄粉虫养殖户在生产实践中探索出来的一项行之有效的技术，在这里特地进行总结，供部分黄粉虫养殖户参考利用。

一、场地选择与处理

俗话说“近水楼台先得月”，利用酒糟养殖黄粉虫，其主要饲料是酒糟，因此在选择场地时，一个重要参考点就是靠近酒厂、方便酒糟的运输。具体养殖场所的选择和其他养殖方法是一样的，都是选择在室内或大棚里，如果进行加温控温周年饲养，饲养室就需要装配隔热材料、加温控温系统和通气排湿系统等。通常将整个养殖场进行功能分区，可以分为酒糟储存室、成虫饲养室、成虫产卵室、幼虫饲养室（包括立体饲养架和塑料饲养盆）、卵和蛹的管理室等。

二、酒糟准备

用来养殖黄粉虫的酒糟有两类：一类是啤酒糟，另一类是白酒糟。最常用的是白酒糟，白酒糟是白酒厂酿酒后的副产品，其中含有水分约 63%、粗蛋白质约 4%、粗脂肪约 4%、无氮浸出物约 15%、粗纤维（主要成分是稻壳）约 14%，另外还含有丰富的多种维生素、矿物质。白酒糟中的稻壳是白酒发酵中用于疏松透气的，一般家禽家畜都不能直接食用，但是实践表明，黄粉虫能很好地取食利用稻壳酒糟中碎屑的营养成分，用它喂养的幼虫生长发育很好，转化效率很高。

【提示】从酒厂中购取的酒糟由于含有大量的水分，容易再次发酵霉变，从而影响黄粉虫的生长发育，甚至造成疾病。所以建议养殖户最好不要储存，随用随运，这也是要将养殖场所建在离酒厂较近地方的原因，同时可以节约运输费用。

三、幼虫的饲养

对于刚刚孵化出来的黄粉虫低龄幼虫不要添加酒糟饲料，低龄幼虫取食麦麸就足够其生长了。饲养前，首先要在箱、盆等容器内放入纱网筛选过的细麸皮，再将幼虫放入，幼虫密度以布满容器或最多不超过 2cm 厚为宜。为防止饲料干燥缺水，可以在麦麸中放几块马铃薯片或水果等鲜料。

在低龄幼虫取食完麦麸后，在饲养盆中先慢慢地添加少量的白酒糟，任幼虫取食生长，等吃完后再慢慢地不断添加白酒糟，经过一周的驯养后，黄粉虫就能完全适应取食酒糟了。之后每隔一周左右换上新鲜的酒糟饲料，也可添加适量鱼粉，每 7 天左右清理一次粪便。在完全投喂酒糟后，就不必再为黄粉虫准备水果和马铃薯了，因为酒糟本身含有丰富的水分。饲养室内空气湿度以 80%左右为宜，室温最好控制在 20~27℃。如果室温超过 28℃，加上酒糟发酵产生的热能，饲养盆内酒糟饲料层中的温度往往会超过 35℃，过高的温度不但会导致幼虫死亡，甚至会导致成虫死亡。因此饲养室要注意通风排湿、及时降温，同时也要防止缺氧和螨虫滋生。

利用酒糟养殖黄粉虫的密度一般可比工厂化养殖的密度低 15%左右，具体的密度要综合考虑养殖户各方面的条件而定。随着幼虫渐渐长大，生存空间逐渐拥挤，这会导致密度过大，就要适时分箱饲养，分箱后再添加适量的白酒糟。

四、成虫的饲养

黄粉虫成虫饲养是整个配套技术的关键，只有通过有效的成虫饲养，才能获得大量的黄粉虫卵，最后养成大量的幼虫。

黄粉虫成虫饲养量和饲养箱的数量取决于所需饲养的幼虫数量。成虫饲养的产卵箱可以按常规方法制作，成虫养殖的适宜湿度为 78%~85%，温度应控制在 22~25℃，用小干鱼和鲜南瓜片、鲜胡萝卜或马铃薯片代替麦麸作为成虫饲料，成虫饲料要视取食情况不断地添加，并应及时清理出虫粪和未吃完的饲料。成虫饲养箱中，成虫的投放密度应该较大，这可以提高卵箱的利用效率和产卵板上卵的密度。产卵板一般每3天换一次，并添加0.5~0.6cm厚的麦麸，取下的产卵板要按顺序水平叠放，一般叠放5~6层，不可叠放过重以防压坏产卵板上的卵粒。成虫一般饲养两个月，两个月后产卵量下降就要淘汰掉。当成虫停止吃食时，要将其拣出来放于另一器具里并使其产卵，经过1~2个月的养殖，其就会进入产卵旺期，此时产卵板和接卵纸要勤于更换，每5~7天换一次，将每次更换收集的卵粒分别放在孵化盒中集体孵化。经7~10天便可孵化成幼虫，再将孵出的幼虫分出放在饲养盒中饲养，这样周而复始，循环繁衍，只要室温保持在15~32℃，一年四季均可繁殖。

五、蛹的护理

幼虫经多次蜕皮后，颜色由黄褐色变浅，而且食量减少，这是老熟幼虫的后期阶段，会很快进入化蛹阶段。初蛹呈银白色，逐渐变成浅黄褐色。应及时从幼虫中拣出初蛹并集中管理，蛹期要调整好温度与湿度，以免发生霉变。先将黄粉虫蛹投放于产卵箱中，然后均匀撒一层（0.5~0.6cm厚）麦麸，再铺放适量的小干鱼，蛹经7~9天即蜕皮羽化为成虫。

六、效益分析

利用白酒糟饲养黄粉虫，成本低廉，方法简单，可大规模生产，效益也很高。一般每吨白酒糟可以饲养45kg鲜黄粉虫，如果按每吨白酒糟30元计算，则每养成1kg鲜黄粉虫的饲料成本仅为0.7元左右，而目前黄粉虫的市场价基本维持在40元/kg，可见其经济效益极好，值得推荐和使用。

第七节　黄粉虫的四季管理

一、春季管理

【重点工作】温度的控制工作。

【温度管理】早春时的气温不稳定，而且比较寒冷，主要是做好加温保温工作。

【湿度管理】暮春时，南方雨多湿度大，虫子死亡率高，此时要加强防范，主要是通过多通风来降低湿度。

【投喂管理】早春少喂饲料，以投喂精饲料为主；暮春时，温度和湿度是非常有利于黄粉虫生长发育的，应增加对黄粉虫的投喂量。

【病害管理】做好对各态的管理工作，尤其是对干枯病等病害的管理。

二、夏季管理

【重点工作】幼虫期的管理工作。

【温度管理】夏季高温，虫子会出现死亡现象，这是黄粉虫养殖的致命季节，在养殖过程中的关键管理技术就是做好降温防暑工作。具体措施主要有：一是做好通风工作；二是做好遮阴工作；三是及时在地面洒水降温。

【湿度管理】夏季也是多雨高湿季节，要将湿度控制在合理的范围内，在雨季时要加强通风，降低湿度；在气候干燥时，要多向地面洒水，以增加养殖空间里的湿度。

【投喂管理】夏季是黄粉虫的生长高峰期，因此要多投喂饲料。在气温较高的仲夏，可以适当减少精饲料的投喂量，增加粗饲料的投喂量。在投喂次数上要增加 1~2 次。

【病害管理】这一时期主要应做好幼虫期的管理工作，还要做好防止各种敌害侵袭的工作，尤其要防止蚊蝇对刚孵化幼虫的侵袭以及蚂蚁、蛇和老鼠等对刚变态蛹的捕食。

三、秋季管理

【重点工作】加强成虫的产卵和孵化工作。

【温度管理】秋季也是黄粉虫的生长高峰期，此时秋高气爽，非常适合黄粉虫的生长发育。温度控制主要应注意两点：一是初秋时要以降温为主，方法可参考夏季的管理；二是晚秋时要注意早晚温差不能过大，以增温为主，具体方法请参考冬季的管理工作。

【湿度管理】秋季的湿度是比较适合黄粉虫生长发育的，只要适当加强就可以了。

【投喂管理】秋季也是黄粉虫的生长高峰期之一，因此要多投喂饲料，以精饲料为主，让黄粉虫补充营养。

【病害管理】在成虫产卵和卵孵化时，要加强对蚊蝇的灭杀，另外要注意防范黄粉虫的黑头病。

四、冬季管理

【重点工作】做好升温、保温工作。

【温度管理】①必须做好房屋的密封工作。冬季天气较冷，而且风大，房屋的密封非常重要。一般可采取钉塑料布的方法，有条件的也可打草帘用于封窗。门口必须用棉帘遮挡，防止人员出入频繁带走热气。②加强取暖工作。可用煤炉、暖气或空调等取暖设施来统一供热。在保证温度时，要按照成虫、蛹的温度高一些、幼虫温度低一些的要求进行。昼夜温度都应保持在15℃以上。

【湿度管理】主要是做好保湿工作，在加温时要注意定时洒水，减少空气中的水分蒸发量，以满足湿度要求。

【投喂管理】在温室里养殖时，需要投喂饲料，但是所投喂的饲料要保持一定的温度。当天饲喂的饲料、菜叶应提前放到室内，使其温度与室内温度接近，避免虫子食用过凉饲料后生病以及低温造成虫体温度下降，影响正常生长。有条件的可适当增加玉米粉的投喂比例，增加热量。

【病害管理】注意防止黑头病的发生，对于突然降温而造成的冻伤要加强防范。

第八节　黄粉虫的饲养管理

黄粉虫养殖的成败直接与饲养管理水平密切相关。黄粉虫饲养要注意分阶段管理。黄粉虫一生要经历卵、幼虫、蛹和成虫 4 个发育阶段，其饲养管理也应分 4 个阶段进行。

一、成虫期管理

成虫管理的主要目的是延长产卵期，提高产卵量，包括以下几个方面。

1. 分养

成虫和幼虫的形态、活动方式以及对饲料的要求都不一致，所以不能将两者混养，以免干扰成虫产卵，影响产量。更不要将成虫与蛹混放，以免成虫食蛹现象发生。

2. 密度控制

控制好成虫密度是提高养殖效益的必要方法，每个标准产筛内养殖 750 克左右的成虫为佳。

3. 配料

在饲料配方方面，应给予蛋白质含量较高的配方，经常变换饲料品种，以做到营养全面，提高产卵量。刚羽化的成虫虫体较嫩，抵抗力差，不宜吃水分多的青饲料。一般每天投喂 1 次，可 1 个星期换 1 次青饲料品种。此外，若投喂的青饲料太少会降低其产卵量。

4. 温湿控制

提供适宜的温度、湿度。成虫期所需适宜温度为 25~32℃，空气湿度为 55%~75%。

5. 淘汰机制

成虫经羽化后的第二个月和第三个月这 2 个月为产卵高峰期。在此期间，成虫食量最大，每天不断进食和产卵，所以一定要加强营养和管理，延长其生命和产卵期，提高产卵量。在饲喂时，先在卵筛中均匀撒上麦麸团，再撒上丁状菜蔬，随吃随放，保持新鲜。3 个月后进入产卵衰败期，可将其淘汰。在产卵筛上标注上羽化日期，以掌握其产卵时间，定期淘汰。淘汰后的成虫可直接喂养其他动物，如鸡、鸭、鸟类等。

6. 防止逃逸

成虫爬行能力强，应加强措施防止其逃逸，在产卵盒内壁粘贴透明胶带，保持卵筛内壁的光滑无缝，使成虫没有逃跑的机会。产卵成虫有向下产卵的习性，产卵时将产卵管伸出穿过产卵筛网孔，将卵产在麦麸中。产卵盒内的麦麸不可太厚，否则成虫会透过网孔取食麦麸及里面的卵，影响繁殖，以 5 天左右更换 1 次麦麸为好。将同时换下的麦麸放在同一个饲养盒里孵化，可避免孵出的幼虫大小不一。成虫寿命为 90~160 天，产卵期为 60~100 天。每天能产卵 1~10 粒，一生产卵 400 粒左右，多时达 800 粒甚至 1000 多粒。产卵量多少与饲料配方及管理方法直接相关。

黄粉虫成虫的主要使命是交配产卵、繁衍后代，因此要提高黄粉虫的产卵量和繁殖系数，首先应注意成虫期管理。羽化后的成虫，在体色变成黑褐色之前，就需移至成虫集卵箱中饲养。集卵箱四壁要保持光滑，以防成虫外逃；箱底部需钉网眼为 2.3mm 的纱网（铁丝网或尼龙网）。放入成虫前，箱底下垫上木板或硬纸板，板上铺一张与箱底面积大小相等或稍大点的纸，纸上撒一层约 3mm 厚的饲料。成虫产卵时，大都伸出产卵器，穿过纱网网眼，将卵产在纸上或纸与网之间的饲料中。黄粉虫雌虫一般于第 5~7 日龄开始产卵，平均产卵期为 38 天，产卵高峰期在第 10~40 日龄。大规模饲养时，可利用这段最佳繁殖期，淘汰 1 个半月龄的成虫，以免浪费饲料和空间。成虫产卵高峰期，一般每 1~2 天收 1 次卵。研究表明，虫口密度、环境温度和成虫期营养是影响黄粉虫成虫产卵成绩的重要因素。黄粉虫成虫产卵的最适温度为 24℃。同时，郑建平研究认为，黄粉虫成虫产卵的适宜雌、雄性比和虫口密度分别为 2：1 和 1800 头/m^2 左右；彭中健等（1993）认为，黄粉虫成虫产卵期虫 1：1 密度一般应控制在 70~80 头/100cm^2。杨兆芬等（1999）认为，25℃下，黄粉虫成虫产卵的最佳虫口密度和雌、雄性比组合为 1 头/3cm^2 和 3：2。此外，张洪喜（1987）研究发现，补饲蜂王浆能显著延长黄粉虫成虫的寿命和产卵时间，增加雌虫产卵量和改善卵的质量；杨兆芬等（1999）以马铃薯片作为保湿及补充营养饲料，结果也使黄粉虫的产卵量有所提高；王立新等（2005）也发现，在高龄幼虫期和成虫期补饲胡萝卜及蜂王浆，不仅可以促进黄粉虫成虫的性成熟和提早产卵，而且还可以延长成虫的产卵高峰期，提高其产卵量。综合饲料成本，在实际生产中，可以考虑在幼虫期补饲成本较低的胡萝卜，在成虫期补饲蜂王浆。但胡萝卜和蜂王浆的最佳补饲量及补饲胡萝卜和蜂王浆对次代黄粉虫生活力、增重及饲料利用效率等经济性状的影响，尚有待进一步研究。

二、卵期管理

卵期是黄粉虫一生中相对较脆弱的阶段，应特别注意蟑螂、老鼠、壁虎和螨类等的危害。卵的孵化应在孵化箱中进行，孵化箱内的适宜温湿度分别为 24~34℃和 55%~75%，孵化期一般为 5~10 天。孵化箱内卵纸可多层堆放，但堆放时动作要轻，以免造成卵的损伤。卵纸堆放的高度要略低于孵化箱高度，以免孵化的幼虫外逃，每张卵纸上还需撒上少量饲料，以供初孵幼虫取食。另外，不同批次的卵不能放在同一孵化箱内，以避免卵孵化不整齐。待孵化箱内大部分卵孵化后，即可收集孵化出的幼虫。

三、卵的孵化及幼虫的饲养

刚产出的虫卵为米白色，椭圆形，有光泽，将要孵化时逐渐变为黄白色，长为 1.0~1.5 毫米、宽为 0.3~0.5 毫米，需用放大镜才能清楚地看到。虫卵一般群集成团状散于饲料中，卵壳较脆，极易破碎，卵表面黏有黏液、饲料等杂物。孵化的时间长短与温度、湿度有很大关系，在温度为 25~32℃，湿度为 65%~75%，麦麸湿度为 15%左右时，7 天左右即可孵化出幼虫，温度低于 15℃时卵很少孵化。所以给卵创造一个合适的温度、湿度条件也是十分必要的。孵化过程中不要轻易翻动有卵的麦麸，以免造成卵壳破碎。

幼虫期的管理需要注意以下几个方面。

1. 分龄饲养

分龄饲养是指把同龄幼虫放在一起饲养，以便进一步的饲喂、销售、评级。一般孵化后15天之内的幼虫称为初孵幼虫，此阶段幼虫体长小于0.2cm；16日龄至1月龄内的幼虫称为小幼虫，此阶段幼虫体长为0.2~0.5cm；1~2月龄幼虫称中幼虫，此阶段幼虫体长为0.5~2.0cm；2~3月龄幼虫称为大幼虫，此阶段幼虫体长为2.1~3.5cm，100日龄以后至化蛹前的幼虫称为老熟幼虫，此阶段幼虫的平均体长为3.5cm，最长可达4.0cm。

2. 分级饲养

分级饲养是指将同龄幼虫按大小分成大、中、小三个级别后分别饲养。因幼虫有大吃小、强吃弱这种相互蚕食的习性，所以不能大小混养。可将基本同龄的幼虫放在一起饲养，便于饲喂、销售、评级。在同样的养殖条件下分级现象主要是由幼虫的自身条件决定的，不必强求。分级饲养对下一代的留种及整个群体的优化有着举足轻重的作用。

3. 控制密度

黄粉虫为群居性昆虫，种群密度过小会直接影响虫子的活动、取食和繁殖，密度过大会拥挤发热，相互蚕食。所以保持合理的养殖密度是必要的。幼虫的密度一般应保持在每个饲养盒内2kg左右，厚度控制在3cm以内。幼虫越大，相对密度应小一些，随着温度升高、湿度加大，密度也应随之减小。黄粉虫幼虫在生长发育过程中要经历10个龄期，在正常温度条件下，4~6天蜕皮1次。每500g黄粉虫，蜕皮1~2次时约有30万条，蜕皮3次时约有15万条，蜕皮4次时约有6万条。蜕皮5次时约有3万条，蜕皮6次时约有1万条，蜕皮7次时约有8000条，蜕皮8次时约有4000条。

4. 卫生工作

保持饲养箱内的清洁，及时清除死虫、虫蜕和虫粪。夏天高温潮湿，注意防治螨虫与软腐病，冬季低温干燥，注意防治干枯病。投喂青饲料时要尽量避免沾染虫粪，预防黑头病。

5. 饲料

喂养青饲料要根据气温而定。在加工饲料时，可先将各主料混合均匀，然后加入10%的清水（复合维生素、食盐等微量配料可加入水中）拌匀后备用，维生素不能用开水烫。饲料含水量一般不能超过16%，以防发霉变质。已发霉的饲料需经晾晒、膨化处理后再投喂。

6. 初孵幼虫

刚孵化的幼虫体长约为2毫米，体形刚刚能被观察到，此时加密、加温、增湿可促使其生长发育。孵化后停食1~2天即进行第1次蜕皮，蜕皮后呈米白色，2天后变嫩黄色，约每8天蜕皮1次，5次蜕皮后成为中幼虫，体长为0.6~2.0cm，体重为0.03~0.06g。小幼虫体重增长慢，耗料少，经常在麦麸表皮撒少量碎菜片，当麦麸被吃完，出现微球形虫粪时，可酌量再撒些麦麸。成为中幼虫后用50目筛网筛除虫粪，将剩下的中幼虫进行分箱饲养。养虫箱内小幼虫数量太多会造成箱内温度过高而抑制其生长发育，甚至造成大批幼虫死亡。小幼虫的饲养管理基本同于初孵幼虫。

7. 中幼虫

经过1个多月的饲养管理，幼虫蜕皮5~8次，生长发育加快，耗料与排便增多，进入中幼虫阶段。此时应充足供料，以2~3天吃完为宜，隔天投喂碎菜叶片1次，以半天吃完为宜。每7天左右筛除粪沙1次。

8. 大幼虫

大幼虫摄食量大，生长发育快，排粪多。大幼虫日耗饲料约为自身体重的20%，日增重3%~5%，此时应保持其充足的饲料供给，注意观察，一旦发现吃完即可添加。每次添加的饲料厚度不宜超过1.5cm。

9. 老熟幼虫

黄粉虫幼虫蜕皮达13~15次后即成为老熟幼虫，摄食渐少，体长为3~4cm，体重约为0.2g，此时应大量供应其麦麸及菜叶，及时清除虫粪。同时用簸箕筛去虫蜕，当老熟幼虫逐渐变蛹时，应及时将蛹虫挑出。

幼虫期是黄粉虫的主要生长阶段，这一阶段的饲养管理水平直接关系到黄粉虫幼虫的产量和蛹及成虫的质量。归纳起来，影响黄粉虫幼虫生长发育的因素主要有环境温度与湿度、饲养密度、饲料种类、含水量和虫粪筛除频率。一般认为，黄粉虫幼虫饲养的适宜温度与湿度分别为25~30℃和65%~75%。肖银波等（2003）研究了环境温湿度对黄粉虫幼虫增重和存活的影响，他推荐的饲养适宜温湿度分别为24~27℃和64%~70%。

饲养密度也是影响黄粉虫幼虫生长速度、发育历期及存活率的重要因素。杨兆芬等（1999）认为，25℃下适当的高密度有利于低龄幼虫生长；适当的低密度则有利于高龄幼虫生长，幼虫的最适密度取决于其拥有的饲料量。柴培春和张润杰（2001）认为，不同生长阶段，饲养密度对黄粉虫幼虫生长的影响不尽相同：幼虫孵化后1个月内（即低龄幼虫期），高密度饲养的幼虫平均体重大于低密度饲养的幼虫：而孵化1个月后直至化蛹这一阶段（即高龄幼虫期），低密度饲养的幼虫生长要比高密度饲养的幼虫快。同时，柴培春等还发现，若将黄粉虫幼虫人为地置于拥挤条件下不仅会引起虫龄数增加，而且还会推迟化蛹。由此可见，饲养密度对黄粉虫幼虫发育历期具有明显的影响，密度越大，幼虫发育历期越长。肖银波等（2003）和刘光华等（2004）也指出，饲养密度是影响黄粉虫高龄幼虫生长与存活的重要因素，低密度饲养的高龄黄粉虫幼虫，其平均增重速度和存活率明显高于高密度饲养的黄粉虫。刘光华等（2004）研究发现，饲养密度对黄粉虫的化蛹及羽化也有显著影响，低密度下的化蛹率和羽化率明显大于高密度。高红莉等（2006）较全面地研究了饲养密度对黄粉虫幼虫生长速度、死亡率、化蛹率和虫体营养成分的影响，他们提出，在黄粉虫生产中，如果考虑化蛹繁殖，密度以2头/cm^2为宜，这样既能提高黄粉虫幼虫生长速度和化蛹率，又能降低其死亡率；如果不考虑化蛹繁殖，黄粉虫幼虫密度可以提高到4头/cm^2，这样，不仅虫体的氮、磷含量均不受影响，而且干物质含量还会有所提高。

饲料种类是影响黄粉虫幼虫生长发育的又一重要因子。一般而言，营养丰富的复合（配方）饲料要比营养相对单一的麦麸或面粉更有利于黄粉虫的生长发育。刘光华等（2004）认为，复合饲料比实用饲料（细麦麸和面粉混合）更有利于黄粉虫幼虫体重的增加，并能提高黄粉虫的化蛹率和羽化率。高红莉等（2006）报道，用麦麸和菜叶饲喂的黄粉虫幼虫，其生长速度和化蛹率显著大于用纯麦麸饲喂的黄粉虫。张丹等（2008）研究了8种饲料配方对黄粉虫幼虫生长发育的影响，结果表明，8种供试饲料配方对黄粉虫的化蛹率影响不显著，但对其幼虫的发育历期、个体增重及蛹重影响显著。其中，添加汉虾粉的饲料饲喂效果最佳；其次是混合饲料；用稻壳饲养的效果最差。

另外，饲料含水量也是影响黄粉虫幼虫生长发育的因素之一。肖银波等（2003）报道，黄粉虫幼虫饲料含水量在13.48%~17.48%为宜。华红霞（2001）指出，在允许的含水量范围内，含水量较高的饲料对黄粉虫幼虫的生长发育有促进作用。

黄粉虫传统养殖中，饲料往往与虫粪混在一起，这样不仅降低了饲料的利用效率，而且黄粉虫取食虫粪污染的饲料后，死亡率也会大大增加。幼虫是黄粉虫的主要取食生长阶段，取食量大，排出的虫粪自然也较多，因此定期筛除虫粪是黄粉虫幼虫期管理的一个重要环节。一般3龄以前幼虫取食量小，不必筛虫粪；但当3龄幼虫将饲料基本吃光时，应用细筛将虫粪筛出，再重新添加饲料，以后则要定期筛除虫粪并补充新鲜饲料。肖银波等（2003）研究表明，筛粪频率对黄粉虫高龄幼虫的增重有一定影响，同时指出，每2~4天筛除1次虫粪对黄粉虫高龄幼虫的生长比较适宜。此外，切不可在饲料基本耗尽、虫粪完全暴露于养虫箱表面的情况下直接添加蔬菜等青饲料，这样很容易导致黄粉虫大量死亡，特别是在夏季应尤其注意。

四、蛹期管理

在老熟幼虫化蛹期间，如果在盒内发现活跃幼虫，要注意及时拣出，以免活跃幼虫将蛹咬伤，同时在日常管理过程中应注意区分不同阶段的老熟幼虫。老熟幼虫体态发黄，虫节明显，而活跃幼虫体态发亮，颜色发红，手感光滑。当盒内65%以上的幼虫成为即将化蛹的老熟幼虫时，就要用8目筛（产仔筛）过虫，将活跃幼虫与即将化蛹的老熟幼虫区分开来，把化蛹的老熟幼虫单独放在另一个盒内。此时要化蛹的老熟幼虫不吃不喝，注意掌握温度、湿度即可。待化蛹的幼虫薄薄平铺于盒内，以便于化蛹时翻身（注意别放麦麸）。此时，要确保不要有活跃幼虫在内，在这一过程中，要掌握“清虫不清蛹与清蛹不清虫”相互结合进行。前期发现有老熟幼虫变蛹时，要及时拣蛹，当后期有65%的老熟幼虫化蛹时，要注重拣虫，一旦发现盒内有活跃幼虫，要及时拣出，将过筛后的老熟幼虫放在养殖架的上部。

蛹是黄粉虫一生中的又一薄弱阶段。除蛹体可轻微摆动以外，不能作任何其他机械运动，缺乏自我防护能力，很容易被幼虫或成虫咬伤导致死亡或羽化出畸形成虫。因此，老熟幼虫化蛹后，应将蛹立即分离出来，否则很容易被其同类（黄粉虫幼虫或成虫）残食或咬伤。目前黄粉虫大规模养殖的效率主要受分离幼虫和蛹这一环节限制，大部分养殖户采用的方法是手工挑拣法。另外，适合大规模养殖的方法还有过筛法、光线虫粪分离法、纵容逃匿法等。

1. 手工挑拣

手工挑拣法适宜规模不大的养殖。此法简便易行，分离效果最好，但费时费工。

2. 过筛法

用 4 目左右的筛网过滤，利用幼虫体细长、蛹体胖宽的特点，轻微摇晃可将大部分幼虫筛到网下。

3. 光线虫粪分离法

利用黄粉虫的负趋光性，将一定量的幼虫与蛹放在虫粪上，用强光照射，幼虫会迅速钻入虫粪中，而不能运动的蛹则留在了虫粪表面，然后用扫帚或毛刷将蛹轻扫入簸箕中，这就实现了分离。上述方法也可用于死虫及活虫的分离。

4. 纵容逃匿法

上面的方法可以将大部分的幼虫分离出去，但还不能保证 100%的分离，可将用上述方法分离出的虫蛹混合物放在一个长方形托盘里，再将托盘放到饲养盒里，活动的幼虫会从托盘逃匿，跑到下面的盒子里，剩下的就是不会活动的蛹以及即将化蛹的老熟幼虫。

同时，黄粉虫蛹期对环境条件的要求也较严格，温湿度不合适或卫生条件差均易使蛹患病，从而提高其死亡率。黄粉虫蛹羽化的最适温度与湿度组合为 25~30℃和 65%~75%。同时，周文宗等（2006）认为，黄粉虫的生长发育需要一定的弱光，在完全黑暗条件下，其蛹的发育历期会延长。除温湿度和光线以外，密度也是影响黄粉虫蛹发育的一个重要因子。笔者在多年的黄粉虫养殖中发现，蛹密度过高，不仅会使蛹期延长，而且还会大大增加蛹的死亡率，降低其羽化率。一般作种用的黄粉虫蛹，其密度应控制在蛹体间不相互挤压为宜。此外，蛹期每隔 1~2 天，还需检查 1 次蛹的死亡情况，并立即捡出死蛹，以免交叉感染。

五、羽化成蛾管理

蛹在羽化过程中，先变成白色，然后逐渐变成棕色，进而变为黑色。这一过程需要 2~3 天时间。刚羽化的成虫不吃不喝，在此期间，要注意将变黑的蛾及时拣出，以防成虫咬伤蛹。同时，要注意使羽化的成虫整齐划一。拣蛾时，将盒子倾斜放置，活跃的成虫在盒子的上方，未羽化的蛹和死蛹、死蛾均在盒子的下方，如此过程反复进行多次，将发育成熟的蛾集中在一个盘内，做好记录。未羽化的蛹让其继续羽化。

刚开始时，可能需要几天时间才能收集一盒成虫，以后随着大部分蛹变为成虫时，速度会逐渐加快。此时，要根据养殖设备的大小（由养殖盒的尺寸决定）将收集到的成虫凑足 1 盒（夏季天热时为 400 克/盒，冬季天冷时为 600 克/盒，一般掌握在 500 克/盒），若一时凑不足，可以后逐渐补充。要做到整齐划一，适当调整时间，逐步发展成将清理操作集中在同一时间进行，即将一定数量的成虫盒集中在同一天之内清理，以后逐渐形成规律，每 4 天接卵并清理 1 次。

这里应特别注意：成虫的数量要控制在适当范围内，根据厂房与养殖设备而定，千万不要盲目发展成虫数量，以免造成被动。成虫的生命期限为 1~120 天，产卵高峰期为 60 天左右。因此，产卵成虫要精心喂养，注意营养搭配，精饲料可以配以玉米面，青饲料以萝卜为宜。每天喂 1 次菜，以 3~4 个小时吃完为宜，但应注意菜的水分不易过大，以免过湿对虫卵造成损害。冬季喂菜时，要使菜的温度与室温保持一致。在饲喂成虫时，要给其留出产卵空间。

六、筛除虫粪的操作程序

先用毛刷将死虫、菜叶、虫蜕等刷干净，此时幼虫都钻入下面的虫粪与剩余的麦麸之中，将清除的死虫与菜叶和部分幼虫集中放在 1 个盒内，置于一边，待后处理。其余的用 30 目筛筛除虫粪，并进行分盒。如有条件，可分成 1 千克/盒，撒几把麦麸，此时盒内没有虫粪，应少加麦麸，以后随着盒内虫粪的增多，应适当多加麦麸。这时因为虫粪能使虫体降温，而麦麸则能使盒内温度增高。第二次筛虫粪时，与上述过程基本相同，所不同的是应使用28目筛筛除虫粪并适时与分级工作同时进行。分级可同时将清除死虫、虫蜕和菜叶后的虫粪及幼虫一起置于12目和10目的套筛中，一次即可得到三级幼虫。

杂质的处理方面，先用簸箕除去虫蜕，然后放在盒内并将盒倾斜，活跃幼虫在上，死虫在下，逐渐加大倾斜角度，反复进行多次，待盒内基本没有活虫了，就可将死虫用于喂鸡等。

七、病虫害防治

正常饲养管理条件下，黄粉虫很少发生病害。但随着饲养密度的增加，黄粉虫一般会发生干枯病及软腐病，且患病率会逐步升高。当空气干燥、气温偏高、饲料含水量过低时，黄粉虫会因严重缺水而发生干枯病。一般在冬天用煤炉或空调加温时，或者在炎夏连续数日高温（超过35℃）无雨时易出现此类病症。当黄粉虫发生干枯病时，要及时将病虫、死虫挑出扔掉，以免健康虫吞吃而生病。黄粉虫软腐病是一种危害较为严重的疾病，多发生于湿度大、温度低的多雨季节。由于饲养场所湿度过大、饲料变质、虫饲养密度过大、在筛虫过程中用力幅度过大造成虫体受伤而发病。病症主要表现为行动迟缓、食欲下降、排黑便，严重时身体逐渐变软、变黑并伴有恶臭，病虫排出的液体及粪便会污染饲料及其他健康虫，若不及时处理，会造成整箱虫全部死亡。

因此，在规模化养殖黄粉虫的过程中，需要对其病害进行综合防治。首先要选择生命力强、不带病的黄粉虫个体。其次确保饲料无杂虫、无霉变，湿度不宜过大，料中添加少量蔬菜以保持黄粉虫所需水分及维生素等营养物质。饲料加工前需经日晒消毒，杀死其他杂虫卵，并定期喷洒杀菌剂及杀螨剂。适当减少饲喂青饲料，适时打开门窗通风散潮，及时清理病虫，并用0.25克氯霉素或土霉素拌豆面或玉米面并按250克/箱的量投喂。最后要严格控制温湿度，经常通风散潮，并及时清理虫粪及杂物。在饲养过程中若发现害虫或霉变现象要及时处理，避免其传播。

黄粉虫的虫害主要有螨类、赤拟谷盗、小菌虫、扁谷盗、锯谷盗、螟蛾类、衣鱼类、蚂蚁和蟑螂等。这些害虫常常取食黄粉虫卵，咬伤黄粉虫的幼虫和蛹。饲料高温杀虫、保持饲养环境清洁卫生，可以减轻这些害虫的危害。

八、注意事项

（1）要根据各虫体的不同特性，区别对待，灵活掌握和控制温湿度及饲喂。

（2）冬季保温、夏季散热，冬季盒内幼虫的密度可大些，为 2.00~2.25 千克/盒，也可增大室内空间密度。夏季适当降低密度，为 1.25~1.75 千克/盒。如需使用散热设备，应该用落地式风扇，并与晚间开窗、白天关窗结合进行。

（3）虫粪属凉性，在夏季不易筛得过勤。

（4）为降低冬季养殖因保温而增加的成本，可在进入冬季之前 2 个月，适当增加成虫量，以增加冬季养殖空间密度，也就是说用虫子自身产生的温度来保温。

（5）种虫应在成虫中选择，大而壮的成虫就能产生优质的后代，在优质后代中选择更优质的老熟幼虫，即可避免种虫退化。

第九节　黄粉虫的储存与运输

一、黄粉虫的储存

黄粉虫的运输技术是生产环节中十分重要的问题，一定要引起养殖者的重视，在运输前一定要做好预案。当黄粉虫进行规模化生产时，虫种及大批量生产的黄粉虫商品虫以及黄粉虫的加工产品必然会遇到储存和运输方面的问题，尤其是在商品黄粉虫和虫种的销售、调运过程中，必须进行活体运输。根据目前的运输技术和运输条件，可以这样说，运输是黄粉虫活虫流动的一道难关，因此科学运输是一个关键过程，也是养殖户之间进行黄粉虫活体交流和养殖企业向外供种的一个要点。近年来，运输不科学导致黄粉虫出现不同程度的死亡，给许多养殖户造成了损失，这种损失是很令人痛心的。为了将损失降到最低，养殖户根据自身的经验，特地将黄粉虫的运输技术加以概括，以供养殖户朋友进行参考。

1. 活体黄粉虫的储存

有时由于生产量大，黄粉虫一时没有销售出去或者饲喂其他的经济动物没有使用完，为了保证饲喂特种经济动物时黄粉虫是鲜活的，可以将黄粉虫活体临时低温或冷冻储存。在-5℃以下的温度，黄粉虫停滞发育，可以长期保存，而且在解除冷冻后还能恢复到成活状态。

2. 鲜体的冷冻储存

由于某种原因虫子太多，必须进行冷冻储存。在冷冻前应将黄粉虫（主要是幼虫或蛹）进行清洗，除去杂物和粪沙，也可以用煮或烫的方法让虫子快速死亡，确保整虫仍处于新鲜状态。然后立即用保鲜袋包装好，等自然凉至室温后放入冰箱里冷冻，在-15℃以下的温度保存，可以保鲜 6 个月以上，需要时可以随取随用，在快速解冻后可以作为新鲜饲料使用。

3. 干虫和虫粉的保存

在室温干燥的条件下，加工干虫和虫粉的保存时间可以达到 2 年以上，但要经过熏蒸处理，避免在高温高湿条件下长期存放。在储存过程中必须采取必要的措施防止各类仓储类害虫的危害。熏蒸处理就是干虫或虫粉在储存前要经过熏蒸，以保证储存物内无有害生物。商品虫的干燥方法较多，可根据实际情况选择合适的方法。条件一般的可以利用电烘箱烘干；条件较好的可以用微波炉或微波烘干机干燥；条件比较差但天气晴朗时可采用直接晾晒干燥的方法。

微波干燥黄粉虫就是先把待加工的黄粉虫放入专门的物料箱里，然后把该物料箱放在连续运转的传送带上，送入微波室。物料进入微波室后即刻被微波杀死并迅速膨化，然后继续受微波作用而脱水，从而达到干燥和膨化的目的。

二、黄粉虫的运输

在商品黄粉虫和虫种的销售、调运过程中，需要经常进行活虫的运输。

1. 运输时间

适宜运输黄粉虫的时间是每年的春秋季，如果夏季和冬季也要运输的话，一定要做好防暑降温和加温保温的工作，以减少黄粉虫的伤亡。在夏季，如果遇高温天气，那么最好在夜间、清晨或阴雨天气运输，这样成活率能达到90%以上。在冬季，要计算好时间，最好在白天就完成运输任务。

冬季运输也比较讲究，冬季运输虫子时应注意两个环节：一是虫子装车前应在相对低温的环境下放置一段时间，使其适应运输环境；二是装车时要在车的前部用帆布加以遮挡，防止冷风直接吹向虫子，同时应该即装即走，减少虫子在寒冷空气中的暴露时间。

2. 运输虫态

在进行黄粉虫良种的运输、引进或商品虫的异地利用时，必须根据各种虫态的情况而采取不同的运输方法。实践表明，黄粉虫各个虫态时期都可供运输，一般可以分为活体运输、虫卵运输和加工原料虫体或虫粉运输，但是从运输成本和成活率来说，还是运输虫卵比较划算，也是最方便最安全的。只要保证卵纸不积压、不折弯，基本上不会造成太大的损失。运输大龄幼虫是最划不来的，主要是因为在运输时需要大量的虫粪或饲料，这无形之中就增加了成本。

建议远距离运输以邮寄卵纸为主要方式，也可以将卵同产卵的麦麸或虫粪一起邮寄。运输卵（卵卡）最为方便与安全。只要保证卵（卵卡）不积压过度，基本不会出现损失。一般不将蛹和成虫作为运输的对象。

短距离运输可以运输各种虫态的黄粉虫，根据虫态不同又可以分为静止虫态（卵、蛹）和活动虫态（幼虫、成虫，以幼虫为主）两种方式。

3. 运输容器与容载量

黄粉虫幼虫可用袋装、桶装或箱装。用编织袋装虫及虫粪，每袋装3~5kg，然后平摊于养虫箱底部，厚度不超过5cm，箱子可以叠放装车；用桶装或箱装运输时，每箱（桶）装10kg比较安全，箱子不能加盖，以便通风散热，这样的包装一般不会造成黄粉虫的大量死亡。在运输过程中要随时观察温度变化情况，如果温度过高，要及时采取通风措施。

在夏季如不采取防暑降温措施，一袋（桶、箱）10 千克黄粉虫经 1 小时的运输，袋（桶、箱）中的温度可升高 5~10℃，会使大量黄粉虫因高温而死。因此，要在运输包装袋（桶、箱）内掺入黄粉虫重量 30%~50%的虫粪。虫粪的添加量根据天气情况而定，一般添加虫体总重量 1/3 的虫粪，但是夏季气温达 30℃时，虫粪量要达到虫重的 50%。如果同时在容器中混装黄粉虫重量 30%~50%的虫粪或饲料，这样黄粉虫在途中就很少死亡。这是为什么呢？因为虫粪与黄粉虫搅拌均匀，虫粪可减少虫体间的接触，同时也可吸收一部分热量。在容器中放入一定量的虫粪或饲料，实际是作为填充物，可相应降低虫的密度，减少摩擦，不致引起局部温度升高太多，造成黄粉虫死亡。虫粪最好是大龄幼虫所产的粪便，因为其颗粒较大，便于幼虫在摩擦后产生温度的散发。

活虫运输时最好不要在饲养盒内添加任何饲料。因为在盒内添加饲料会使黄粉虫活动量增加，从而导致饲养盒里的温度上升。

根据运输虫量先选择好运输工具，运输工具最好是敞篷的高栏车，若能在上面遮盖雨布则最好，这样可以抵御运输途中不良天气。装虫的饲养盘最好是实木的，那样会有较强的支撑力，根据气候和运输距离决定每个饲养盘该装多少幼虫。在气温不超过 20℃的情况下每个标准饲养盘可装 5~8 龄幼虫 4~6 斤，20~30℃气温下每个标准饲养盘里的幼虫不能超过 5 斤，而且饲养盘里面还要添加虫体总重量 1/3 的虫粪。

在装车完毕后一定要将饲养盒整体和车厢固定在一起，以免在运输途中遇见不平整的路面时饲养盒会产生侧翻导致黄粉虫洒落在车厢的底部，给卸车带来不必要的麻烦。在 25℃以下气温的条件下运输活虫，可不考虑降温措施，相反在冬季要考虑如何保温的问题。在运输途中，虫口密集在袋内，如果气温较高，虫体所产生的热量不能很快地散出，使袋内温度急剧增高，就会导致黄粉虫因受热而死，造成不必要的损失。

具体的容载量要根据容器大小、气候条件来确定，一个基本原则就是要保证相互之间不挤压、不碰撞。还有一点要注意的就是要尽可能地避免黄粉虫在运输过程中受到反复惊扰和振动，从而引起应激性反应，最终使容器内的温度在短时间内升高，从而导致黄粉虫死亡。

【提示】商品黄粉虫主要是指大龄幼虫和蛹，其鲜虫可分为活体和冷冻保鲜虫两种。条件较好的养殖场建有冷藏库储运冷冻鲜虫，远距离运输时则使用专用的冷藏运输车，这就基本上能满足黄粉虫的运输要求了。

4. 运输要点

在运输时为避免黄粉虫互相挤压出现死亡，需要在运输包装箱（袋）内掺入黄粉虫重量30%~50%的虫粪及10%~20%的饲料，与黄粉虫搅拌均匀。这些麦麸饲料或虫粪可以起到隔离作用，有减少虫体之间的接触以及吸收热量、降低温度的作用，可以有效地减少伤亡。在运输卵纸时要用塑料盒或其他容器包装好，不能使其在运输过程中受到挤压、折断等伤害。

刚运输回来的黄粉虫幼虫在最初的几天里，会出现较多不明原因的死亡，死亡的原因可能是由于其产生应激反应。这主要是因为饲养管理环境的改变及在运输过程中用塑料袋盛装，虫体密度过大发生挤压以及通风条件不良等，幼虫对此产生不适应的反应，从而消化紊乱。运输过程中要使幼虫密度适宜，注意通风。同时饲养时要先对饲养器具进行消毒，注意空气流通，虫体密度要适宜，并且控制好温、湿度条件。

【提示】在夏季运输时，温度较高，再加上运输过程中虫体密度过大造成局部高温，会导致黄粉虫死亡，此时可将数只冰袋或结成冰块的矿泉水放入虫袋（箱）中，有直接降温作用。

夏秋季节运输黄粉虫是十分危险的。为了避免这种损失，夏秋季节在平均气温达到30℃左右时，采运黄粉虫必须注意以下事项：

（1）选早晚气温较低时出发。

（2）注意收听天气预报，抓紧在气温较低的1~2天采运。

（3）运虫密度不能太大，一定要使用较大的布袋装虫，使虫体有较大的活动空间，以便散热。一般一只面袋装虫不要超过2.5千克。

（4）尽量买小虫。相同数量的小虫比大虫产生的热量少得多。虽然小虫不能及时进入繁殖期，但从长远看，买小虫比买大虫经济得多。

（5）平均气温达32℃以上，途中又无法实施放冰袋等降温措施的，不宜长途运输。

实践证明，若做到以上几点，运输较为安全，很少发生死亡现象。试验表明，在夏季如果不采取防暑降温措施，一袋 10kg 的虫体经过 2 小时左右的运输，袋里的温度可以升高 5℃左右，导致虫子因高温而死亡。在气温低于 5℃时，应考虑如何加温的问题。所以建议养殖户在运输时，一旦外界温度达到 27℃，最好不要运输活虫，以免造成不必要的损失。这里有一个曾经发生的例子，一个养殖户到某养殖公司购买虫种，花了 30000 多元，然后就立即装运回家。当时室外温度在 28℃左右，6 小时后到家，打开包装箱后发现里面装运的虫种已经全部死亡。当养殖户赶到公司讨要说法时，公司却以客户自己不恰当运输为由拒绝赔偿，结果双方反目，打了好久的官司，没有一方是赢家。这其中最主要的根源就是在运输时没有考虑到黄粉虫对高温的承受能力，因为运输箱内的温度已经达到或超过了 35℃，而这个温度正是黄粉虫的致死温度，所以黄粉虫在很短的时间内全部死亡。当时室外温度才 28℃左右，远远低于黄粉虫的致死温度 35℃，可为什么黄粉虫会全部死亡呢?这是因为虽然当时气温只有 28℃，但是包装箱的封闭作用，再加上包装箱是放在汽车里的，就使包装箱内的温度比室外可能高 5℃，而且在运输过程中，难免会发生颠簸，黄粉虫受到惊吓后，就在箱内不断地运动。在高密度装运的条件下，虫体间摩擦加速生热，这又可以使虫体间的温度上升 3~5℃，所以此时的温度可能超过了 35℃，黄粉虫在死亡边缘上挣扎，运输时间超过 3 小时，可能就会死亡。

【注意】冬季运输黄粉虫时应注意几个方面。一是黄粉虫装车前应在相对低温的环境下放置一段时间，使其适应运输环境，但温度不能低于它的致死温度，这是绝对要注意的。有的养殖户为防止温度低导致黄粉虫被冻死，大量运输时会放入有空调的小轿车进行保温，这也是可行的办法。二是装车时要在车的前部用帆布做遮挡，防止冷风直接吹向黄粉虫，同时应即装即走，减少黄粉虫在寒冷空气中的暴露时间。如果是少量运输时，可用布袋多装一些，并经常翻动布袋，利用黄粉虫活动摩擦生热进行升温。三是虽然黄粉虫耐寒性较强，一般不至于冻死，但是在运输活体时，还是建议在气温-5~5℃进行，这样运输比较安全。运输过程中，应随时检查黄粉虫群体温度的变化，及时采取相应措施。四是尽量购买小虫。据测定，相同数量的小虫比大虫产生的热量要少得多，虽然小虫不能立即进入繁殖盛期，但是从长远角度来考虑，购买小虫比购买大虫要划算得多。养殖户在引种回来后，往往发现刚运输回来的黄粉虫幼虫在开始几天里会陆续出现不明原因的死亡现象，据分析，这种死亡的原因主要是应激反应。因为黄粉虫所处的饲养环境发生了改变，加上运输过程中密度过高，通风条件不善，所以黄粉虫对这些改变产生了不适应的反应，从而导致它们的消化系统紊乱，取食缓慢，进而死亡。在运输黄粉虫时，要保证合适的密度，注意通风，控制好温度、湿度条件，这样就能确保运输的成活率。

第十节 黄粉虫疾病防治

一、黄粉虫常见疾病的病因

黄粉虫虽小，但生起病来五花八门，复杂程度不比人类逊色。因为黄粉虫一生多变，不仅有卵、幼虫、蛹和成虫的虫态改变，还有食性、生活环境的改变，这么多的环节难免会遇到不测。

黄粉虫在生命过程中，如果出现发育迟缓、体躯瘦小等生长发育异常，蜕皮、活动、生殖、排泄、取食等行为异常以及体色和形体的异常改变，特别是虫体出现特殊异味或不能正常进入下一个虫期（如幼虫由幼龄到大龄）或下一个虫态（如由幼虫到蛹或到成虫）等症状，即可断定它已有疾病缠身了。

欲知病原要分析病因。黄粉虫患病的病因是多种多样的，大致有三种：

(1) 环境条件的不适宜或突然改变，如因缺少食物而饥饿、高温酷暑、冰霜雪冻等；或受化学农药等化学物质的毒害等死里逃生残存下来的。

(2) 本身生理遗传或代谢的缺陷，如遗传性肿瘤、不育基因的突变、内分泌失调等产生的一系列病害；此外，还包括受到机械损伤等。

(3)病原微生物的侵染所引起的疾病，最为常见的有以下几种：一是真菌病，二是病毒病，三是细菌病，四是原生动物引起的疾病。如果虫体发育缓慢，体色有明显异常，虫尸僵硬但无臭味，常见虫尸表面“发霉”，则是真菌病；如果虫尸僵硬而液化，体表也不“发霉”，则是病毒病；如果虫尸颜色变暗、变黑，腐烂有异味，特别是在蜕皮、化蛹时死亡，多为细菌病；如果虫体表皮透明，终成斑驳状棕色，多数是球虫类原生动物所致。当然，除了种种基本症状外，有时还会出现交叉症状，病原物最根本的辨别还要靠专业人员对其进行分离、培养，在显微镜或电子显微镜下观察，进行种类鉴别。

二、预防黄粉虫生病的方法

俗话说“无病早防，有病早治，以防为主，防治结合”，这是在长期生产实践中人类对疾病问题达成的共识，因而对于黄粉虫的疾病防治，也应采取这个原则。因为对于黄粉虫来说，发病初期不易被发觉，一旦发病，治疗起来就比较麻烦，一般治疗方法就是把药物拌于饲料中由黄粉虫自由取食，但是当病情严重时，黄粉虫已经失去食欲，即使有特效药也无能为力了。目前对黄粉虫进行人工填食是不可能的，但还没有其他好的治疗方法。有介绍说可以用药液喷黄粉虫的给药方法，但目前还在试验阶段，结果在期待之中。

同人类一样，黄粉虫之所以产生疾病甚至流行，完全取决于昆虫本身、病原体和环境之间相互作用的“三角”关系。如果黄粉虫身体健壮，有较强的抵抗能力，就不易患病，在流行病袭来时，稍加“自卫保护”也可躲过。如果缺少适宜病菌生长传播的环境条件，如温湿度、光照、适宜侵染的虫体，即使侵染致病力强的病原体也是无能为力的。因此，我们就可在一定条件下操纵这种“三角”关系，使黄粉虫不发生疾病。也就是说，我们的日常工作中必须做好预防措施。

（1）创造良好的生活环境。首先，选择合适的场地，远离污染源（含噪声）。其次搞好室内环境，协调好温度与湿度关系，将日温差控制在6℃以内，室内空气保持清新，不把刺激气味带入黄粉虫饲养房。

（2）加强营养。实践证明，长期饲喂单一的麦麸饲料，黄粉虫的饲养效果不是最理想的，黄粉虫幼虫生长发育速度相对缓慢，容易发生疾病，同时，出现成虫产卵率低、秕卵现象。所以，必须采用配合饲料，注意添加维生素及微量元素，饲喂适量的青饲料。

（3）坚持科学管理。俗话说“三分技术，七分管理”，这说明了管理的重要性。其实管理是讲究科学的，实际上管理也是一门技术，所以既要加强管理，也要讲究科学。例如，合理的饲养密度、分群饲养、严格的操作规程等，都能避免各种致病因素的产生；培育优良黄粉虫种，及时淘汰有问题的黄粉虫种，利用杂交技术，能够提高黄粉虫的抗病能力，执行卫生防疫制度，搞好日常常规消毒工作等，都能防止黄粉虫疾病的发生。禁止非饲养人员进入饲养房。如非进入室内不可的人员，必须在门外用生石灰消毒。

（4）发现问题应及时处理。有关黄粉虫的疾病诊断目前尚未形成其病理学、微生物学等现代诊断方法。目前，诊断黄粉虫疾病主要通过观察的方法，成虫行动表现出急急忙忙、慌慌张张之态，幼虫则表现为爬行较快，食欲旺盛。幼虫在眠期，成羽化不久或天气过冷时行动迟缓，但如果这些虫体态健壮，身体光泽透亮，体色正常则并非是病态。如发现虫体软弱无力，体色不正常，取食不正常，就要注意黄粉虫是否可能有病。若发现有病，则要及时隔离有病黄粉虫，及时采取药物治疗和其他相应的措施，控制疾病的传染，提高治疗效果。

三、黄粉虫腹斑病防治方法

（1）病因。黄粉虫长期进食过于潮湿及脂肪含量过高的饲料使体内水分营养积累过多而引起。

（2）症状。病虫的胸腹部有一块褐色病斑。腹部体节膨大，节间膜不能收缩，体内充满白色物质，病虫终因难以蜕皮而死亡。

（3）防治方法。在饲养时如欲增加相对湿度，不要向基础混合饲料加水或喷水，而应加入蔬菜叶或瓜片；若饲料过于潮湿应及时换新的；不喂含脂肪多的饲料；发现病虫应及时拣出，并拣走蔬菜叶或瓜片。

四、黄粉虫腹霉病防治方法

（1）病因。饲养房湿度过高、虫的密度过大致使虫体感染了霉菌引起的。

（2）症状。病虫行动迟缓，少食，腹部有暗绿色的霉状物。

（3）防治方法。经常调节饲养房的湿度，做好分龄饲养；按饲养面积每平方米2片的剂量，在饲料中拌入已粉碎了的曲古霉素或克霉挫等抗真菌抗生素药物；发现病虫应及时拣出。

五、黄粉虫干枯病防治方法

（1）病因。主要是由于空气干燥、气温偏高、饲料含水量低，黄粉虫体内严重缺水而发病。一般在冬天用煤炉加温时，或者在炎夏连续数日高温（超过39℃）无雨时易于出现此类症状。幼虫和蛹中常见，成虫则少见。

（2）症状。先从头、尾部发生干枯，再慢慢发展到整体干枯僵硬而死。幼虫与蛹患干枯病后，根据虫体变质与否，又可分为“黄枯”与“黑枯”两种表现。“黄枯”是死虫体色发黄而未变质的枯死，“黑枯”是死虫体色发黑已经变质的枯死。

（3）防治。在酷暑高温的夏季和干燥的秋季，应将饲养盒放至凉爽通风的场所，或打开门窗通风，及时补充各种维生素和青饲料，并在地上洒水降温，防止此病的发生。在冬季用煤炉加温时，要经常用温湿度表测量饲养室的空气湿度，一旦低于55%，就要向地上洒水增湿、加大饲料中的水分或多给青饲料，预防此病的发生。

（4）对干枯发黑而死的黄粉虫，要及时挑出扔掉，防止健康虫吞吃生病虫而致病。

六、黄粉虫腐烂病（软腐病）防治方法

（1）病因。此病多发生于湿度大、温度低的多雨季节，尤其是连绵阴雨季节。主要是由于空气中的湿度长期过大，饲料湿度大或养殖密度大等养殖管理不科学所造成的。过筛时用力幅度过大造成虫体受伤，再加上管理不好，粪便及饲料受到污染而使黄粉虫发病。

（2）症状。表现为病虫行动迟缓、食欲下降、产仔少、排稀黑便，重者虫体变黑、变软、腐烂而死亡。病虫排的黑便还会污染其他虫子，如不及时处理，甚至会造成整盒虫子全部死亡。这是一种危害较为严重的疾病，也是夏

季应主要预防的疾病。

（3）防治。一旦发现此病后应立刻清理已死亡的病虫以及挑出变软变黑的病虫，防止互相感染。应立即减少或停喂青饲料，及时清理病虫粪便并清理残食，更换干燥的饲料。打开门窗通风排潮，若连续阴雨导致室内湿度大温度低时，可燃煤炉升温驱潮。

药物防治措施：最好是对养殖间进行一次全面消毒（包括饲养盒），饲养器具尽量拿到太阳下面进行 30 分钟的曝晒。可用 0.25 克氯霉素或土霉素拌匀 250 克麦麸、饲料/盒投喂，也可用氟哌酸葡萄糖拌料投喂，等情况转好后再改为麦麸拌青料投喂。

七、黄粉虫黑头病防治方法

（1）病因。据日常观察，发生黑头病的原因是黄粉虫吃了自己的虫粪。这与养殖户管理不当或不懂得养殖技术有关。在虫粪未筛净时又投入了青饲料，导致虫粪与青饲料混合在一起，被黄粉虫误食而发病。

（2）症状。先从头部发病变黑，再逐渐蔓延到整个肢体而死。有的仅头部发黑就会死亡。虫体死亡后一般呈干枯状，也可呈腐烂状（也有人认为黑头病属于干枯病）。

（3）预防。此病系人为造成的，提高工作责任心或掌握饲养技术后就能避免。

（4）死亡的黄粉虫已经变质，要及时挑出扔掉，防止健康虫因误食而生病。

八、螨虫防治方法

螨虫可说是动物界生命力最顽强、繁殖能力惊人的微小动物，它无处不在，能侵害绝大部分的动物，连人也不能幸免。螨虫很小，成虫体长不到 1 毫米，用肉眼很难看清楚，用放大镜观察，可见到它形似小蜘蛛，全身柔软，成拱弧形，灰白色，半透明。全身表面生有若干刚毛，足 4 对。幼螨具足 3 对，长到若螨时具足 4 对，若螨与成螨极相似。高温、高湿及大量食物是螨虫生长的环境与物质条件，在这种条件下螨虫每 15 天左右发生一代、雌螨能产卵 200 粒，可见其繁殖力之强。

危害黄粉虫的螨虫主要是粉螨，俗称“糠虱”“白虱”“虱子”，夏秋季节米糠、麦麸中很容易滋生螨虫，使饲料变质。如果把带有螨虫的米糠作饲料投喂时被带入盒内，在高温、高湿的适宜环境条件下，既有丰富的营养，螨虫繁殖力又极强，能在短时间内繁殖发展、蔓延到全部饲养盒中。大量发生时，卵的受害率可达 10%~82 %。

（1）病因。一般 7~9 月高温高湿季节容易发生螨虫病害。饵料带螨卵是螨害发生的主要原因。

（2）症状。螨虫一般生活在饲料的表面，可发现成群白色蠕动的螨虫，寄生于已经变质的饲料和腐烂的虫体内，它们取食黄粉虫卵，叮咬或吃掉弱小幼虫和正在蜕皮的中幼虫，污染饲料。即使不能吃掉黄粉虫，也会搅扰得虫子日夜不得安宁，使虫体受到侵害而日趋衰弱，继而因食欲不振陆续死亡。

那么，我们该如何防治螨虫呢?

第一，虫种选择。在选虫种时，应选活性强、不带病的个体。

第二，饵料处理。7~9 月或春季比较容易发生螨害，而饵料带螨卵是螨害发生的主要原因。因此，最好的方法是科学养虫，米糠、麸皮、土杂粮面、粗玉米面最好先曝晒消毒后再投喂。另外不能忽视的一点是，掺在饵料中的果皮、蔬菜、野菜不能太湿，因此培养箱内应保持清洁和干燥。如果发现饲料带螨，移至太阳下晒 5~10 分钟（饲料平摊开）即可杀灭螨虫。也可以用隔水高温消毒 20 分钟或膨化、消毒、灭菌的方法处理。还可将麦麸、米糠、豆饼等饲料炒、烫、蒸、煮熟后再投喂。且投量要适当，不宜过多。

（3）药物治疗。螨害严重的饲养室要进行杀螨处理。彻底清扫后用 40%的三氯杀螨醇 1000 倍溶液喷洒饲养场所，如墙角、饲养箱、喂虫器皿，或者直接喷洒在饲料上，杀螨效果可达到 80%~95%。

（4）场地消毒。饲养场地及设备要定期喷洒杀菌剂及杀蠕剂，一般用 0.1%的高锰酸钾溶液对饲养室、食盘、饮水器进行喷洒以消毒杀螨。还可用 40%的三氯杀螨醇 1000 倍溶液喷洒饲养场所，如墙角、饲养箱、喂虫器皿等，或者直接喷洒在饲料上，杀螨效果可达到 80%~95%。也可用 40%三氯杀螨醇乳油稀释 100~1500 倍液喷洒地面，切不可过湿。一般 7 天喷 1 次，连喷 2~3

次，效果较好。

由于杀螨剂对黄粉虫的生长发育有一定的影响，因此，螨害不是很严重时，通常采用诱杀方法：

第一种，将油炸的鸡骨头、鱼骨头放入饲养池，或用草绳浸米泔水，晾干后再放入池内诱杀螨类，每隔 2 小时取出用火焚烧。也可用纱网包缠煮过的骨头或油条并将其放在盒中，数小时将附有螨虫的骨头或油条拿出扔掉即可，该方法能诱杀 90%以上的螨虫。

第二种，把纱布平放在池面，上放半干半湿且混有鸡粪、鸭粪的土，再加入一些炒香的豆饼、菜籽饼等，厚 1~2 厘米，螨虫嗅到香味，会穿过纱布进入取食。1~2 天后取出，可诱到大量的螨虫。或把麦麸泡制后捏成直径 1~2 厘米的小团，白天分几处放置在养土表面，螨虫会蜂拥而上吞吃。过 1~2 小时内再把麸团连螨虫一起取出，连续多次可除去 70%的螨虫。

九、蚁害防治方法

蚂蚁可把黄粉虫抬走或吃掉。蚁害一般在夏季多雨潮湿时易于发生。防治方法：

（1）隔离法。用箱、盆等用具饲养黄粉虫时，把支撑箱、盆的 4 条短腿各放入 1 个能盛水的容器内，再把容器加满清水。只要容器中的清水经常保持一定的高度，蚂蚁就不会侵染黄粉虫。也可以在饲养架底下涂上市售的杀虫药物“神奇药笔”。

（2）生石灰驱避法。在养殖黄粉虫的缸、池、盆等器具四周，每平方米均匀撒施 2~3 千克生石灰，并保持生石灰的环形宽度为 20~30 厘米，利用生石灰的腐蚀性，对蚂蚁起驱避作用，并且蚂蚁触及生石灰后，体表会沾上生石灰而感到不适，使蚂蚁不敢去袭击黄粉虫。

（3）毒饵诱杀法。取硼砂 50 克、白糖 400 克、水 800 克，充分溶解后，分装在小器皿内，并放在蚂蚁经常出没的地方，蚂蚁闻到白糖味时会来吸吮白糖液，从而中毒死亡。

（4）蚂蚁惧怕西红柿秧的气味，将西红柿藤秧切碎撒在养殖架周围，可防止蚂蚁侵入。

（5）用慢性新蚁药“蟑蚁净”放置在蚂蚁出没的地方，蚂蚁把此药拖入巢穴，2~3天后可把整窝蚂蚁全部杀死。

十、鼠害防治方法

对于黄粉虫来说，老鼠可以说是最难防治的天敌。老鼠既能爬高，又会钻洞，无孔不入。进入饲养室后，老鼠会在房顶做窝，伺机侵入盒中吞食黄粉虫或饲料麦麸，而且食量大，并在饲养盘内拉粪尿，危害严重。因此，养殖户要特别注意观察，以免老鼠侵入饲养室，造成损失。防治方法：

（1）室内墙壁角落要硬化，不留孔洞缝隙，出入的门要严密，以免老鼠入内。门、窗和饲养盆加封铁窗纱，经常打扫饲养室，清除污物垃圾等，使老鼠无藏身之地。

（2）一旦发现老鼠可人工捕杀或用鼠夹和药物毒杀。因“灭鼠灵”毒性大，国家已禁止使用。现在有一种慢性的能在数天后发挥药效的“大卫”牌鼠药，可用来灭鼠。也可在饲养室内养一只猫来驱鼠。若老鼠实在难防，就要以充足的饲料来防鼠。据观察，若麦麸等饲料充足，老鼠一般只吃粮食，不吃黄粉虫。若没有饲料或饲料量少，老鼠则会侵害黄粉虫。

十一、壁虎防治方法

壁虎很喜欢偷吃黄粉虫，但又难防除，是黄粉虫养殖的一大危害。一旦黄粉虫被它发现，它就会每天夜里来偷吃。曾有学者剖检过一只壁虎，经剖腹检查，发现它肚里有4条20毫米的黄粉虫幼虫。

防治方法：彻底清扫房间，堵塞一切壁虎藏身之地，门窗装上纱网，防止壁虎从室外进入。

十二、鸟类防治方法

黄粉虫是所有鸟类的可口饲料，饲养房开窗时往往有麻雀进入室内偷虫吃，一只麻雀一次可以吃几十条虫。

防治方法：关好纱窗，防止鸟入室，开窗时最好有人看护。

十三、米象防治方法

米象又叫米虫，加上米蛾、谷蛾等，它们主要是和黄粉虫争饲料，米象等的幼虫使饲料形成团块，污染饲料，影响黄粉虫的生长和孵化。

防治方法：饲料用前高温蒸，以杀死杂虫。关好纱窗，防止室外害虫进入室内。

第四章 黄粉虫的综合养殖

第三章中所讲述的一些养殖方法都是单独养殖黄粉虫的，基本上是以商品虫的形态直接供应市场。现在有相当一部分养殖户，养殖黄粉虫是看中它本身作为动物性饲料蛋白源的优势，因而在养殖时是把它作为整个养殖系统中的一部分，采取动物和植物相结合、动物与动物相呼应的立体养殖方式，也可称之为应用型养殖模式。本章重点介绍几种立体养殖的模式及技术关键。

第一节 龟、菜、蚓、蟾、虫立体养殖

在菜园中巧养蚯蚓、乌龟和蟾蜍，用大棚或养殖房养殖黄粉虫，充分利用菜地中用于浇水的小型池塘，实现五个动植物品种同地同时生长。

之所以在菜地里实现这个立体养殖模式，是因为经常性浇水使菜地很湿润，加上高大蔬菜的遮阴作用，为蚯蚓、乌龟、黄粉虫和蟾蜍等动物创造了适宜的栖息、捕食和生存环境。蚯蚓为蔬菜疏松土壤，产出大量的蚯蚓粪成为蔬菜的优质肥料，节省了化肥。生产出来的蔬菜可以上市卖钱，而

那些采割下来的菜叶和杂草既可供蚯蚓食用，又是喂养黄粉虫的良好饲料。可在菜地中间建小型龟池，需要换水时，用换出的水浇菜，龟爬出水池到菜叶下活动。同时，松软、湿润的土壤也是蟾蜍生存的理想环境。将温度控制在24~35℃，湿度控制在65%~75%。当幼虫长到23cm时开始化蛹，要及时把新化的蛹拣到另外的箱中进行专门饲养，饲养箱要放在通风、干燥、温暖的地方。

【提示】投喂量一般是以总体重的15%左右为宜，饲料则是多种多样的，最好且最实用的就是果园里的杂草、鲜嫩的果树叶和掉落的水果以及残次果品，这样既可以减少饲料的投资，也可以及时对这些废物进行有益的转化。

第二节　虫子鸡养殖

一、虫子鸡的概念

虫子鸡并不是鸡的一个新品种，而是在喂养鸡的饲料中加入黄粉虫等昆虫而养殖出来的肉鸡。虫子鸡养殖是模拟“生态鸡”营养结构而设计的人工绿色家禽类养殖模式。就是在草地、森林生态环境下，以“笨鸡”为养殖对象，舍饲和林地放养相结合，以自由采食人工培育的黄粉虫、林间野生昆虫、杂草为主，人工补饲有机饲料为辅，呼吸林中空气，饮山中无污染的河水、井水、泉水，生产出天然优质的商品鸡。

虫子鸡的饲料中有相当一部分是黄粉虫，但并不是说鸡是只吃黄粉虫长大的，虽然黄粉虫的蛋白质丰富，但钙质含量较低，如果长期以黄粉虫为主要饲料，那么养殖出来的鸡可能会站立不稳，生产出来的鸡蛋壳会特别薄、易碎，这也是不好的。所以这里所讲的虫子鸡，只是强调在饲料中或者是鸡所摄取的饲料中黄粉虫的含量比较高而已。具体来说，也就是在鸡的育雏阶段，每100kg的饲料中添加4~5kg鲜活的黄粉虫；在成鸡的饲养阶段，每100kg的饲料中添加10kg鲜活的黄粉虫。采用这种养殖模式养殖出来的虫子鸡，不但可降低饲料成本，而且可显著增强鸡体的免疫力，在不注射疫苗的情况下成活率可达到98%以上。更重要的是，所养出的鸡肥瘦适当、肉质紧实、味道特佳，因此市场行情好，很受消费者欢迎，收到了良好的社会、生态和经济效益。

与虫子鸡相对应的是虫蛋，也叫“昆虫蛋”，就是利用添加昆虫（主要是黄粉虫）的饲料饲养的蛋鸡所产的蛋。虫蛋与普通鸡蛋相比，不仅味道鲜美、蛋黄柔软、色泽鲜艳，有特殊香味，而且富含人体必需的蛋氨酸、赖氨酸、色氨酸等多种氨基酸，也含有钙、磷铜、铁、锌、锰等多种矿物质。由于这种鸡蛋不含激素，无药物残留，具有补血、补气、祛病的作用，深受城市里白领们的喜欢。

一般的肉用鸡种、兼用型鸡种和蛋用鸡种的公雏及农村的笨鸡都可作为虫子鸡品种，兼用型鸡种最好。建议选养皮薄骨细、肌肉丰满、肉质细嫩、抗逆性强、体形为中小型的著名地方品种，这些虫子鸡品种是非常受欢迎的。这些良种鸡有杏花鸡、桃源鸡、清远麻鸡、寿光鸡、霞烟鸡、萧山鸡、固始鸡、鹿苑鸡、北京油鸡、宫廷黄鸡、汶上芦花鸡、仙居鸡、大骨鸡、狼山鸡、茶花鸡等。

二、场地选择

养殖虫子鸡时，为了提高其品味，可以在鸡舍内养殖一段时间，但有一段时间需要在山地、果园、茶园等地养殖，无论是在哪一阶段养殖，喂养黄粉虫是贯穿全程的。因此要科学选择养鸡场，现在许多虫子鸡的养殖都是在森林环境条件下进行的，所以在有条件的情况下，养鸡场要选择天然林地。一般天然次生林好于原始林、阔叶林好于针叶林、天然林好于人工林，如果有条件的话最好选择针阔混交林。可以选择在远离村庄且交通方便的地方，要求鸡舍周围30km范围内没有大的污染源，地势为5°左右坡为宜，背风向阳、水源充足、取水方便，有高压线在鸡场内通过最好。鸡舍和运动场的大小设计标准如下：育雏保温舍按每1000只鸡10m^{2}计算，运动场按每只鸡1m^{2}计算，运动场周围最好用篱笆和塑料网围起来。这种地方既便于鸡疾病防疫，又便于物资和产品运输，使鸡有充分的活动范围和采食源，有利于鸡的生长。

三、鸡舍的建造

养殖虫子鸡的鸡舍可以分为两种：一种是用砖木制造的房屋结构式的鸡舍，另一种是用塑料大棚建设的鸡舍。无论是采用哪种鸡舍，一定要做好防寒保温措施，堵严缝洞，地面铺上垫草，以提高舍温。冬季天冷，鸡不爱活动，要设置活动场所，并有防风、防雨、防雪设备。放鸡运动前要先开气窗，匀温通气后再将鸡放出。天冷时要迟放早收。若场地有雪要及时扫除清理。

四、黄粉虫的棚舍建造

用黄粉虫养殖虫子鸡时，也可以和鸡舍同时建造一个大棚，专门用于黄粉虫的养殖，只是用于黄粉虫养殖的大棚要求更高一些，最好能挖成半掩体形式的，以毛竹、木条、塑料薄膜、遮阳网等为主要建筑材料。在早春和晚秋时一定要做好防寒保温措施，堵严缝洞，在双层塑料薄膜上加盖草帘，以提高舍温。

发展虫子鸡，需要的黄粉虫数量要足、质量要好，而且在早春、晚秋都要及时充足地供应黄粉虫，因此建议还是建设专门的饲养房为宜。黄粉虫饲养房的选择与建设，请参见本书第三章的内容。

五、雏鸡的来源

1. 雏鸡的挑选

挑选行动灵活、叫声洪亮、羽毛光润发亮、不扎堆的健康苗鸡。出壳后24小时内运到鸡舍。

2. 购买雏鸡

购买雏鸡苗时，一定要到有生产许可证的正规生产孵坊购买。这样不仅雏鸡的质量是有保证的，而且是提高经济效益的基础。

3. 自繁雏鸡

有些养殖户为了减少引进外来鸡苗带来病菌和做到鸡品种的纯正，常常自留种鸡，自繁自用，自给自足。

在自繁时先要选好种鸡，这是保证下一代优良性状的基础，因此种鸡要选择毛色光亮、健壮、生长速度快的纯虫子鸡。母鸡体重 1500g 左右，公鸡体重以 1600~2200g 为宜；公母比例为 1：10，为了避免近亲繁殖带来种质的退化，所挑选的种鸡不宜用兄妹鸡。

虫子鸡的饲养必须选择合适的育雏季节，以利于虫子鸡的放牧饲养。最好选择 3~5 月育雏，因为春季气温逐渐上升，阳光充足，对雏鸡生长发育有利，育雏成活率高。到中鸡阶段，由于气温适宜，舍外活动时间长，鸡能够得到充分的运动与锻炼，因而体质强健，对以后天然放牧采食、预防天敌非常有利。春雏性成熟早，产蛋持续时间长，尤其早春孵化的雏鸡更好，所以多选择在春季育雏。养殖户在采用母鸡孵化出雏方法时，为了使雏鸡日龄统一，做到“全进全出”，除做到喂料投放均匀、按时、保质外，还要对先孵的母鸡实行空孵，也就是鸡窝内不放蛋，但空孵时间不宜超过 7 天。

大规模饲养时宜采用孵化器孵化出雏。雏鸡进入育雏室，第一周每平方米 50 只，且隔开为一群，在弹性塑料网或竹编网上铺新鲜干净的干稻草。铺草厚度以雏鸡粪便能从其空隙中落到地上为宜。第二周每平方米 40 只，撤去铺草，使鸡粪直接通过网眼落到地上。第三周每平方米 30 只，之后为 10 只。

【提示】雏鸡进入育雏室后必须做好保温工作，将室温保持在 30~32℃，以后每星期下降 2℃，25~30 天后晚上进大棚饲养。

六、围养训练

雏鸡在舍内饲养 3 周后，若体重达到 130g 以上，则改为院内散养，训练它听声音采食。经过一定时间的训练，雏鸡听到这种声音就会回来吃食，这种训练的目的是便于黄粉虫的投喂，因为在养殖虫子鸡时，不可能把黄粉虫在满山坡上到处乱撒，必须要有固定的食场，除了早晚投喂黄粉虫外，有时还要补饲一两次黄粉虫，因此必须从小就要做好雏鸡的吃食训练。在院内分区种植牧草或饲草，同时在草丛中撒一些黄粉虫，训练雏鸡自由采食，经过 3 周以上训练，雏鸡增强了捕食的能力、增长了防御天敌的本领，这给放养创造了条件。

七、黄粉虫的选择与放养

首先，准备好黄粉虫的种源，一定要认真挑选，选取那些个体大，而且生活能力强的虫子，在一批种源中要尽可能选择规格整齐、色泽鲜亮的个体，不要选择那些身体有残缺、个体较小的虫子，还有就是身体发黑的也不能选用。其次，在黄粉虫放养前先在大棚里或养殖房内的养殖箱中放一层麦麸，麦麸的厚度以 2cm 为宜，然后再放养黄粉虫。最后，大棚里的放养密度为 $3kg/m^3$，饲养房内的放养密度为 $5kg/m^3$。

八、综合养殖的合理饲喂

1. 喂养黄粉虫

养殖黄粉虫的饲料来源比较广泛，在养殖虫子鸡的模式中，黄粉虫的饲料应因地制宜，以麦麸、秸秆、菜类为主，还可以充分利用林间的植物，包括鲜嫩的枝条、野草、野菜、掉落的水果以及残次果品等都可以作为饲料来源，投喂量一般以总体重的 15%左右为宜，这样既可以减少饲料的投资，又可以及时对这些废物进行有益转化。在饲养房内进行黄粉虫的精养时，可以采用专门配制的黄粉虫饵料，也可以按照虫子 1kg、麸皮 1kg、菜叶 1kg 的虫料比例来提供，刚孵化后的幼虫饲料以玉米面、麸皮为主，随着个体的生长，增加饲料的多样性。每隔一星期左右，换上新鲜饲料并及时添补麸面、米糠、饼粉、玉米面、胡萝卜片、青菜叶等饲料。

2. 喂养虫子鸡

（1）特定饲料的选择。从虫子鸡的养殖特点来看，虫子、饲料、饲草分两部分。一部分是人工饲料，另一部分是天然饲料。人工饲料必须是有机饲料，为此在种植饲料及饲料原料时，必须按有机食品要求耕作。人工补饲的黄粉虫，也必须严格按生产有机食品的标准执行，在人工饲料生产过程中严禁添加各种化学药品，以保证虫子鸡的品质，而天然饲料的质量取决于自然环境，主要有天然饲草、成熟的籽实和各种天然昆虫等。只有所供应的黄粉虫及其他天然饲料充足、营养全面，才能够生产出高营养和滋补性强的优质产品。

（2）虫子鸡的喂养。虫子鸡出雏后，先喂雏鸡红糖水，以增进食欲，促进胎粪排出，饮水后开食，采取少喂多餐的方法，保证雏鸡始终处于食欲旺盛的状态，以促进雏鸡生长发育。在饮水中加入抗生素和维生素，连饮 3 天，增强虫子鸡体质，提高抗病率。30~50 日龄的放养虫子鸡，按生长期进行饲养管理，每天 5~6 餐。根据该阶段放养虫子鸡广采食、耐粗饲、生长快的特点，可多喂各种农副产品，如豆腐渣、糠麦、稻谷、玉米、豆饼、菜籽饼、豆粉等粗、精饲料，适当增喂微量元素。这时可以在鸡所吃的饲料中添加黄粉虫了，添加比例为 100kg 的饲料加入黄粉虫 2.5kg 左右。放牧期要多喂青绿饲料、土杂粮、农副产品等，冬季寒冷，鸡体热量消耗大，每天要喂足够且营养全面的饲料，在饲料中保证有一定数量的动植物蛋白饲料，如黄粉虫干、黄粉虫粉、鱼粉、蚯蚓粉、蚕蛹、水产下脚料以及豆饼、花生饼等，还要多喂些含维生素的饲料，如胡萝卜、蔬菜以及青贮饲料等。还可以加喂点辣椒粉，以刺激食欲，增强抗寒能力。除了以上的投喂外，还要单独投喂一些鲜活的黄粉虫，在补料上可由原来日喂 5 次逐渐减少到 2 次就可以了。日喂 2 次时，投喂方法是在早上鸡子放出去前和晚上鸡子回窝后进行，把黄粉虫直接撒在平时喂食的地方，让虫子在地上蠕动，鸡就会跳上来自由啄食，这能使鸡多跑多跳，帮助消化和吸收。一定要掌握早晨放出时少喂、晚上回来时多喂的原则，确保虫子鸡的营养需求。中后期每天可适当喂一部分谷芽，以增加营养、改善肉质、降低饲料成本。如果是自配料，可以采取谷物类发芽料 70%、各类青菜叶 25%、血粉 5%的配方。

九、黄粉虫的管理工作

（1）无论是大棚养殖还是饲养房养殖，都要做好温度、湿度调控，保持相对稳定的温度和湿度，温度保持在 24~35℃，湿度保持在 60%~75%，可多投喂青饲料，如嫩菜叶、水果等。

（2）黄粉虫幼虫须经不断地蜕皮才能生长，刚蜕皮的幼虫白嫩，在日常管理和检查时一定要小心，注意不能损伤虫体。

（3）及时分离、分养。随着幼虫的生长，会出现个体大小不整齐的现象，为了防止黄粉虫自相残杀，在养殖过程中要定期用不同目的网筛分离大小幼虫，并按不同的规格实行分群饲养。

（4）加强各变态期的管理工作。无论哪一虫态，它们在变态的时候，都是身体最虚弱、对外界环境抵御能力最弱的时候，也是最容易遭受敌害尤其是同类侵袭的时候，因此在这一时期一定要加强管理，进行重点监管。要及时把新化的蛹拣到另外的箱中进行专门饲养，饲养箱要放在通风、干燥、温暖的地方。

【提示】虫子鸡在生长过程中与林地、滩地等外界接触广泛，随时都有可能受到传染因素的威胁。另外，虫子鸡生长期相对较长，一般需要 4~5 个月才能出栏，为防患于未然，必须有计划地对鸡进行免疫接种，以获得强免疫力。

第三节　蝎虫养殖

蝎子的种类有很多，目前人工养殖的主要是东亚钳蝎。其体长一般在 5cm 左右，腹部呈浅黄色。它的主要功能是药用，这是因为蝎子的体内含有一种有效成分——蝎毒素，蝎毒素是一种类似蛇神经毒素的毒性蛋白，高血压病人服用这种蛋白后血管扩张，有显著持久的降压及镇静作用。

一、蝎窝的建造

蝎子是一种喜阳怕光、喜潮怕湿的特种经济动物，同时还有钻缝的习性。因此在蝎窝的建造方面应尽量采用隔离饲养法，这样有利于提高人工养殖的成活率。建设蝎窝的土壤质地直接影响土壤温、湿度，蝎子栖居的土壤以壤土、沙壤土为宜。壤土、沙壤土渗透性好，保水保温、抗旱抗涝，环境稳定，容易调节窝内湿度及通风状况。在准备好的地方开挖蝎池，池底用红土垒实，四周用砖块砌好，并用水泥抹平，防止蝎子逃跑。

在人工养殖蝎子时，可用瓦片等制成垛体（或称蝎房），其高度应稍低于蝎池高度，垛体所占的面积约为池底面积的 2/3。每个垛体中的缝隙（窝）数目不宜太少。一般每个缝隙宽 3~5cm、高 11.5cm，每窝能容纳小蝎 20~30 只、成蝎 10~15 只。瓦片等一般 1 年更换 1 次。窝室是成蝎在非繁殖期栖居的地方，它的大小往往随蝎的大小而异，以恰能容身为宜。与进出通道一样，可为石缝，也可为土室。繁殖期的母蝎常在土壤部分进行拓展，挖出或重新选择一个较大的空间，即繁殖室，其大小为体形大小的 4~5 倍。

二、合理放养

育好种蝎，是发展人工养蝎的基础。种蝎要挑选个体中等，健壮的公、母蝎。在饲养过程中，放养蝎子的密度直接关系到养蝎成败，如果放养密度太大且饵料不够充足，那么蝎子之间就会自相残杀；放养密度过小则对养殖设备来说是个浪费。为了防止蝎子自相残杀，要限制蝎子的活动区域，因此采用密封、固定限量的大棚式养殖方法。养殖实践证明，此种养法具有提高 2 龄蝎成活率，适宜 3 龄蝎发育，利于 4~5 龄蝎恒温立体养殖等优点，成功率较高，是一种较为理想的饲养模式。

三、及时分养

在饲养蝎子的过程中，即使是同时繁殖出的蝎子，在生长过程中也会出现个体差异很大的现象，这时就会出现明显的大小不一的情况，需要及时分开饲养。若不及时分养，个体大的会残杀个体小的，未蜕皮的会残杀正在蜕皮的。

【注意】在建蝎场时应多准备一些蝎池，将同龄蝎放在一起，并且要经常观察它们的生长情况，始终做到及时分养，规格一致，以利于同步生长。

应该说，蝎子的开发与养殖比黄粉虫的开发与养殖要早得多，但是在黄粉虫被开发以前，蝎子的养殖在某种程度上是没有成功的，只有在黄粉虫被开发作为优质的动物饲料蛋白源后，蝎子的养殖才真正进入快速发展阶段。所以在某种意义上说，养殖黄粉虫也是人工养蝎不可缺少的内容。

蝎子是肉食性动物，也是一种食虫性动物，喜吃质软、多汁昆虫，而黄粉虫的幼虫本身就具有质软、多汁的优势，因此它是蝎子的优良饲料，蝎子养殖户常用黄粉虫来喂养蝎子。民以食为天，蝎子也是一样，它也需要吃到可口的食物。因此在饲养蝎子时，应以肉食性饲料为主，饲喂的小昆虫种类越多越好。种类不同的昆虫体内含有不同的氨基酸，而不同的氨基酸对蝎子的生长、发育、产仔及蜕皮等均能起到很好的促进作用。所以说饲料的种类越多，就能越全面地增加蝎子的营养。但是由于其他昆虫在自然资源的捕捞和人工养殖的开发方面存在很大困难，不能满足养殖需求，只有黄粉虫才能满足这种既已养殖开发技术成熟化，又能进行饲料化的要求，从而满足蝎子养殖的需求。因此绝大多数蝎子养殖户基本上放弃了对其他昆虫的培育和捕捉，例如，洋虫和鼠妇这两种小虫子也很适合蝎子的养殖，蝎子经常吃它们，它们能增加蝎子的营养，含有利于蝎子蜕皮的氨基酸，并且也能清理蝎池的垃圾，节省食物成本。但是由于它们目前在养殖开发上没有大的进展，因此蝎子养殖户们还是重点选择黄粉虫的幼虫作为蝎子的主要动物性饲料。并不是所有的黄粉虫都适合喂养蝎子，只有黄粉虫幼虫和蛹是比较适合蝎子养殖的。喂食的虫子一定要是活的黄粉虫，死的虫子不要投喂，因为蝎子不爱吃不活动的东西，死的虫子很快就会腐烂变质，人工拌料效果不理想还会生螨虫。因此养蝎子一定要有各龄的虫子，并且养蝎子之前要先养虫子，只有保证了食物来源，蝎子才能养好。每次投喂量应根据蝎群及蝎龄的大小及蝎子捕食的能力来确定。一般幼蝎以投喂 1.5cm 长的黄粉虫幼虫为宜，成年蝎则投喂 2cm 左右的幼虫较好。

【特别提示】由于幼蝎捕食能力弱，如果给幼蝎喂较大的黄粉虫，幼蝎捕不到食物，会影响其生长，更重要的是黄粉虫本身就有攻击能力，如果黄粉虫的身体过于健壮，个头过大，有时幼蝎还会被较大的黄粉虫咬伤。反之若给成年蝎子投喂小幼虫则会造成浪费。所以应依据蝎子的大小选投大小适宜的黄粉虫。幼蝎出生后趴在母蝎背上，待第一次蜕皮后数日即离开母体。刚离开母体的幼蝎 2 天内需要取食大量的虫子，此时为幼蝎第一个取食高峰期，投喂虫子的数量应相应多一些。如果幼蝎没有足够的虫子捕食，会因争食而自相残杀。幼蝎在离开母体 3 天后取食量逐渐减少，此时投喂 1cm 长的黄粉虫较为适宜。幼蝎离开母体后的 40~45 天时开始第二次蜕皮。幼蝎第二次蜕皮后逐渐恢复活动能力，又开始一个取食高峰期。此时喂虫量要多些，饲料短缺会引起幼蝎及成蝎间的自相残杀。许多蝎子养殖户在养殖过程中发现一个现象，就是 2~4 龄的幼蝎，在喂养时，给蝎子的食物很多但就是不见蝎子长个，这是因为在蝎子的生长过程中投喂的黄粉虫数量不足，导致蝎子吃得很少，还有一种情况就是黄粉虫的个头过大，也会造成营养摄入不及时导致蝎子蜕皮困难。蝎子不蜕皮当然就长不大了。幼蝎一般蜕皮 6 次即为成蝎，每次蜕皮后都会出现一个取食高峰期，每个取食高峰期都要多投虫子。对于成蝎的投料，不仅要增加投虫量，而且要常观察，在虫子快被捕食完时及时补充投喂。

由于蝎子属于昼伏夜出的动物，因此无论春夏秋冬，只要蝎房内的温度保持在 28~36℃时就可以正常投饵，投喂黄粉虫的时间一般应放在天黑前 1 小时进行。

第四节　蛇虫养殖

蛇类具有较高的药用价值、食用价值、观赏价值和工业价值，在我国各地均有养殖。本节为了说明养蛇和黄粉虫的投喂关系，特地以在我国作为主要养殖对象的王锦蛇为例来说明。

王锦蛇又称为棱锦蛇、松花蛇、王字头、菜花蛇、麻蛇、棱鳞植锦蛇、王蛇、油菜花、黄蟒蛇、臭黄颌等。它的体形在蛇类中属于中上等，体长一般在 2 米左右。在众多的养殖品种中，王锦蛇是非常受欢迎的一种，因其长势快、肉质多、耐寒能力强，并且季节差价较大，所以是目前国内开发利用的主要对象。在相当长的时间内， 王锦蛇是养蛇场的主打品种，尤其是长江以北各省份的养殖户，大都以它作为无毒蛇的首选饲养对象。

一、饲养场所

养殖王锦蛇的饲养场地并没有什么特别的要求，只要是一般的蛇场且做好了防逃设施就可以了。在蛇场内可以配备运动场和游泳池，这对王锦蛇的生长发育是很有帮助的。不管南方北方，无论采取何种养殖方式，王锦蛇的蛇窝均应设置在干燥的地方，不能长期处于阴潮环境之下，否则王锦蛇易患疾病。

二、饲养密度

适宜的饲养密度对王锦蛇的生长是有好处的，刚刚出壳的幼蛇个体较小，体长在25~35厘米，活动能力较差，这时的饲养密度可以大一些，每平方米蛇房可以放养80~100条；在饲养15天后，拣出幼蛇总数量的1/5，将密度适当降低至每平方米60~80条。

第五章
黄粉虫的饲料

第一节　粗饲料的来源与利用

在少量养殖黄粉虫时，可以用麦麸、瓜果、青菜等粗饲料来喂养，这能有效地利用农村最常见的资源，并将其转化为明显的经济效益。但是，在大规模养殖黄粉虫时，单纯地饲喂麦麸等粗饲料就显得不合要求了。一方面，这些新鲜的粗饲料在种植和保存上有时间的限制，不能保证一年四季都能满足黄粉虫的养殖所需；另一方面，黄粉虫不同虫态期的生长发育对营养的需求并不完全一致，因此全部用一样的粗饲料就不能体现规模化养殖的效果。因此，要想规模化养殖黄粉虫并取得最佳的经济效益，就要给它饲喂正常生长发育所需的营养全面的优质饲料。可以根据不同的虫态、不同的虫龄、不同的季节、不同的饲养方式及不同的养殖目的，根据虫体所需要的不同营养配比，结合当地的自然资源和优势资源给予不同且科学的饲料原料和配方。

黄粉虫所需的营养成分与高等动物基本相同，其饲料中必须含有蛋白质、糖类、脂类、维生素和无机盐等营养成分。由于黄粉虫的食性较杂，饲料来源总体来说是非常广泛的，而且简单方便易得，常见的有各种粮食、麦麸、玉米面、豆饼粉、花生饼粉、芝麻粉、豌豆粉、面包、馒头、各种农作物秸秆、油料、米糠、树叶、苏丹草、黑麦草、野草及糖果渣沫等。新鲜的菜类主要有白菜、青菜、生菜、萝卜、南瓜、冬瓜、西葫芦、苹果、土豆等，幼虫还吃榆叶、桑叶、桐叶以及豆类植物叶片等，用以补充维生素微量元素及水分的需要，要注意这些蔬菜不能有农药残留。另外，配合饲料还可以添加少量葡萄糖粉、鱼粉等。纵观现在养殖的情况，黄粉虫的饲料主要来源还是以农副产品及食品加工副产物等为主。

一、麦麸

麦麸俗称麸皮，通常是指将小麦磨成粉后的产品，有许多地方也将小麦精加工后的下脚料称为麦麸，它是饲养黄粉虫的传统饲料，也是目前最主要的饲料原料之一，同时以各种无毒的新鲜蔬菜叶片、果皮等果蔬残体作为补充饲料，它们是维生素和水分的来源。麦麸主要是由种皮、外胚乳、糊粉层、胚芽及颖、稃中的纤维残渣等组成的，与一些籽实类饲料原料相比，具有粗蛋白质、粗纤维、B 族维生素及矿物质等含量高，淀粉含量低的优点，加之它的质地疏松、容积大、吸湿性强，具有一定的轻泻性，属于一类低热能饲料原料。

用麦麸为原料配制的饲料配方，主要是用来饲喂幼虫和供繁殖育种用的成虫，确保繁殖所需要的营养效果。以麦麸、玉米面、豆饼粉、花生饼粉等多种混合糠粉为原料发酵而成的生物饲料已经被广泛运用于工厂化规模养殖中，可以有效地降低饲料成本，提高经济效益。

二、农作物秸秆

从广义上讲，秸秆作为一类重要的农业有机废弃物资源，可以说从原始农业、畜牧业时就产生了。农作物秸秆主要是指玉米秸秆、玉米芯、麦秸秆、豆秆、高粱秸秆、油菜秸秆、稻草、花生藤、花生壳、木薯秸秆、剑麻渣、甘蔗渣、木屑、豇豆藤、红薯藤等，是这些农作物在收获果实后留下的废料，它们的主要成分是纤维素、半纤维素和木质素，还含有一些其他营养物质，如维生素、果胶质、脂肪等。

这些饲料中含有的纤维素、半纤维素在一般情况下难以分解，其他的营养成分也因胶质的包裹而不易被一些家禽、牲畜等直接利用，直接用来投喂黄粉虫的话，黄粉虫对它直接消化吸收利用也有一定的困难。因此在投喂前，必须要经过一段时间的发酵及微生物处理，发酵及微生物处理的目的是将这些农作物秸秆中的纤维素、半纤维素以及多聚糖等进行软化，降解成低分子的、易吸收利用的小分子碳水化合物，同时部分被微生物所营养和利用，合成游离氨基酸和菌体蛋白，才能易于被黄粉虫利用，从而达到提高利用率的目的。

用农作物秸秆发酵饲料来投喂黄粉虫，不但生产成本低，而且营养丰富，是理想的黄粉虫的补充饲料。但是，目前的研究结果表明，秸秆发酵饲料只能作为规模化养殖黄粉虫的一个补充饲料来源，还不能完全替代全价配合饲料，若要取得最佳的经济效益，还是需要研制专用的配合饲料。

三、米糠

米糠是指将糙米加工成细米时分离出来的由种皮、糊粉层和外胚乳等组成的混合体，一般出糠率约为 8%，米糠的营养价值和麦麸一样，也是饲养黄粉虫的原料之一。鲜米糠的适口性好，营养价值相当于玉米的 85%左右，蛋白质 13%，氨基酸中的赖氨酸含量较高，约为 0.81%，蛋氨酸含量约为 0.26%，约为玉米的 1.5 倍。

四、果渣

果品经过罐头厂、果酒厂、饲料厂加工后，被废弃的下脚料通常称为果渣，这种果渣包含果核、果皮、果浆等，经过适当加工后就可以成为黄粉虫的优质饲料。有关研究表明，黄粉虫对各类果渣的转化能力很高，在经过简单的处理后，就可以用来饲喂黄粉虫，这可大大降低养殖成本。

五、各种饼粕类

饼粕是一些含油量较多的籽实经过榨油或其他成品、半成品的提炼后而最终留下的副产品，主要包括大豆饼粕、菜籽饼粕、花生饼粕、棉仁（籽）饼粕、芝麻饼粕、葵花饼粕、椰仁粕、豌豆粉和羽扇豆粉等多种。

我国这类资源的拥有量是非常广泛的，可以说全国各地到处都有，取材也很方便，是黄粉虫优质的饲料原料。建议养殖户要充分利用各地资源优势，因地制宜、变废为宝，降低养殖成本，提高经济效益。

六、蔬菜

将蔬菜作为黄粉虫养殖的含水饲料，是目前最常见的，也是利用范围最广泛的。蔬菜不仅可以提供适量的水分，而且可以调节养殖环境内的湿度，为黄粉虫提供最佳的生存环境。通常供黄粉虫养殖用的蔬菜有白菜、青菜、菠菜、蕹菜等叶菜类。

【提示】根据经验，如果投喂的蔬菜水分过多，极易使饲养箱内的湿度过大，造成霉变现象，导致黄粉虫患病，有时这种损失是无法挽回的，也是十分巨大的。因此建议养殖户最好在早上 9：00 左右采收蔬菜，尽量不要在有露水的情况下采收，阴雨天也要少采摘果蔬，一旦没有食物来源而又急需蔬菜时，要将有水珠或有露水的蔬菜稍微晾干后再投喂。

七、饲草

饲草的种类有很多，大多数是渔业用草、牧业用草、禽业用草，由于它们种植简单、采收方便，营养价值较高，而且单位产量极高，完全可以满足规模化养殖黄粉虫的饲料需求，所以有不少养殖户也专门开辟了种草养虫的技术路线，实践证明，这是一条不错的路子。

1. 苏丹草

苏丹草是一年生草本植物，是当前世界上栽种最普遍的牧草和渔草，是一种很有价值的高产优质青饲作物。苏丹草具有高度适应性，我国各地几乎均能栽培，它的最大优势就是产量很高，在适宜的条件和合理的管理技术下，一亩田可年产鲜草 18 吨左右。苏丹草在分蘖后生长迅速，资料表明，在高温高湿的适宜条件下，一昼夜它的茎秆可生长 7cm 左右，而且它的再生能力特别强，5~8 月时每 10 天就能刈割一次。

黄粉虫对苏丹草的利用可以分为两部分：一部分是利用它的茎叶，用苏丹草的茎叶饲喂黄粉虫的方法同用蔬菜叶喂虫子是一样的。鲜嫩的苏丹草是黄粉虫幼虫喜欢的好饲料。另一部分可以利用的就是它老后的秸秆，苏丹草经过多次刈割后最终老熟，在采收完种子后，可以使用同玉米秸秆一样的处理方法将剩下的秸秆进行处理，然后用来饲喂黄粉虫。

2. 黑麦草

黑麦草有多年生和一年生两种。笔者建议在投喂黄粉虫时，为了节约劳动成本，可以栽种多年生黑麦草。黑麦草生长快、分蘖多，繁殖力强，茎叶柔嫩光滑，品质好，它新鲜的茎叶是黄粉虫养殖的优良新鲜饲料。黑麦草对土壤要求不严，几乎所有的地方都能种植。养殖户可因地制宜，利用房前屋后的空闲地种植黑麦草，极有利于发展黄粉虫的养殖，而且它的再生能力强，不怕践踏，在刈割后能很快恢复长势。用黑麦草投喂黄粉虫的方法同蔬菜投喂是一样的。

八、平菇菌渣

食用菌菌渣是栽培食用菌的废料，含有大量的菌丝体，富含氨基酸、纤维素、碳氢化合物和微量元素。我国是食用菌生产大国，据中国食用菌协会统计，2011 年全国食用菌生产总量达到 2.57×10^7t，产生菌渣废弃物 8.36×10^7t。然而对菌渣进行环保有效的处理这一问题，却一直没有得到很好的解决。何勇等（2016）为了实现菌渣资源化利用，试验选择大小基本一致、健康无病的 3 龄期黄粉虫幼虫 500 条，随机分为 5 组，每组 100 条。对照组饲喂全麸皮饲料，Ⅰ组饲喂 10%的平菇菌渣＋90%的麸皮，Ⅱ组饲喂 20%的平菇菌渣＋80%的麸皮，Ⅲ组饲喂 30%的平菇菌渣＋70%的麸皮，Ⅳ组饲喂 40%的平菇菌渣＋60%的麸皮，测定不同含量的平菇菌渣对黄粉虫幼虫生长的影响。结果表明：Ⅰ组黄粉虫幼虫增重率为 404%，与Ⅱ、Ⅲ、Ⅳ组之间差异显著（$P<0.05$），但与对照组之间差异不显著（$P>0.05$）；麸皮中平菇菌渣含量超过

10%后，随着菌渣含量的增加，黄粉虫增重率逐渐下降； 采用不同含量平菇菌渣饲喂黄粉虫幼虫，幼虫的死亡率各组之间差异不显著（$P>0.05$）。说明麸皮中添加10%平菇菌渣不但可以提高黄粉虫幼虫生长速度，还可以降低饲料成本，实现平菇菌渣的再利用。

采用10%的平菇菌渣+90%的麸皮饲喂黄粉虫，各营养成分含量更有利于其幼虫的生长，不但可以提高黄粉虫幼虫生长速度，还可以对废弃的平菇菌渣进行资源化利用，同时降低饲养成本； 当菌渣含量超过10%时，随着菌渣含量的增加，黄粉虫增重率逐渐下降。

九、发酵牛粪、驴粪

畜禽粪便常见的处理方法有掩埋法、焚烧法、化学消毒法及生物热消毒法（包括发酵法、堆肥法）。掩埋法是一种传统的粪便处理方法，即将粪便与漂白粉或新鲜的生石灰混合，然后深埋于地下。其缺点是地下水可能会被污染，而且浪费了粪便的肥力。焚烧法可消灭一切病原微生物，但大量焚烧粪便显然是不经济、不合理的，而且焚烧会产生大量气体，造成环境污染。化学消毒法就是用一些化学消毒试剂对畜禽粪便进行消毒处理，使用化学消毒剂时应充分搅拌，使消毒剂浸透混匀，该方法操作麻烦，且不能彻底消毒。生物热消毒法是粪便消毒经常使用的处理方法，应用这种方法既能杀灭粪便中非芽孢性病原微生物和寄生虫卵，又不失去粪便作为肥料的应用价值。因为粪便中含有一些寄生虫和有害微生物，牲畜和禽类生物粪便也是一种传染物质，尤其是一些患有传染病畜禽的粪便。所以，有些牲畜和禽类的生物粪便不能直接用于田地施肥，否则会造成疾病的传播。只有经过无害化处理的畜禽粪才可以成为农用化肥和肥料。

近年来，我国畜禽养殖模式不断从散养向规模化、集约化养殖转变。畜禽养殖业的发达程度已经成为衡量一个国家或地区农业发展水平的标志。随着养殖规模和集约化程度的提高，畜禽粪便给环境带来了很大的压力，不仅影响着饲养人员与周边居民的身体健康，而且是大气污染、土壤污染、地表水以及地下水污染的重要污染源。畜禽粪便中含有残留的未完全消化的饲料，常规处理过程中主要以热量的形式被微生物分解殆尽，不仅浪费了能源，而且污染了环境。在蛋白质及其他饲料资源相对缺乏的今天，将畜禽粪便中的残留饲料作为资源重新利用显得尤为重要。牛粪中含有大量的粗纤维，要实现牛粪的饲料化主需要解决纤维素的转化利用问题。黄粉虫是一种食量大、纤维素降解能力较强的昆虫，具有较强的环境适应能力和耐粗饲性。

为使畜禽粪便资源得到合理化处理和应用，并降低黄粉虫饲养成本，一些学者对畜禽粪便采用黄粉虫进行处理。曾祥伟等研究了发酵牛粪对黄粉虫幼虫生长发育的影响，探讨了黄粉虫转化与利用牛粪的可行性。研究表明，EM 厌氧发酵处理鹌鹑粪便后可用于饲养黄粉虫。熊晓莉等采用 EM 菌发酵处理后的鸡粪饲喂黄粉虫，研究了常规饲料中添加不同比例鸡粪对黄粉虫的生长及蓄积重金属的影响。随着国内养驴热的兴起，大型养驴场每年产生大量驴粪需要处理，为探寻大型养驴场驴粪资源化利用和绿色处理途径，有些学者进行了黄粉虫采食和分解驴粪的研究，探讨驴粪对黄粉虫幼虫生长发育的影响，为利用黄粉虫转化驴粪技术提供科学依据。

将驴粪和黄粉虫常规饲料（玉米面、豆浆渣、干馒头）按梯度比例混合后，比较不同驴粪含量组（0~100%）黄粉虫幼虫的死虫率、虫长、蛹重以及驴粪消耗量等参数，评价黄粉虫幼虫对驴粪作为饲料的适应性。实验结果表明，驴粪可以作为黄粉虫饲养的一种饲料。驴粪添加量对各组黄粉虫平均体长影响不大。适当的驴粪量有助于增加蛹的平均重量，驴粪添加量为 20%时蛹重最大。驴粪含量为 40%时，有利于黄粉虫幼虫对驴粪的分解处理，也可以节约常规饲料。食物中驴粪含量越高，对饲养的黄粉虫幼虫的死亡率影响越大。

为探索利用发酵牛粪制备黄粉虫饲料的可行性，实现牛粪的无害化和资源化处理，研究者将新鲜牛粪与黄粉虫常规饲料按不同比例混合后经 EM 菌发酵处理，筛选出发酵性状良好、牛粪含量较多的 60%牛粪组（设置为Ⅰ组）和发酵性状一般的 80%牛粪组（设置为Ⅱ组）两组处理作为黄粉虫饲料，并以黄粉虫常规饲料发酵后为对照（CK）进行黄粉虫饲养试验，结果表明：①黄粉虫常规饲料中添加 20%~60%的牛粪发酵效果优等；②经过发酵，各处理组酸性洗涤纤维和中性洗涤纤维得到初步降解，Ⅰ组和Ⅱ组虫料比较对照组都有所提高，Ⅰ组消化率比对照组提高 3.38%，Ⅱ组消化率比对照组降低

8.77%，各组间差异显著（$P<0.05$），Ⅰ组和Ⅱ组的饲料利用率较对照组分别降低 6.43%和 34.54%，饲料转化率较对照组分别降低 7.85%和 14.33%。综上可知，利用发酵牛粪制备黄粉虫饲料是完全可行的，在黄粉虫常规饲料中添加 60%的牛粪可制成质量优等的发酵饲料，在节约常规饲料的同时还可提高饲料消化率。

黄粉虫是一种耐粗纤维的昆虫，对环境的适应力较强，但其体内仅有 CX 酶和 BG 酶，缺少针对小分子纤维素非还原性末端的 C1 酶，属于不完整的纤维素酶系，纤维素降解能力没有得到全面发挥。EM 菌是由多种有益微生物复合培养而成的多功能制剂，应用到饲料发酵中具有较好的酸化和软化作用，本试验中牛粪经 EM 发酵后，纤维素得到初步降解，饲料软化，有利于黄粉虫的进一步转化利用。在黄粉虫常规饲料中添加 60%的牛粪可制成质量优等的发酵饲料，在节约常规饲料的同时还可提高饲料消化率，表明利用发酵牛粪制备黄粉虫饲料是完全可行的。

十、木薯渣

木薯是我国热带、亚热带地区重要的旱地经济作物，国家已将木薯列为未来生产燃料乙醇的主要原料，种植面积将会逐步扩大。木薯渣是木薯被提取淀粉以后的副产物，每年仅中国木薯渣的产量就超过 9 万吨。木薯渣含有与木薯相近的营养成分及对动物体有益的微量元素，经处理后可作为饲料加以利用。

为探索我国热带区域大量存在的农业废弃物木薯渣的利用途径及降低黄粉虫养殖成本，有学者进行了相关研究。研究分两期进行：第一期设 11 个处理，探索不同方法发酵的木薯渣及其在麦麸中的添加比例对黄粉虫高龄幼虫的养殖效果；第二期研究以第一期研究结果为依据，对第一期试验中筛选出的 2 个最优处理进一步细化比较。处理包括：A（完全麦麸）、B（50%麦麸+50%自然发酵木薯渣），C（60%麦麸+40%自然发酵木薯渣）、D（70%麦麸+30%自然发酵木薯渣）、E（80%麦麸+20%自然发酵木薯渣），各处理以相等重量的西瓜皮作为青饲料补充水分。结果表明，纯木薯渣养殖黄粉虫高龄幼虫效果差，与麦麸混配养殖黄粉虫高龄幼虫的最大混配比例不应大于 0.4：0.6。

纯木薯渣养殖黄粉虫高龄幼虫的效果不如添加麦麸的木薯渣养殖效果好。因此，将木薯渣作为饲料养殖黄粉虫时，木薯渣只能作为部分添加料加以利用。木薯渣与麦麸混配养殖黄粉虫，最大的混配比例不应大于 0.4∶0.6。

木薯渣在我国热带地区储量很大且利用率很低，在很多地方被作为废弃物丢弃，偶有销售，其销售价格也不过每千克 0.3 元，而小麦不是热带地区主产作物，因而麦麸在热带地区售价较高，在海南的售价甚至达到每千克 2 元。据经验，在海南用麦麸作为完全饲料养殖黄粉虫，大约 3kg 麦麸才能养出 1 千克虫子，即千克虫子饲料成本就达 6 元。这种情况下，倘若以 40%木薯渣+60%麦麸饲养黄粉虫，每生产 1kg 黄粉虫的饲料成本能降低 2.4 元左右，可见木薯渣代替部分麸皮养殖黄粉虫具有良好前景，此方法如再与添加西瓜皮、香蕉皮（我国南方另一储量很大的废弃物质）等相结合，将大大降低黄粉虫的养殖成本，从而将大大促进黄粉虫在农业养殖业上的普及应用。

十一、浮萍

黄粉虫食性杂，抗病能力强，凡是含有营养的物质都可作为其饲料原料，如发酵的秸秆、树叶粉、豆渣、酒糟、麦麸等。王春清等（2013）研究了不同比例麦麸和玉米秸秆对黄粉虫生长性能的影响，结果显示 40%麦麸和 60%玉米秸秆最适合养黄粉虫。此外，日常生活所产生的杂草，木屑、餐厨垃圾、废弃蔬菜、平菇菌糠也可用于养殖黄粉虫。卓少明等（2011）利用水浮莲与不同比例的麦麸混合饲喂黄粉虫，结果表明添加各比例的水浮莲后虫体增重情况与对照在同一水平，大大降低了饲喂成本。

为探索浮萍利用新途径，解决浮萍在污水中引起的二次污染问题，有研究利用黄粉虫食性杂、易饲养，可转化利用多种有机生物质资源的特性。将浮萍烘干、磨碎后，与麦麸配制成 50%浮萍∶50%麦麸、60%浮萍∶40%麦麸、70%浮萍∶30%麦麸、80%浮萍∶20%麦麸不同比例的混合饲料（加水使饲料含水量保持在 18%）来饲养黄粉虫幼虫（以纯麦麸为对照组）；同时以浮萍替代豆饼作为添加料，按照白菜:麦麸:浮萍 =10∶4∶1 的比例做成混合饲料饲养成虫，以此研究浮萍对黄粉虫生长发育及繁殖的影响。结果显示，与纯麦麸相比，幼虫试验中，各处理组的生物量增长率、饲料利用率均降低，死亡率增高，而饲喂“50%浮萍：50% 麦麸”饲料的黄粉虫幼虫的各指标与对照组差异不显著，故这一比例为最佳浮萍饲料配比；在成虫试验中，以浮萍为添加料的成虫单雌产卵量为 586.33±6.84 粒，成虫寿命为 105.5±1.43 天，均显著高于以豆饼为添加料的对照组。该研究对利用黄粉虫转化处理浮萍的效果做出了初步评价，即黄粉虫取食转化浮萍是可行的，这为浮萍的生物质利用提供参考。

该研究表明，利用黄粉虫转化处理浮萍具有可行性。在幼虫饲料中添加50%的浮萍能保证黄粉虫幼虫正常生长发育，其生物量增长率、饲料利用率和死亡率均与纯麦麸组差异不显著；且将浮萍替代豆饼作为成虫饲料的添加料，能够显著延长成虫寿命，提高产卵量。

用浮萍替代豆饼作为黄粉虫成虫饲料的添加料后可以显著提高成虫的产卵量、延长成虫寿命，这与浮萍本身含有大量营养物质有关。据报道，浮萍的蛋白质含量可以和大豆相媲美，Haustein 利用浮萍对蛋鸡饲喂状况进行试验，结果同样表明适量的浮萍对蛋鸡的产蛋率、蛋单重没有影响（Haustein et al. 1994），不仅如此，浮萍氨基酸模式非常理想，其中赖氨酸和蛋氨酸含量高于多数植物蛋白（赖氨酸是动物第一限制性氨基酸），使浮萍能被动物高效利用（Anh and Preston，1997；李新波等，2011）。由试验结果可知，在成虫试验部分，两处理组的成虫寿命均达到 100 天以上，与陈根富、杨兆芬等的试验结果不一致，可能是由于这一研究选用的黄粉虫试虫是在实际生产过程中常年选育的优良品种，在成虫期实验过程中设置的光照、温度、湿度、雌雄比等均为黄粉虫成虫生长发育较为合适的条件有关（陈根富和刘团举，1992；杨兆芬等，1999；刘玉升和李玉霞，2002）。另外，试验过程中投喂饲料营养丰富、及时且充足，对于延长黄粉虫成虫寿命具有很大的作用，这与胡登乾等提出在黄粉虫成虫产卵期提高饲料营养成分可延长成虫寿命的结论相一致（胡登乾等，2016）。

同样，由试验结果可看出，适量的浮萍可保证黄粉虫幼虫的正常生长发育，而当饲料中的浮萍过量时则会对虫体生长产生阻滞作用，导致在相同饲养条件下虫体生物量增长率、饲料转化率降低，死亡率增高，这可能与浮萍对污水中的 Cu、Cd、Pb、Hg 的富集作用导致重金属在黄粉虫体内积累有关

(高红莉等，2011)，具体原因有待进一步研究。

近年来，国内黄粉虫的饲养成本逐年增加，利用传统饲料，如麦麸、豆饼养殖黄粉虫给养殖户带来了巨大压力，从而使寻找新的、高效的替代性饲料迫在眉睫。而浮萍是常见的水生植物，分布广、易收获，容易在富营养化水体中滋生泛滥，并且现在大部分浮萍处于无管理状态，严重影响了其污水净化能力，部分被打捞的浮萍也被随意丢弃，腐烂后的氮、磷会再次进入水体造成污染，进而造成恶劣的生态问题。因此，若能将过度繁殖的浮萍生物质的转化利用与黄粉虫饲养相结合，不仅能保证黄粉虫的产量和质量，也可为解决当前污水问题做出重要贡献。

十二、酸模

酸模属多年生草本植物，别名山菠菜、野菠菜，生于山坡、路旁、荒地、沟边潮湿处，几乎遍布全国。酸模具有耐盐碱、耐旱涝、速生高产、利用年限长等特点，并且含有丰富的营养物质，尤其是粗蛋白质的含量高达35.78%。

酸模是一种野生型多年生草本植物，其嫩茎和叶含有丰富的营养物质，干叶含粗蛋白35.70%，粗脂肪4.09%，总糖19.25%，每100克鲜叶中含维生素C102.29mg。艾应伟等（1999）发现用添加酸模的饲料喂肉猪比单独用全价料可节省饲料费用46.02元/头。每天用48~50千克酸模代替40%的带果穗青贮玉米喂奶牛可提高牛奶的乳脂率，可多产乳脂率为4%的标准奶70.41千克。酸模叶片与麦秸混合青贮比未青贮的麦秸使牛提高11%的采食量。

阎宏等（2002）研究酸模作为猪饲料的饲用价值，认为其在养猪业中尽管消化率较低，但仍有一定的饲用价值。刘顺德和杜学仁（2001）研究发现，在肥育羊饲料中添加适量的杂交酸模鲜草代替部分配合饲料，能提高肉羊的饲料利用率、日增重和单位增重的经济效益。黄粉虫产业发展现状分析表明，养殖成本的升高是黄粉虫产业持续健康发展的限制因素。围绕这一问题，有研究探讨了酸模饲料对黄粉虫幼虫生长发育、营养价值及肠道细菌的影响，旨在探明酸模作为黄粉虫饲料的最佳配方，为降低黄粉虫的饲料成本和商品化、规模化生产成本，提高经济效益提供一定的理论依据及技术支持。

通过对黄粉虫饲喂不同比例的酸模饲料的试验得出：使用以60%酸模+

40%麦麸为比例的饲料饲喂黄粉虫，其虫体生物量增率、饲料利用率、饲料转化率均为最高，且死亡率最低。所以60%酸模+40%麦麸的饲料为最佳饲料。饲料营养成分的差异会对黄粉虫幼虫生产学指标产生较大的影响。张丹等（2008）认为，添加蛋白饲料对黄粉虫幼虫增重、蛹体重和幼虫发育历期影响显著。该试验材料麦麸的主要成分含量为蛋白质19.36%，粗脂肪3.95%，粗纤维11.47%；酸模主要成分含量为蛋白质27.46%，粗脂肪12.69%，粗纤维24.74%。从营养角度讲，酸模更有利于黄粉虫的生长，但并不是酸模比例越高效果越好。饲料的含水量对于黄粉虫幼虫生产学指标有较大影响。吴书侠（2009）研究认为，含水量为18%的饲料最适合黄粉虫幼虫取食，能够满足黄粉虫幼虫正常生长发育和营养代谢所需要的水分，在饲料含水量为23%的处理中，黄粉虫幼虫的平均体重开始下降，死亡率升高。肖银波（2002）研究表明，黄粉虫高龄幼虫生长期若想获得高增重率，饲料含水量应维持在33.27%~39.71%。最佳效果的饲料含水量为56.83%。

第二节　配合饲料的研究与应用

一、配合饲料的研究

发展黄粉虫养殖业，光靠麦麸和蔬菜等天然饲料是不行的，必须发展人工配合饲料以满足养殖要求。尤其是在人工饲养黄粉虫时，不能长期只喂一种饲料，单纯地投喂麦麸等饲料会造成饲料的浪费和利用不充分，应该投喂由多种饲料制成的混合饲料，这样才能满足黄粉虫生长、发育、繁殖所需要的各种营养物质，保证其正常生长发育和繁殖。不然，黄粉虫得不到足够的营养物质，仅能维持生命，生长发育受阻，虫体变小，繁殖力下降；另外，不同的虫龄、不同的虫态、不同的季节、不同的养殖目的，虫体所需的饲料营养配比也有所差异，所以人工配合饲料的研制对规模化养殖黄粉虫来说是必需的。

我国各地黄粉虫的养殖户相当多，加上全国各地的饲料原料也不尽相同，所以各地开发出的饲料配方也比较多，虽然编者做了大量的工作，收集了全国各地众多行之有效的饲料配方并在本书中加以介绍来帮助读者朋友，但是各地的养殖户朋友还是要根据本地的优势资源按虫体生长状况和饲料来源、配方质量、经济状况及饲料成本等因素，灵活掌握，自行调整选择适合自己实际情况的饲料配方，不可生搬硬套、固守一方。

麦麸虽是黄粉虫的传统饲料，但以纯麦麸饲养黄粉虫效果不佳，还需添加适量蔬菜、果皮等青饲料来补充水分和维生素，以促进黄粉虫的生长。高红莉等研究表明，用麦麸搭配白菜叶饲养黄粉虫幼虫，其体重平均增长速度显著高于纯麦麸饲养的黄粉虫，但精饲料和青饲料的最佳比例还有待进一步探究。为了改善黄粉虫饲养效果和降低饲料成本，除添加必需的青饲料外，还需要合理的复合饲料配方。目前报道的黄粉虫饲料配方较多，这些配方涉及的主要成分有麦麸、玉米粉、大豆粉、豆饼、米糠、酒糟、果渣、豆腐渣、鱼粉、虫粉、藻粉、食用糖、饲用复合维生素和饲用无机盐等。例如，吴福中（2007）分别以玉米粉、大豆粉、50%玉米粉+50%麦麸、50%玉米粉+50%大豆粉、50%大豆粉+50%麦麸和纯麦麸饲喂黄粉虫幼虫，结果表明，不同饲料配方的饲养效果差异显著，其中麦麸和玉米粉混合饲料的饲养效果最佳，其平均虫重是纯麦麸组的 1.16 倍。为了降低饲料成本，张丽（2007）分别用“豆腐渣+麦麸”和“果渣+麦麸”的混合料饲养黄粉虫，结果表明，在麦麸中添加豆腐渣或果渣饲养黄粉虫是可行的，它们的适宜添加比例分别为 5%和15%。施忠辉（2000）就利用白酒糟饲养高龄黄粉虫幼虫也获得成功，笔者也曾利用啤酒糟饲养黄粉虫幼虫，结果表明在麦麸中添加 20%~40%啤酒糟饲养黄粉虫幼虫是可行的。此外，黄粉虫不同生长发育阶段的营养需求不尽相同，低龄幼虫期和成虫期对蛋白质的需求量相对较大，高龄幼虫期和成虫期对水分和维生素的需求量相对较大。因此，要根据黄粉虫不同发育阶段的营养需求，选择适宜的饲料配方。一般而言，低龄幼虫期要选择蛋白质丰富的饲料，成虫期除供给充足的蛋白质外，还应注意补充适量水分和维生素。

生物饲料也称为发酵饲料，是从绿色环保的角度出发，在微生态理论指导下，将已知的有益微生物与饲料原料及添加料混合，经发酵、干燥等特殊工艺制成的含活性益生菌的安全、无污染、无残留优质饲料。利用微生物的发酵作用可以改变饲料原料的理化性质、降解饲料的有毒有害成分、积累有用的中间代谢产物，增加饲料的适口性，提高饲料的营养价值，改善动物机体的消化吸收机能，使大量的农副产品和不宜作饲料的废弃物转化为饲料。因此，生物饲料是既能提高饲料品质和卫生，又能预防疾病、治理环境污染的动物“绿色食品”。我国是一个农业大国，各种作物秸秆年产量达数亿吨，其中已较好利用的不足10%，这些农作物秸秆大多用作燃料和肥料，极少用作饲料。即使用作饲料，也多采用传统的直接饲喂法，消化利用率很低。若将秸秆进行微生物处理，则可大大提高饲料的转化率和动物机体的消化利用率。开发黄粉虫的生物饲料无疑是提高黄粉虫产量与质量、降低饲养成本和开辟农业有机废弃物资源利用转化的新途径。崔俊霞（2003）分别用酸化法、碱化法和酶法处理玉米秸粉、花生秧粉及地瓜秧粉，然后进行发酵处理制成生物饲料，并利用生物饲料饲喂黄粉虫小幼虫和中龄幼虫。结果表明，生物饲料饲喂中龄幼虫的效果普遍优于小幼虫；花生秧粉、地瓜秧粉的饲喂效果优于玉米秸粉；同一生物饲料的酶处理和碱处理饲喂效果优于酸处理。目前，山东农业大学已获得一项关于黄粉虫生物饲料研究的科技成果，但黄粉虫生物饲料研究还有待进一步深入。

目前有关黄粉虫饲料添加剂的研究较少，涉及的添加剂种类也非常有限。已知的黄粉虫的饲料添加剂主要有稀土元素和微生态制剂两大类。

（1）稀土元素。稀土元素由于具有特殊的电子结构，在合适的浓度范围内可促进生物生长、提高繁殖率、提高生物产物的品质、增强生物抗逆性和免疫力，近年来已被广泛应用于农业、畜牧业和医学等领域。赵万勇等（2005）用添加稀土氧化镧的麦麸（添加量为10~300mg/kg）饲喂黄粉虫幼虫和成虫，结果发现，40mg/kg的氧化镧添加剂量能显著促进黄粉虫幼虫生长、降低幼虫死亡率和缩短幼虫发育期，并能显著提高雌成虫的产卵量。同时，小白鼠的毒性试验表明，饲喂稀土后的黄粉虫对小鼠的各项主要生理指标没有显著影响；进一步经离子发射光谱检测发现，仅有不到3%的稀土氧化镧留在黄粉虫体内，在小鼠主要组织器官内稀土的富集量也极少。由此可见，稀土氧化镧可以作为黄粉虫的饲料添加剂加以应用。

（2）微生态制剂。微生态制剂也叫益生素、生菌剂或EM制剂。微生态制剂能够促进有益微生物的生长和繁殖，从而在动物的消化道建立以有益微生物为主的微生物菌群，降低动物患病的机会，促进动物健康生长或提高饲料转化率。微生态制剂以菌治菌、不存在抗生素等药物添加剂的药物残留和产生耐药性等不良副作用，也没有其他毒副作用，而且不会污染环境，是一种环保、安全、绿色的饲料添加剂，已广泛应用于农业和畜牧业。目前有关黄粉虫微生态制剂的研究很少。张丽等（2006）在对黄粉虫肠道微生物进行初步分离鉴定的基础上，利用从黄粉虫肠道中分离出的优势菌株制成微生态制剂饲喂黄粉虫幼虫，结果发现，优势菌株短小杆菌对黄粉虫的生长发育影响最为明显，该菌株在黄粉虫饲料中的最佳含量为 10×10^8 个/克。这一研究结果为黄粉虫微生态制剂的深入研究和开发利用奠定了一定的理论基础。

二、配合饲料的应用

1. 幼虫配合饲料的配方

【配方1】麦麸70%，玉米粉24%，大豆粉5%，食盐0.5%，饲料复合维生素0.5%。

【配方2】麦麸40%，玉米粉40%，豆饼18%，饲用复合维生素0.5%，混合盐1.5%。

【配方3】麦麸70%，玉米粉20%，大豆8%，饲用复合维生素混合盐1%

【配方4】麦麸40%，玉米粉40%，豆饼17.5%，复合维生素%，混合盐1.5%

【配方5】］麦麸70%，玉米粉25%，大豆4.5%，饲用复合维生素0.5%。若加喂青菜，可减少麦麸或其他饲料中的水分含量。

【配方6】麸皮70%，玉米粉20%，芝麻饼9%，鱼骨粉1%。加开水拌匀成团，压成小饼状，晾晒后使用。

【配方7】高纤维素农林副产品，如木屑、麦草、稻草、玉米秸、树叶等，经发酵处理后可用来饲养幼虫。

【配方8】麦麸100g，葡萄糖20g，核黄素0.5mg，水40ml，胆固醇0.5g。

【配方9】鱼粉20%，豆粕56%，酵母3%，麦麸17%，矿物质1%，其他添加剂 3%。

【配方 10】鱼粉 17%，啤酒酵母 2%，玉米粉 78%，血粉 1%，复合维生素 1%，矿物质添加剂 1%。

【配方 11】鱼粉 10%，蚕豆粉 35%，血粉 1%，啤酒酵母 2%，玉米粉 50%，复合维生素 1%，矿物质 1%。

【配方 12】血粉 5%，大豆饼 35%，玉米淀粉 33%，小麦粉 25%，生长素 1%，矿物质添加剂 1%。

【配方 13】100gEM 原露，100g 红糖，15kg 水，50kg 干燥的青饲料。将配制好的液体洒于饲料中并搅拌均匀，装入塑料袋、桶、缸等容器中或用薄膜覆盖，压实密封。发酵 4~10 天即可做饲料喂养黄粉虫。

【配方 14】麦麸 35%，玉米粉 40%，豆饼 24.5%，饲用复合维生素 0.5%。

【配方 15】苏丹草粉 25%，玉米粉 46%，豆饼 27%，饲用复合维生素 0.5%，混合盐 1.5%。

【配方 16】麦麸 40%，黑麦草粉 30%，豆饼 28%，其他矿物质 2%。

【配方 17】麦麸 80%，玉米粉 10%，豆饼 9%，饲用复合维生素 1%。

【配方 18】麦麸 80%，玉米粉 10%，豆饼 10%。

【配方 19】麦麸 45%，米糠 45%，鱼粉 10%，添加少量的复合维生素。

【配方 20】麦麸 90%，玉米粉 5%，豆饼 4.5%，混合盐 0.5%。

【配方 21】麦麸 65%，玉米粉 28%，大豆 6%，饲用复合维生饲料素 1%。若加喂青菜，可减少麦麸或其他饲料中的水分含量。

【配方 22】麦麸 70%，玉米粉 20%，芝麻饼 9%，鱼骨粉 1%加开水拌匀成团，压成小饼状，晾晒后使用。也可用于饲喂成虫。

【配方 23】麦麸 50%，玉米粉 30%，豆饼 18%，饲用复合维生素 0.5%，混合盐 1.5%。本配方也可用于饲喂成虫。

2. 成虫配合饲料的配方

【配方 1】麦麸 45%，玉米粉 35%，豆饼 18%，食盐 1.5%，饲用复合维生素 0.5%。

【配方 2】麦麸 80%，玉米粉 10%，花生饼 9%，其他（包括多种维生素、矿物质粉、土霉素）1%。

【配方 3】麦麸 60%，碎米糠 20%，玉米粉 10%，豆饼 9%，其他 1%。

【配方 4】麦麸 40%，玉米粉 40%，豆饼 18%，饲用复合维生素 0.5%，混合盐 1.5%。

【配方 5】花生麸 38%，玉米麸 40%，豆饼 20%，复合维生素 1%，混合盐 1%。

【配方 6】麦麸 50%，豆粕 34%，玉米粉 10%，芝麻粉 5%，其他 1%。

【配方 7】麸皮 80%，玉米粉 10%，芝麻饼 9%，鱼骨粉 1%。

【配方 8】麸皮 70%，玉米粉 20%，芝麻饼 9%，鱼骨粉 1%

【配方 9】劣质麦粉 95%，食糖 2%，蜂王浆 0.2%，复合维生素 0.4%，饲用混合盐 2.4%。

【配方 10】鱼粉 13%，玉米粉 42%，大豆粉 36%，啤酒酵母 3%，维生素添加剂 2%，矿物质添加剂 3%，食盐 1%。

【配方 11】鱼粉 5%，麦麸 72%，大豆蛋白 4.4%，啤酒酵母 3%，玉米粉 12%，氯化胆碱（含量为 50%）0.3%，维生素添加剂 1%，矿物质添加剂 2.3%。

【配方 12】花生麸 45%，玉米麸 38%，豆饼 15%，复合维生素 0.4%，混合盐 1%。

【配方 13】麦麸 38%，米糠 44%，鱼粉 17%，复合维生素 1%。

【配方 14】花生麸 10%，麦麸 2%，豆粕 80%，鱼粉 4%，食糖 2%，复合维生素 0.8%，混合盐 1.2%。

【配方 15】麦麸 15%，大豆粉 3%，复合维生素 1%，豆粕 81%。

【配方 16】麦麸 10%，花生粉 43%，蚕豆粉 45%，复合维生素 2%，混合盐 0.8%。

【配方 17】麦麸 20%，玉米粉 4%，大豆粉 3%，食糖 3.5%，复合维生素 0.5%，酒糟 69%。

【配方 18】麦麸 25%，鱼粉 4%，玉米粉 4%，食糖 4%，复合维生素 1.2%，混合盐 0.8%，酒糟 61%。

【配方 19】麦麸 20%，鱼粉 5.5%，食糖 4.5%，复合维生素 1.2%，混合盐 0.8%，果渣 68%。

【配方 20】花生麸 10%，玉米粉 5.5%，复合维生素 1%，果渣 83.5%。

【配方 21】麦麸 76%，鱼粉 2%，玉米粉 16%，食糖 4%，饲用复合维生素 0.8%，混合盐 1.2%。此配方适用于产卵期的成虫，可延长成虫寿命，提高产卵量。

【配方 22】纯麦粉（质量较差的麦子或麦芽等磨成的粉）93%，玉米粉 2%，食糖 2%，蜂王浆 0.2%，饲用复合维生素 0.4%，混合盐 2.4%。

【配方 23】劣质麦粉 90%，食糖 2%，玉米粉 5%，蜂王浆 0.2%，复合维生素 0.4%，饲用混合盐 2.4%。主要用于饲喂做种用的成虫。

【配方 24】麦麸 58%，马铃薯 27%，胡萝卜 14%，食糖 1%。

3. 产卵成虫配合饲料的配方

【配方 1】麦麸 75%，鱼粉 5%，玉米粉 15%，食糖 3%，食盐 1.2%，饲用复合维生素 0.8%。

【配方 2】纯麦粉 95%，食糖 2%，蜂王浆 0.2%，饲用复合维生素 0.4%，混合盐 2.4%。

【配方 3】麦麸 70%，玉米粉 18%，鱼粉 6%，食糖 4%，复合粉维生素 0.8%，混合盐 1.2%。

【配方 4】纯麦粉 80%，食糖 7%，玉米粉 10%，蜂王浆 0.2%，复合维生素 0.4%，饲用混合盐 2.4%。

【配方 5】麦麸 75%，鱼粉 4%，玉米粉 15%，食糖 4%，饲用复合维生素 0.8%，混合盐 1.2%。

【配方 6】麦麸 55%，土豆 30%，胡萝卜 13%，食糖 2%。

【配方 7】麸皮 70%，玉米粉 20%，芝麻饼 9%，鱼骨粉 1%。

【配方 8】玉米粉 100g，麦麸 150g，豆粕 15g，酵母 15g。

【配方 9】花生麸 70%，玉米粉 13%，麦麸 12%，食糖 3%，复合维生素 0.8%，混合盐 1.2%。

【配方 10】花生麸 80%，豆粕 12%，鱼粉 5%，食糖 3%。

第三节 饲料的科学投喂

少量养殖黄粉虫时，对投喂工作并没有太高的要求，只要是看到食物少了及时添加就可以了，但是在规模化养殖时就要考虑经济效益，毕竟规模化养殖是大批量投喂配合饲料，而且饲料的成本占所有养殖成本的70%以上。所以，作为养殖者不得不考虑成本问题，这就涉及科学投喂的问题了。

一、规模化养殖必须采用配合饲料

在规模化养殖黄粉虫时最好采用配合饲料。实践证明，在喂养中使用配合饲料黄粉虫生长较快，喂单一饲料时黄粉虫生长较慢，而且还会导致品种退化。

目前酶添加剂饲料在家禽家畜养殖中已经非常普遍，但在昆虫养殖中却少有报道。在实验中，纤维素酶、半纤维素酶和木聚糖酶分别以0.1%、0.2%、0.4%、0.8%、1.0%、1.2%的质量分数加入饲料，以不加酶作为对照处理。酶饲料不仅提高了黄粉虫幼虫的平均体重和体重增加值，更重要的是提高了营养转化率和饲料利用率，这两者之间存在明显的相关性，营养转化率和饲料利用率较高的幼虫取食活动更加频繁，群体打散后再次聚集的时间更短。因此，本试验认为纤维素酶、半纤维素酶和木聚糖酶含量分别为0.8%、1.0%、0.8%的饲料对黄粉虫幼虫的平均体重、体重增加值、营养转化率和饲料利用率具有最佳的促进作用。但并不是酶含量越高促进黄粉虫幼虫生长的效果越好，当酶含量高于最佳含量时反而有抑制作用，其可能的原因是高消化酶含量打破了肠道酶平衡而影响了肠道的吸收或其他酶反应。此外，黄粉虫是变温动物，其体温与环境一致或略高于环境几摄氏度，本试验的酶制剂适用范围在30~65℃，其最适宜温度为50℃左右。所以试验中酶制剂的功效并没有完全释放出来，若想将酶添加剂饲料应用于黄粉虫养殖业，还需进一步选择和生产低温酶制剂。

饲料中添加的酶实际上不仅在黄粉虫消化道内起作用，它在活化后就催化着饲料中物质的转变，起到了体内体外双消化的作用。但酶制剂本身也有很多缺点，例如：活化过程繁琐；使用必须是现配现用，且配制好的酶饲料不能储存；受环境影响大，容易失活等。

养殖中，不论是幼虫还是成虫，一定要给予两种以上饲料原料制成的配合饲料，不可单喂一种饲料，这样才能满足黄粉虫生长发育和繁殖所需要的各种营养物质，保证其正常生长发育和繁殖。在生产过程中不难发现，如果长期饲喂一种饲料，不论这种饲料营养有多高，都会导致黄粉虫发生厌食或少食、营养不良、恹懒少动、多病和死亡率增高等现象。最终的结果是黄粉虫得不到足够的营养物质，仅能维持生命，生长发育受阻，成虫产卵量明显减少或提前结束产卵，繁殖力下降。幼虫生长缓慢、体色变暗、个体变小或大小不均衡，影响产品质量。

【注意】有的养殖户因长期单喂青菜，将黄粉虫养成了“菜青虫”，结果发生了大面积死亡现象。

二、补充营养投喂

补充不同浓度的营养对幼虫生长发育的影响不同，补充10%蔗糖组、10%葡萄糖组和10%蜂蜜组的幼虫体重为235.29~247.80mg，体长为31.18~33.15mm，幼虫历期83.86~88.73天，饲料利用率为27.41%~29.52%，幼虫水分含量为58.17%~63. 52%，粗蛋白含量为59.25%~60.53%，化蛹率达95.28%~97.33%，羽化率为92.61%~93.63%，且羽化整齐，显著优于其他浓度（$P<0.05$）。从经济方面考虑，补充蜂蜜的成本较高，补充葡萄糖和蔗糖可以用于生产。研究发现，补充营养能使黄粉虫幼虫生长转折点提前。幼虫在发育过程中，体重增长的快慢是有差异的，在前30天幼虫体重增长缓慢，之后30~70天快速增加，幼虫发育到70天后体重增加减缓。因此，在黄粉虫标准化、商品化、产业化生产中，为了节省饲料成本，可以在幼虫生长到70天时直接出售。幼虫期补充葡萄糖、蔗糖能使生长速率转折点提前，幼虫生长加快，可以缩短生长周期、节省饲料，从而有效降低成本，增加收益。

三、不同季节的投喂差异性

不同季节的投喂有一定的差异性。根据进食情况，一般炎热夏季是黄粉虫快速生长的季节，每天早晚喂食 1~2 次即可，每次投喂量要适当，以在第二次投喂时基本无剩余为宜。在夏季若是有充足的青饲料及瓜果皮等，只投干饲料也可。冬天因温度低，黄粉虫吃食要少一些，消化能力也差一些，可三至五天投食一次。冬季温度低时黄粉虫食量少，也可单用麦麸喂养，或加适量玉米粉。因黄粉虫食性较杂，除了饲喂麦麸外，还需补充蔬菜叶或瓜果皮以及水分和维生素 C，但这时候青菜不要投喂太多。

四、防止饲料污染

为防止农药危害黄粉虫，若从市场购买青菜饲料，一定要清洗浸泡两个小时左右再投喂。虽然黄粉虫很少发生病害，但决不能投放发霉的物质。

五、不同时期补充营养的添加

以麦麸+白菜为基础饲料（少量白菜的作用是补充水分），将葡萄糖、蔗糖、蜂蜜制成 0.1g/ml 的溶液，使用前将溶液与饲料均匀拌湿，然后晾干。将幼虫放入已配好的饲料中，逐日观察。期间不喂其他食物。黄粉虫均取同一批次卵孵化生长至成虫，将同日羽化的成虫按 1：1 的雌雄比放入直径 9cm 的培养皿（底垫白纸，盛有等量麦麸）中。置于温度为 25℃、光照强度为 300lux、每天光照 12 小时、相对湿度为 50%~70%的智能人工气候箱中。结果表明，幼虫和成虫期补充营养组黄粉虫繁殖力大于成虫期补充营养组，但两者间差异不显著（$P>0.05$）；成虫期补充营养组黄粉虫繁殖力显著大于幼虫期补充营养组（$P<0.05$）。在不同时期补充相同浓度营养对黄粉虫卵的孵化率的影响差异不显著（$P>0.05$）；同一时期补充不同浓度营养对黄粉虫卵的孵化率的影响差异显著（$P<0.05$）。成虫期补充 10%葡萄糖组黄粉虫产卵量与其他组存在显著差异（$P<0.05$），雌成虫的寿命最长约为 132 天，雄成虫的寿命最长约为 139 天；最佳产卵期是羽化后 10~55 天，孵化率可达 94.29%。

在不同时期补充不同浓度的营养都增加了黄粉虫成虫的平均寿命；幼虫

和成虫期补充营养，雌成虫的平均寿命最长为 141 天，雄成虫的平均寿命最长为 143 天；幼虫期补充营养，雌成虫的平均寿命最长为 120 天，雄成虫的平均寿命最长为 118 天；成虫期补充营养，雌成虫的平均寿命最长为 137 天，雄成虫的平均寿命最长为 139 天。成虫期补充 10%葡萄糖组黄粉虫产卵量与其他组存在显著差异，最佳的产卵期是羽化后 10~55 天。在不同时期补充相同浓度营养对黄粉虫卵的孵化率的影响差异不显著；同一时期补充不同浓度营养对黄粉虫卵的孵化率的影响差异显著（$P<0.05$）。补充营养能提高黄粉虫卵的孵化率。

杨兆芬等（1999）研究发现，营养对黄粉虫产卵有重要影响，在营养条件不良时，雌虫不产卵或产卵少。生理规律和营养条件是日产卵量的决定因素，且成虫的寿命决定总产卵量。补饲营养可以加快黄粉虫成虫的性成熟，提高成虫繁殖力；卵质与产卵速度有关，产卵速度快则未受精率低、良卵数高。胡登乾等（2016）研究了麸皮中添加黄豆粉、蜂蜜对黄粉虫产卵量的影响，结果表明，85%麸皮+15% 黄豆粉组的产卵量最高，98% 麸皮+2%蜂蜜组次之；但前者成虫死亡率较高，造成死亡的机理还不明确。

该实验中，从经济方面考虑，得出仅在成虫期补充 10% 葡萄糖组黄粉虫成虫寿命长、日产卵量高、卵孵化率高，适合养殖。

第四节　黄粉虫饲料的选择与储存

并不是拥有完整的饲料配方就能配成营养全面的好饲料，尽管配方中营养平衡，但如果原料储藏出了问题，最终还是会前功尽弃。一些养殖户配制饲料时往往只注意价格低廉、容易得到的原料，而忽视其他不良因素。故在使用原料上要注意以下事项。

一、注意原料的新鲜度

原料的新鲜度是影响原料养殖效果的主要因素之一。如玉米、小麦等作为活的植物种子，具有很好的新鲜度，可以储存，而玉米粉、小麦粉保存一段时间后其新鲜度会显著下降，养殖效果会降低。大豆、菜籽也是活的植物种子，其蛋白质、油脂具有很好的新鲜度，可以达到很好的养殖效果；而一旦粉碎并存放一定时期后新鲜度会显著下降，油脂也容易氧化，其养殖效果也会显著下降。就油脂而言，大豆、菜籽、米糠等油脂原料中油脂的稳定性要显著高于大豆油、菜籽油，米糠油，其养殖效果也要好得多。新鲜鱼粉与存放一定时期的鱼粉比较，虽然从一些营养指标看没有什么变化，但养殖效果却有显著差异。

如何评判一种原料的新鲜度目前还是一件困难的事。鉴定原料新鲜度较为有效的方法是用嘴尝、用鼻子闻，通过感官进行鉴定。感官鉴定除了可以鉴定其新鲜度外，还可以判别原料是否有掺假的嫌疑。每种原料都有其自身的特殊味道，通过嘴尝、鼻子闻和眼睛看，基本可以确定原料的新鲜程度；通过是否有异味、是否有异物，基本可以判定是否变质、是否掺有其他物质。

二、注意原料的质量

即使配方的养分再均衡，但若使用掺假饲料，则会使配方失去它原来的价值，饲料在体内的转化率必然下降。目前可能掺假的原料包括：鱼粉中掺水解羽毛粉和皮革粉、尿素、臭鱼、棉仁粉等，使蛋白质品质下降或残留重金属和毒素；脱脂米糠中掺稻糠、锯末、清糠、尿素等使其适口性变差、饲料品质降低；酵母粉中掺黄豆粉，豆饼中掺豆皮、黄豆粉中掺石粉等会降低蛋白质含量；在玉米粉中掺玉米芯、在杂谷粉中掺黏土粉或石粉；在矿物质添加剂中掺黏土粉，在肉骨粉中掺羽毛粉或尿素等都使其成分含量不足或不符合规格。因此在选购原料时，一定要注意鉴别原料真伪；不符合要求的原料，即使价格便宜也不能使用。鉴定原料是否掺假也是一件困难的事，最好先采用感官和显微镜鉴定，再进行理化鉴定，最后进行综合鉴定。对此，专业的饲料厂和大的养殖场可以做到，若不具备这样的条件，只能采用感官鉴别，方法与新鲜度鉴别一样，同时采用先小量喂养试验一两次，再大量应用。

三、改善饲料的储藏方法

饲料的保管、储藏直接影响到饲料的营养价值。保管饲料时温度过高或储藏时间过久，饲料都会因细菌作用而腐败。动物性饲料如含脂肪或水分多，那么储藏过久会使脂肪氧化变质，可利用能量就会降低，如某些鱼粉因保存过久结块成“饼”或变成黑色，所含养分均已被破坏，因此，动物性饲料不宜久储，或应脱脂后储藏，储藏时应防止霉菌污染造成饲料腐败变质而使黄粉虫中毒。玉米、花生饼储藏时易污染黄曲霉菌而使黄粉虫致死、致癌，存时应保持干燥，储藏时间不能超过 3 个月。光和空气会使一些维生素氧化或分解，高温与酸败能加速分解，保管时应注意避光、阴凉、干燥，或以骨胶、淀粉、植物胶等做成胶囊加以保护。我们的饲料保管经验是：①去旧存新，必须清底。如饲料库中存放某种饲料垛，新料来时又接着往上堆，还未用完又来新料，天长日久，放在底部的料一直未动用，等到清底时，最底层的料已板结得像“饼”一样，不能使用。②科学码垛，垫底通风。不同品种的料分别码垛，垛与垛之间留一定距离，便于存取和通风。垛的底部需用枕木等垫高，以便防潮通风，高温季节应采用风机强行通风降温，以防发霉、变质、虫蛀，破坏饲料中的营养成分，降低其利用价值，造成无形浪费。

四、注意饲料的有害成分

一般的饲料（麦麸）基本上是没有有害成分的，但也有例外，小麦在粮库储存期间，主要使用熏蒸杀毒剂的方法来防虫。一般的杀虫剂均含有比例较高的硫丹、毒杀芬、磷化锌等有机溶液，这些有机液的残留多数会富集在颗粒的表面，待加工成面粉时多数会残留在麦麸里面。这样的麦麸饲料喂养一般动物或家禽时不会有太大的副作用，但喂黄粉虫就不可以了。因为黄粉虫对这些化学成分相当敏感，一旦食用了这样的麦麸，虫子就会发生大面积死亡。如是第一次使用麦麸，应先少量地投喂，如果两天后没有什么问题的话就可以大量、长期投喂了。判断青饲料的有害源也要适当地掌握技巧。一般来说，蔬菜的农药残留物经过风吹日晒两周后基本会消失，但也有些药物成分会长期保留在蔬菜中，这些药物成分对人没有太的影响，但对黄粉虫就有致命的伤害了，通过长期饲养，我们总结了青饲料的投喂技巧：蔬菜叶、蔬菜都会含有一定比例的农药成分，在投喂这样的青饲料前应该先了解菜农对蔬菜喷洒农药的时间，再用水清洗并晾干后方可投喂给黄粉虫食用。要是掌握不好的话，就不要投喂蔬菜类的青饲料了，改喂瓜果类的青饲料也可以。因为即使瓜果类青饲料有残留的农药，也只会在瓜果的表皮，用清水冲洗一遍就可以投喂了。瓜果类青饲料的范围很大，也很好采集，就是吃剩的西瓜皮也可以成为黄粉虫各类虫态的上好青饲料。对于水分太大的瓜果，可将瓜果的汁液搅拌在饲料里投喂。注意，马铃薯、红薯所含淀粉量过多，一般不建议长期使用。因为淀粉对黄粉虫的消化系统有一定的影响。

此外，无论是黄粉虫饲养房还是饲料仓库都必须灭鼠。因老鼠不仅会吃掉大量的饲料，而且还会带来一些传染病。一只老鼠一年要吃掉 9~11kg 饲料，因此，消灭老鼠也是节约饲料的重要一环。

第六章

黄粉虫的引种、育种与繁殖

第一节　黄粉虫的引种

一、黄粉虫引种的必要性

1. 黄粉虫种质退化的原因

一个不能忽视的事实是，一旦养殖黄粉虫，基本上就是采用当时的种虫一代一代地往下繁殖，甚至多少代都是用的同一种源。在长期的人工养殖过程中，这种近亲繁殖、长期对温湿度不适、投喂饲料简单而且营养十分单一以及养殖方法不当等原因，都会逐渐导致品种退化，其中最主要的原因就是长期近亲繁殖。

2. 黄粉虫种质退化的表现

黄粉虫种质退化时，在各期的虫态上都有明显的表现：①虫体的抗病能力下降；②幼虫食欲下降，生长缓慢，个体较小，蜕皮后的增长倍数也减少；③蛹质量下降或提前化蛹，在化蛹期间容易腐烂、变黑、变坏，造成损失；

④成虫活动能力下降，生命缩短，个体产卵减少，群体繁殖力降低；⑤虫卵表现为卵的孵化率降低、孵化后的成活率不高或者是孵化后的畸形率增加等。

二、黄粉虫驯化与引种

在引种前，通常需要对黄粉虫进行一定的驯化，让它适应当地的生态环境和气候条件等自然因素，只有这样才能确保引种的成功。这是因为黄粉虫品种特性的形成，与自然条件存在十分密切的关系。各种单态的黄粉虫群体，均具备自身一定的生长发育规律和特点。不同区域适应性的黄粉虫群体，若引种不当，则会造成死亡或生殖力下降。引种经验表明，有些类群在引种初期不太适应，但几年以后就适应了，这就是所谓的驯化。总之，环境生态适应性相近的地区之间引种容易成功，环境生态适应性差别大的地区之间也可以引种，但要经过适当的驯化，因此引种与驯化工作要密切配合。

三、虫种的引进与选择

种虫质量是决定黄粉虫养殖成败的关键因素之一。由于连续多代的人工繁育，多数黄粉虫种虫目前均已出现退化现象，如生长发育缓慢、虫体小及抗逆性差等。山东农业大学刘玉升等采用黄粉虫与黑粉虫杂交培育出了 GH-1 和 GH-2 两个新品种，但据吉志新报道，这两个品种目前也已出现退化。由此可见，黄粉虫优良新品种的培育迫在眉睫。新品种的培育需建立在广泛收集评价种质资源的基础上，而关于黄粉虫种质资源的研究目前还鲜见报道。据现有的零星报道初步推测，不同色型黄粉虫的产卵量、耐热性、耐寒性及虫体粗蛋白和油脂含量可能存在一定差异。

在黄粉虫的养殖中，虫种品种的选择是非常重要的。这是因为长期以来，一些供种单位基本上是采取封闭式养殖的，其提供的虫种大多是近亲交配、数代混合饲养，虫种已经出现严重的退化现象。据了解，有些养殖户由于引进了不好的虫种，结果虫子养殖了一个夏季和一个秋季，个体仍然较小，总是不化蛹，这将给黄粉虫养殖带来毁灭性的打击。所以说，在人工规模化养殖时一定要做好优质虫种的引进。

1. 引进虫种时的注意要点

引种时首先要确定引种目标，明确生产上存在的问题和对引种的要求，做到有的放矢，才能提高引种的效果；其次是必须了解原产地的生产条件，以及拟引进种的生物学性状和经济价值，便于在引种后采取适当措施，尽量满足引进种对生活环境条件的要求，从而达到商品虫高产、稳产的目的；最后是了解供种单位的一些基本情况以及虫种的基本信息。

2. 老熟幼虫的特点

引种的最佳虫态是蛹期，3 个月以上的老熟幼虫食欲较差，要化蛹时，活跃的幼虫均分布在四周，而即将化蛹的都处于饲养箱的中央不动。此时的老熟幼虫对温度、湿度要求相对不高，因此，在引种回去之后，应少加麦麸，以薄为好，勤喂勤观察，喂菜时，要把菜放在四周。

3. 引种前的准备工作

黄粉虫的繁殖肯定是在室内进行的。根据种虫的生长特点和生活习性，它对环境要求不高，因此旧仓库、厂房、地下室均可，但要求通风良好、安静，饲养前要对旧房进行消毒处理，以防敌害，主要是蛇、鼠、蚁的侵袭。

引种是否成功直接关系到黄粉虫养殖的成败，因此，要切实做好引种前的准备工作。首先，应仔细阅读有关的黄粉虫书籍，初步掌握黄粉虫的生活习性、管理技术、疫病防治等技术要点，了解当地的市场行情与销售途径，减少养殖风险。其次，根据实际需要筹建黄粉虫养殖场地，黄粉虫场地的建造力求要符合动物生活习性，适宜的环境是动物生产性能正常表现的条件，并做到便于管理、利于防病、适于生长繁殖。引种前要准备好饲料和饲养盒、饲养架等用具，以便种虫引回来之后用于饲养。引种前对黄粉虫养殖场地及用具进行彻底消毒，消毒方式包括用石灰水对场地全面喷洒，用高锰酸钾按 1∶50 的比例对用具喷洒。如果在开始饲养或黄粉虫发生疾病后重新饲养，可以在彻底清扫后，用 1∶1 的高锰酸钾和福尔马林密闭熏蒸 48 小时消毒，这样可以杀灭一切可能存在的病菌。熏蒸 48 小时后，要通风 5 天以上才可以开始启用，否则容易引起黄粉虫中毒。

4. 种虫与商品虫的区别

种虫个体健壮，活动迅速，体态丰满，色泽光亮，大小基本长匀，成活率高。而商品虫个体明显瘦小，色泽乌暗，大小参差不齐，成活率低，产量达不到要求。

一是慎选引种单位。有些供种企业利用初养户不了解黄粉虫种虫的知识，用商品虫冒充种虫出售，坑害初养户，导致初养户的产量和数量都难以达到正常的水平，给初养户带来巨大的经济损失。所以初养户在选择引种单位时要慎重考虑，对引种单位和种虫要进行实地考察以确认种源的品质，对多个供种单位进行考察、鉴别、比较，然后确定具体的引种单位。

二是注意辨别养殖场。有人购买黄粉虫之前先看黄粉虫养殖场的规模，片面认为黄粉虫饲养场规模越大，管理越规范，黄粉虫种质量越高；小场容易发生近亲交配造成退化，质量不可靠。一般来说，黄粉虫饲养场必须具备一定的规模，否则群体太小，血缘难以调整，容易形成近交群并发生衰退现象。但是，也并非规模越大质量越高，因为质量主要取决于该场原始群质量的高低、选育措施是否得当，饲养管理是否规范。如果以上几个方面落实不到位，再大规模的黄粉虫饲养场也难以生产优质的黄粉虫种。而有些黄粉虫饲养场尽管规模不大，但由于非常注重选种育种，饲养管理精心，黄粉虫种质量也相当不错。何况很多炒种单位就是利用“人们通常片面认为黄粉虫饲养场规模越大种虫质量越高”的心理，购买很多商品虫冒充种虫”“装点门面”，同时又租到或承包正规单位的场地经营，看起来规模很大其实就是用高价出售商品虫冒充种虫，坑害不知情的初养户。所以要善于区分。

三是引种时对“李鬼”的识别和防范。近几年来，黄粉虫、蝎子、蛙类等特种养殖业丰厚的利润回报，促进了特种养殖业在我国的蓬勃发展，但随之而来的“李鬼”往往给一些渴望发财致富而又不懂技术的农民养殖户上了一堂生动的“假冒伪劣良种坑人课”，不但使广大养殖户深受其害，而且给黄粉虫养殖业的健康持续发展带来相当严重的负面影响。笔者根据多年的生活生产经验，将当前存在的多种“李鬼”现象列出供大家参考。

【特别提示】如果养殖户遇到“李鬼”，可立即向有关部门（如消费者协会）或相关职能部门投诉，索取赔偿。情节严重、损失惨重、影响恶劣的，可以诉至法庭，将“李鬼”绳之以法。

（1）假单位。一些个体投机者或某些行骗公司挂靠科研机构，往往租借某些县（市）科技大楼（厦）某层某间房屋做临时营业场所，其实与这些单位没有任何关系。他们大打各种招牌广告，如某黄粉虫技术科技公司、某某黄粉虫养殖有限责任公司、某某黄粉虫繁育基地等。一方面，这些投机者借“名”生财，租借政府部门的科技楼作为办公地点，更具有隐蔽性和欺骗性，往往给养殖户带来一种假象：那是政府办的，假不了！这大大损坏了政府部门的形象，也大大伤害了农民兄弟的致富心情。另一方面，由于这些地方交通便利、易寻，上当的人特别多。其实，这些皮包公司根本没有黄粉虫的试验场地和养殖基地，仅租借几间办公室、几张办公桌、一部电话，再故意摆些图片、画册、宣传材料来迷惑客户。一旦部分精明的客户或养殖户提出到现场（或养殖基地）参观访问或看生产设施，他们往往推诿时间太紧、人手太忙或养殖基地太远不方便，甚至会带客户或养殖户东逛西逛来到某一私人的黄粉虫养殖场，在这些与他们没有关系的地方指手画脚，说这是他们的科研部门或是他们的场地，从而达到“拉虎皮做大旗”的目的，俨然是这里的大老板。更有甚者，一旦进入其势力范围，立马变脸，不放点血别想走人。

（2）假广告。近年来，特种养殖业方面的广告及人体保健、性病方面的报纸广告泛滥成灾，是顽固的“牛皮癣”。这些广告形形色色，主要是湖北武汉、湖南湘潭以及河南、浙江等地“高新科技公司”的杰作，他们自编小报，到处邮寄，相当部分内容自吹自擂，言不由衷，水分极大。笔者两年来共收到 200 多份广告报纸，有的内容一成不变，有的内容雷同，仅将题目或单位变一下，例如，有几家报纸同时刊登某著名人士为他们的题词，这些墨宝一样的笔迹、一样的题名，同时留给了几个公司，岂非咄咄怪事！

这些虚假广告对一些朴实的老百姓来说还是有相当大的诱惑力的，有些养殖户朋友轻信某些广告上的说辞，这些广告把黄粉虫养殖说成是没有任何风险、一本万利的最佳致富项目，而这些养殖户朋友往往怀着急于脱贫的心理，因此就会误入圈套。

（3）假品种。不少不法商人为了牟取暴利，以次充好，利用养殖户求富心切以及对特种养殖业的品种、质量认识不足的情况，趁机把劣质品种改名换姓为优良品种，所以初养者最好到正规的、信誉好的企业引种，以免上当受骗。

（4）假技术。一般而言，这些“李鬼”是由几个人拼凑而成，通常为进城打工的青年农民，根本不懂专业技术，更谈不上专业人才及优秀的大学毕业生作为技术后盾。他们不可能提供实用的养殖技术，其技术资料纯粹是从各类专业杂志上拼凑或书籍上摘抄的，胡吹乱侃、胡编乱造，目的是倒种卖种，高价炒作苗种。

（5）假合同。也就是合同欺诈行为。某些坑人单位为了达到目的，会佯装和你签产品回收的合同，表面看来确有赚头，可是合同中早已埋下“地雷”，主要就是将回收条件订得十分苛刻，价格压得极低，养殖户朋友很难达到这种产品的要求。因此可以这样说，这种合同就是一纸空文，对坑人单位没有任何约束力，但对养殖户朋友而言，却是可望而不可即的水中月、镜中花而已。

（6）假回收。根据笔者的了解，一些不法商人和不法企业利用广大养殖户想养殖黄粉虫来获取高利润的心理，以承诺产品回收的幌子来坑害、蒙骗养殖户。这些单位和个人十分了解黄粉虫养殖的周期，通常会在产品回收周期即将到来之前突然消失，甚至早就携款而逃，然后改头换面在另一个地方重新做广告，重新坑人，而受骗的养殖户往往有冤无处诉。

（7）假效益。一些小报为了扩大影响，利用农民急需致富的心理，用高利润吊起养殖户发财的胃口，大打算盘账，甚至算出“养殖 1000 对种虫就可以收益 20 万元”的闹剧。

（8）针对以上的情况，笔者郑重提示养殖户朋友，世界上没有永赚不赔的买卖，要充分考虑黄粉虫养殖的风险。

5. 各部门做法

（1）政府部门要加强自律。部分机关不能过分地强调小单位的经济利益，尤其是现在许多乡镇农技机构经过多次改制后，自主经营、自负盈亏的经营方式有时使其对这些蝇头小利趋之若鹜，其除了经营农资农具外，还被那些打着“为民服务、技术服务”的骗子所利用。结果骗子们利用朴实的老百姓对政府科技部门和农技部门的信任，大肆行骗。因此这些农技机构一定要认清骗子的真面目，除了真正为老百姓提供有用的信息，有价值的新产品、新技术外，还要加强自身的学习，减少被利用的机会。

（2）执法部门要加大打击力度。相关执法部门一定要加大对这些坑农、害农的骗子的打击力度，让他们成为过街老鼠，无处藏身，他们就再无立足之地，也就无法欺骗那些质朴的老百姓了。

（3）在引种时要提高警惕。农民兄弟们在遇到“快发财、发大财”的信息时，要保持清醒的头脑，冷静分析，切莫轻信“李鬼”片面之词。应到相关职能部门深入了解，多向科技人员请教，把心中的疑问，尤其是种苗的来源、成品的销售、养殖关键技术等问题向科技人员请教，特别注意要对信息中的那些夸大数字进行科学甄别。然后根据科技人员的意见，做出正确的规划方案，确保规划方案可行再引种不迟。签订合同前，进行必要的调查和咨询，了解经营者的真实情况，拜访以前成功的养殖者，向当地权威部门查询其可行性。

（4）要加强维权意识。农民兄弟在购买种苗时一定要注意苗种的鉴别，防止以次充好，以假乱真；在选择供种单位时应谨慎行事，到熟悉的单位引种，同时向供种单位索要并保留各种原始材料，如宣传材料、发票、相关证书及其他相关说明。合同签订后，最好到当地公证部门进行公证。一旦发现上当受骗，自身合法权益受到侵害时，要立即向相关部门举报，依法维护自己的权益。

6. 优良虫种的标准

根据一些专家长期研究的结果和生产实践中的经验，笔者总结了优良虫种的标准，主要有以下几条：

（1）虫体大，即要比一般幼虫的个头大一点。在数字量化方面，要求达到每千克 3500~4000 只。

（2）虫种的生命力要强，这是决定将来产卵量多少的基本要求。在投喂时要求不挑食，爬行快速，运行活跃，黑暗的养殖环境中不停地活动，如果把虫子放在手心时，会迅速爬动，它们的爬动会让人感到手心有明显的痒痒的感觉。

（3）虫种的形体健壮、色泽金黄、体表发亮、充实饱满，体壁光滑有弹性，腹面白色明显。在优质后代中选择更优质的老熟幼虫，即可避免种虫退化。

（4）虫种的规格要大，个头要大。通常要求作为种虫的黄粉虫体长在3cm以上，具有生长速度快的优势，总体要求它们的群体大小一致、发育整齐。

（5）群体的雌雄比例为1∶1较为合适。

（6）考察群体以前的繁殖量。如果每代繁殖量在280倍左右即为一等虫种，也是养殖户优先选择的虫种。如果每代繁殖量在220倍左右即为二等虫种，对引种的养殖户而言，这也是不错的选择。如果每代繁殖量在120倍左右即为三等虫种，对引种的养殖户而言，这些虫种只能是无奈的选择，但如果引种回去加以淘汰提纯复壮，效果还可以。如果每代繁殖量在90倍以下就算是不合格虫种，对引种的养殖户而言，这是绝对不能接受的。

（7）观察化蛹率。好的虫种产出的卵，经一定时间养殖后，在一个世代中，它们的化蛹病残率应低于5%，羽化病残率应低于8%。

7. 优质虫种介绍

在饲养生产的初始阶段，应直接选择专业化培育的优质品种。例如，山东农业大学昆虫研究所已经培育出GH-1、GH1-2、HH-1等几个品种，这是他们长期研究、提纯、复壮和杂交选育的成果，分别适合不同地区及饲料主料。

那么如何挑选种虫呢？

（1）引种时严格挑选，切实把好质量关。俗话说："好种出好苗，好苗结好瓜"，若没有好的苗，即使养殖再认真，也结不出好瓜，因为种是最根本的问题。最好能请专业技术人员帮助选种。种虫应个体健壮、活动迅速、体态丰满、色泽光亮、大小均匀、成活率高，而商品虫个体大小不一，有些明显瘦小，色泽乌暗，大小参差不齐（有的经处理不明显），成活率低，产卵量远远达不到要求。黄粉虫养殖业与其他养殖业一样，同样受当地气候、环境、资源、市场等条件的影响。

（2）合理引种，量力而行。黄粉虫品种特性的形成，与自然条件之间存在十分密切的关系。不同区域适应性的黄粉虫，若引种不当，则会造成减产。当然，有些种群虽然在引种初期不大适应，但几年以后就适应了，这就是所谓的驯化。也就是说，环境生态条件相近的地区之间引种容易成功。引种必须了解原产地的生产条件以及拟引进种的生物学性状和经济性状（价值），以便在引种后采取适当的措施，尽量满足引进的黄粉虫对生活环境条件的要求，从而达到高产、稳产的目的。初次引种，应根据自己的经济实力决定引数量，一般宜少不宜多，待掌握一定的饲养技术后再扩大生产规模。另外，也可以适当从几个地区引种，进行比较鉴别，确定适宜自己饲养的黄粉虫种。

8. 引种时间

引种最好引用当地的优良品种，因其适合当地环境和自然条件，容易饲养成功，亦可免去长途携带或寄运之劳，减少因途中处理不当造成的伤亡。当需要的种虫在当地无法获得时，亦可向外地引种（野生的或人工饲养的种虫均可）。黄粉虫引进种虫的季节最好选择在 4~5 月，其次是 9~10 月，因为这两个季节的温差变化不大，运输途中温度对种虫的影响不大，虫体损伤也小。也就是说，以春季、秋季引种为宜，最好避开寒冷的冬季和炎热的夏季。引种时要注意温度，如果是夏季引种的话要避免高温天气，温度不超过 30℃为最好，以避免黄粉虫在运输途中因高温死亡。种虫饲养间的温湿度非常重要，如果控制不好的话老幼虫的死亡比例会很高。有条件的情况下温度应控制在 28~32℃。湿度应保持在 65%~75%最为合适。

9. 对刚引进的种虫进行合理饲喂

黄粉虫种虫运回场后，应对其进行一段时间的隔离暂养，待观察无病后，方可混群，同时注意：

（1）运输和环境变换易引起黄粉虫种虫的应激反应，所以种虫到家后，不要急于喂料，先让其安静 1~2 小时，再用适量麦麸、食盐和红糖与少量开水拦匀投喂，隔 3~4 小时再正常喂饲料。要做好饲料过渡，最好仍喂 3~5 天原来黄粉虫场同种或同类的精饲料，先精料后青料；之后逐步调整原饲料结构至新饲料结构，按时定量间喂，使其向后饲料逐渐过渡，从而适应新的饲养环境，防止发病。

（2）按时定量饲喂，并逐渐调整饲料，防止饲料配方突然变化引起种黄粉虫消化道疾病。饲喂麸皮等粉状饲料时，一定要用少量水分较多的菜类、萝卜类饲料拌匀后饲喂，既可减少浪费，又可避免以纯干粉料饲喂。搬迁、环境变换、饲料配方改变等，都可不同程度地引起种黄粉虫的应激反应，降低其对环境的适应能力和抗病能力。因此，应根据不同情况，及早采取防病治病措施。如在饲料中适当拌喂多维素和B族维生素，以增强种黄粉虫抗应激能力，幼虫每千克体重维生素日用量以3~5毫克为宜。

春季和夏季都是黄粉虫的致命季节，但只要注意技术，也可以轻松渡过。有条件的可以用空调养殖，那么就不存在这些问题了，靠自然温度养殖需要掌握技术。春季南方雨多湿度大，虫子死亡率高，夏季温度高虫子也会出现死亡，所以初养户没有经验，一定要多问供种单位有关所引黄粉虫回去后的饲养问题，并按他们提供的饲养技术去饲养。

第二节　黄粉虫的育种方案

选育畜禽、昆虫新品种和繁育优良作物种子是发展农业生产最经济、最有效的手段之一。在黄粉虫工厂化生产中，品种效应同样十分重要。为了促进黄粉虫的大规模生产，必须要有科学选育的优良品种。由于近百年来的小规模混合饲养，大多数虫种已出现严重的退化现象。种群内部数十代甚至近百代地近亲繁殖及人工饲养中的一些影响因素，导致种群部分个体出现失去活性、抗病能力低、生长慢、个体小、取食量下降、繁殖力低等现象。有些幼虫养了近一年，个体仍然很小，不化蛹或常出现残疾个体，因而品质较差、抗逆性差，产量低且不稳定，容易患病死亡。所以，人工饲养黄粉虫首先应该选择优良品种。

黄粉虫资源新品种的选育是一项开创性的工作，也是黄粉虫工厂化生产的一次技术飞跃，为黄粉虫大规模生产奠定了基础。以黄粉虫丰富的饲养实践经验和丰富多彩的种质材料为基础，借鉴动、植物育种的方法，保证了黄粉虫新品种选育、培育的可行性。所谓黄粉虫的优良品种，就是指经过人为定向选育的一个黄粉虫群体。这个群体在遗传性上具有相同的比较稳定的遗传基础，在生物学特征和特性上具有相对的一致性，在生产上具有较高的经济价值。因为遗传性不稳定的混杂群体，其后代不能保持与亲代相似的特征、特性，这种群体内的不同个体性状各异，在生产上就不能发挥增产作用。如果只有稳定的遗传性，而无突出的优良性状，也不能满足生产上的特殊需要，这样的群体就是一个毫无价值的群体。所以，黄粉虫优良品种的概念，包括了遗传基础的一致性和优良的丰产性能这两个方面，两者是互相联系密不可分的。

在黄粉虫养殖业中，品种对生产效应的影响巨大。由于长期人工饲养和近亲繁殖以及人工饲养中的其他因素，许多人工饲养中的黄粉虫种虫都出现品质差和品质退化的问题。因此，需通过对黄粉虫进行专门的选育和有性杂交工作，做好黄粉虫良种选育与培育，以扩大繁殖更多的优良品种。

在黄粉虫生产中，品种效应同样十分重要。在近百年的民间人工分散养殖黄粉虫的过程中，不可避免地会存在一些品种退化问题，与种群内部数十代甚至近百代的近亲交配以及人工饲养中的一些人为因素的影响有关，具体表现为幼虫生长慢，取食量不断下降，个体越来越小，抗病能力变差，蛹的数量下降、腐烂易坏，成虫的繁殖力降低，幼虫的孵化率、成活率不高等。所以有必要进行优良品种选育和品种复壮，以保证养殖黄粉虫的品质和质量。人工饲养应注意培育优良品种，在黄粉虫优良品种培育中有两种倾向，一种是所谓纯种，另一种是所谓杂交。

纯种选育就是不与其他品种杂交，在本品种内通过选种和繁育提高品种的经济性状和生产力，还可以作为培育高产黄粉虫、杂交和繁育新品种的材料。选育要在自己饲养的黄粉虫内进行一般不少于一个品种，并要有一定数量的黄粉虫饲养量，30~50 盘同龄虫，每一盘作为一群，对黄粉虫交配实行控制。选种要以每盘虫为选择单位，具体来讲，包括三个互相联系的方面。

第一，黄粉虫的生产力。主要指黄粉虫的生长发育情况，一般衡量指标就是在同样饲料的条件下黄粉虫幼虫增加的体长和体重。以老熟幼虫为准：幼虫体长应在 33 毫米以上，体重应在 0.2 克/条以上。

第二，生物学特性。主要是指产卵、化蛹性能，包括产卵量、化蛹率、整齐度、抗病力等。每代繁殖量在 250 倍以上为一等虫；每代繁殖量在 150~250 倍为二等虫，每代繁殖量为 80~150 倍为三等虫；每代繁殖量在 80 倍以下为不合格虫种。化蛹病残率小于 5%，羽化病残率小于 10%。

第三，形态鉴定。每种黄粉虫都具有一定的体型、体色、宽度等，通过鉴定这些特征可以区别种的纯度。在形态上表现出其遗传的稳定性，并常常可反映整个种群遗传的稳定性。

在实际操作过程中通常采用的方法为：选择优良品种要从中幼虫期开始挑选，个体大、体壁光亮、行动快、食性强、食谱广的个体，没有受细菌污染，不带农药、禁用药品残留量，并且抗逆性强的虫体，即为优良种源。在饲养生产过程中还应不断进行细致的选种和填写专门的管理记录，并将优良品种的繁殖与一般品种的生产繁殖分开。优良品种的繁殖温度应保持在24~30℃，相对湿度应在60%~70%。有时候根据需要驯养种虫，使之具有良好的抗病体质。具体方法是挑选一定数量的青壮年幼虫，在以后的生长过程中停止喂药，并在自然温度下养殖，加强抗冻、抗病能力，增强体质。

选好种、留足种即是从长速快、肥壮的老熟幼虫箱中，选择刚羽化的健康、肥壮蛹，用勺（塑料勺最好）舀入拣蛹盒内。选蛹时不能用手捡，未蜕完皮的蛹不要拣，更不要用手拽使之蜕皮，以免伤蛹。不要将幼虫带入盛蛹盘内，刚蜕皮的幼虫和蛹一定要分清。捡蛹时不能使劲甩，以防蛹体受伤。对于选出的各个蛹种，在解剖镜下辨别雌雄，腹部末端具有乳头状凸起的为雌虫，否则为雄虫，记录数量，计算雌雄比例。选蛹要及时，最好每天选1~2次，以防蛹被幼虫咬伤。化蛹期间，箱内的饲料要充足，饲料的温湿度不要过低或过高，否则不利于化蛹。盛蛹盘底部要铺一层报纸，盛上蛹后再盖一层报纸。蛹在盘内不能挤压，放后不能翻动、撞击。挑蛹前要洗手，防止烟、酒、化妆品及各类农药损害蛹体。将蛹送入养殖盘中并做好标记。

当种蛹羽化为成虫时，可以在成虫中挑选那些大而壮的，把它们单独放置在产卵盒中。收卵时做好标记以避免与其他的卵混淆，到幼虫分盒时也能混淆，因为这就是选种范围，从中再选择大的老幼虫作种。并且要年年进行选育，经过每次这样提纯，虫子的品质就会越来越好。

对于刚刚从事黄粉虫养殖的人来说，良种的来源是个大问题。不少有志于黄粉虫养殖的人往往是从花鸟鱼虫市场上购买一些现成的黄粉虫作为种虫，殊不知，目前这些在市场上流通的黄粉虫种虫大多数是多年来同一群种虫繁殖过数十代的后代，由于多次近亲繁育，大多数种虫已有明显的退化现象，例如，虫子的个体小，生长期延长，始终不化蛹，亲本黄粉虫的繁殖量低，而且易患病，死亡率很高，那么购买了这种黄粉虫种虫的养殖户想快速繁育扩大种群的愿望往往就会落空。有的养殖户养了近一年，虫子个体依然很小且不化蛹，有些虽可以化蛹，但是繁殖的后代质量极差，常出现残疾个体。

而那些长期从事黄粉虫养殖的人也常常为种质资源的事头疼不已，由于得不到优质的、新鲜的种群供应，他们养殖的黄粉虫产量也越来越低，大规格的种虫比例也越来差，经济效益当然也越来越差。因此如何及时对黄粉虫进行更新换代就成为制约黄粉虫养殖业进一步快速发展的瓶颈。为了确保黄粉虫养殖业的持续健康发展，一定要注意品种的更新，如同其他养殖业一样需要选种和育种，这种选种和育种，就统称为良种选育。

1. 选种的概念

顾名思义，选种就是选择良种的意思，又称为系统育种、选择育种。它是指对一个原始材料或品种群体实行有目的、有计划地反复选择淘汰，从而分离出几个有差异的系统。将这样的系统与原始材料或品种比较，使一些经济性状表现显著优良而又稳定，于是形成新的品种。选择育种是黄粉虫育种工作中最根本的方法之一，选择育种的依据是品种纯度的相对性和原始材料或品种群体中的遗传变异性。

2. 选种的作用

选择育种的作用主要有三点：首先是可以有效地控制变异的发展方向；其次是可以促进变异的积累加强；最后是可以创造出黄粉虫新的品质，从而成为最有特殊养殖价值的一个新品种。

3. 选择育种的原则

选择育种的主要目的是从某一原始材料或某一品种群体中选出最优良的个体或类型。在选择时要进行鉴定比较和分析研究，同时应掌握以下几个原则：一要选择适当的原始材料，这是进行选择育种的基础；二是要及时在关键的时期进行选择，这是确保选择育种成功的最重要一步；三是按照主要性状和综合性状进行选择。

4. 选择育种的方法

选择育种的方法主要有四种：

(1) 家系选择。从某个性状或某几个性状明显优于其亲属生产性能、显著高于其亲属的混有不同类型的原始群里选出一些优良个体留种，建立几个或若干个家系并繁殖后代，逐代与原始群体及对照品种比较，选留那些符合原定选择指标的优良系统，进而参加品系的产量测定。这个过程就叫作家系选择，家系选择实际上就是对黄粉虫优良基因的选择。

（2）亲本选择。又称后裔鉴定，它是根据后代的质量而对其亲本做出评价的个体选择方法。根据后裔鉴定结果决定对其亲本的取舍，由于该方法对质量和数量性状的选择较为有效，因此被广泛应用而且效果显著。它最大的优点是能够决定一个显性表型个体是纯合体还是杂合体，这对黄粉虫的选择育种是至关重要的。

（3）混合选择。从一个原有品种的群体中，按照选育目标选出多数表型优良的个体，通过自由交配来繁殖后代，并以原有品种和当地当家品种作为对照，进行比较、鉴定，这种方法就叫作混合选择，又叫集体选择。它的效果取决于所选择性状的遗传力及控制该性状的基因特点。

（4）综合选择。这是一种可连续地进行家系选育、混合选择和后裔鉴定的方法。它的具体方法是：在第一阶段建立几个家系，进行异质型非亲缘个体间的杂交，从而选出最好的家系；第二阶段主要是在2~3个较好的家系中进行再次选择；第三阶段是根据所选择后进行繁育的后代的表现来检验并鉴定黄粉虫的亲本。

在养殖黄粉虫的过程中，可在众多的养殖群体中选择比较好的个体，进行单独养殖、单独培育，然后专门留下来做种用，这是目前黄粉虫良种的主要来源。选种的标准一般为个体较大，色鲜亮，健康无病，活动能力强的个体。种虫一旦被选中并作为优良的种子来培育时，应从幼虫期开始加强营养和管理，提高它们的增长倍数和身体素质，特别是在成虫期，可以考虑配制专门用于选育的饲料，在饲料中添加蜂王浆等可刺激繁殖产卵的添加剂。在投饵时喂蔬菜，适当增加复合维生素，维持适合黄粉虫生长发育的最佳环境温度、湿度，保持适宜的密度，经常清理虫粪，这些技术措施也能提高黄粉虫虫种的质量和增加产卵量。

黄粉虫品种特性的形成与自然条件之间存在密切的关系，各种生态类型的黄粉虫群体均具备自身一定的生长发育规律和特点。对于不同区域适应性的黄粉虫群体，若引种不当，则会造成减产。引种经验也表明，有些类群在引种初期不太适应，但几年以后就适应了，这就是所谓的驯化。总之，环境生态适应性相近的地区之间引种容易成功，环境生态适应性差别大的地区之间也可以引种，但要经过适当的驯化，即引种与驯化工作要密切配合。

引种时要先确定引种目标，明确生产上存在的问题和对引种的要求，也必须了解原产地的生产条件，以及拟引进种虫的生物学性状和经济价值，以便在引种后采取适当措施，尽量满足引进种对生活环境条件的要求，从而达到高产、稳产的目的。

初次引种数量要少，经过试验，逐步扩大；也可以适当从几个地区引种，进行比较鉴定，确定适宜种群。GH–1 个体大、生长快，适宜作为饲料加工的原料；GH–2 个体小，发育速度相对较慢一些，但生长整齐度较好，最适合作为活体饲料，如蝎子、蛤蚧、林蛙、鳖、鳝鱼、壁虎、麻雀等特种养殖业。初次引种后，出现少量个体死亡是正常的现象，一般死亡率在 2%~5%，经过繁殖一个世代以后即可解决这个问题。

【注意】现在市场上有许多炒种子的广告，那些广告商或供种公司都宣称自己拥有选育的新品种，实际上就是从一些黄粉虫里选择良种的结果，根本很少有所谓的新品种，养殖者在购种时要注意鉴别这一点。

第三节　黄粉虫的定向选择

定向选择是许多养殖户培养黄粉虫新品种的最早、最基本的方法，但是目前好像并没有取得更大的进展，可能是与相应的技术瓶颈有关。定向选择有人工定向选择和自然定向选择两种，它的本质是让最有养殖价值的黄粉虫存活并繁殖后代，是先有目标，再根据目标来选择。黄粉虫的“定向选择”指的就是“人工定向选择”，其特点有两个：一是要求饲养者细心观察，捕捉黄粉虫的极小变异；二为持续性，即年复一年不断地选择，使黄粉虫达到目标特征，从好中选优，最终育成新种。

1. 自然种群复壮

自然种群复壮和黄粉虫的选种有相同之处，区别就是黄粉虫的选育是在自己养殖的群体里进行，而以自然种群复壮的方式进行育种则是要捕捉自然界中的天然黄粉虫，先进行单独饲养繁殖，然后再与人工养殖的种群混合繁殖，通过这种方法来减少种性退化现象。由于野生黄粉虫生命力较强，对外界不良环境的适应能力强，自身的抗病力也强，它与家养的黄粉虫种群交配后，可以有效地提高现有种群的质量，从而达到种群提纯复壮的目的。有时出于条件的限制，自然环境下的黄粉虫数量不足以选育后代时，也可以采用异地的黄粉虫和家养的黄粉虫进行交配来选育。在用异地同种的黄粉虫进行种群优化时，主要应选取个体大、产卵多、疾病少、色泽黄亮和健康活泼的老熟幼虫进行杂交育种，这样能使不同地域的黄粉虫优势互补，得到个大、高产和抗病力强的优良后代。

2. 黄粉虫的杂交育种

以杂交方法培育优良品种或利用杂种优势称为杂交繁育，前者称为育种性杂交，后者称为经济性杂交。杂交繁育也叫杂交改良。

（1）育种性杂交。杂交可以使黄粉虫的遗传物质从一个群体转移到另一群体，是增加黄粉虫变异性的一个重要方法。不同类型的亲本进行杂交可以获得性状的重新组合，杂交后代中可能出现双亲优良性状的组合，甚至出现超亲代的优良性状。当然也可能出现双亲的劣势性状组合，或双亲所没有的劣势性状。育种过程就是要在杂交后代众多类型中选留符合育种目标的个体进一步培育，直至获得优良性状稳定的新品种。

1）改造性杂交。这是以性能优越的品种改造或提高性能较差的品种时常用的杂交方法。具体做法是：以优良黄粉虫品种（改良者）的雄（雌）成虫与低产黄粉虫品种（被改良者）的雌（雄）成虫交配，所产杂种一代雌成虫再与该优良黄粉虫品种的雄成虫交配，产下的杂种二代雌成虫继续与该优良品种的雄成虫交配；按此法可以以得到杂种三代及四代以上的后代。当某代杂交黄粉虫表现最为理想时，便从该代起终止杂交，以后即可在杂交雌雄成虫间进行横交固定，直至育成新品种。

2）改良性杂交。这种杂交的目的只是克服种群的个别缺点，并未从根本上改变原品种的生产方向及其他特征和特性。当某一品种具有基本上能够满足市场需要的多方面的优良性状，但还存在个别较为显著的缺陷或在主要经济性状方面需要在短期内得到提高，而这种缺陷又不易通过本品种选育加以纠正时，可利用另一品种的优点采用导入杂交的方式纠正其缺点，从而使黄粉虫性能趋于理想。导入杂交的特点是在保持原有品种黄粉虫主要特征和特性的基础上通过杂交克服其不足之处，进一步提高原有品种的质量而不是彻底改造。

3）育成杂交。通过杂交来培育新品种的方法称为育成杂交，又叫创造性杂交。它是通过两个或两个以上的品种进行杂交，使后代同时结合几个品种的优良特性，以扩大变异的范围，显示出多品种的杂交优势，并且还能创造出亲本所不具备的新的有益性状，增强后代的生命力，增加体长、体重，改进外形缺点，提高生产性能，有时还可以改善引入品种不能适应当地特殊自然条件的生理特点。

（2）经济性杂交。经济性杂交也叫生产性杂交，是采用不同品种间的雌雄成虫进行杂交，以提高后代经济性能的杂交方法。经济性杂交可以是生产性能较低的雌（雄）成虫与优良品种雄（雌）成虫杂交，也可以是生产性能都较高的雌雄虫之间的杂交。无论哪一种情况，其目的都是利用杂交优势提高后代的经济价值。

1）简单经济性杂交。此即两个品种之间的杂交，所产杂种一代全部用作商品黄粉虫，黄粉虫成虫无论雌雄均不留作繁殖种用。其目的在于利用杂种优势提高经济效益，使用此法可以提高黄粉虫的生产性能，品种间的杂交组合所产生的杂交后代，其黄粉虫幼虫在体长、体重、适应性、抵抗力等方面均具有明显的杂种优势，生产性能一般比单一品种高 15%左右。同时，比饲养一般黄粉虫成本降低 30%左右。

2）复杂经济性杂交。此即用三个或三个以上品种进行杂交，杂交后代也全部用作商品黄粉虫，不得留作种用。例如，三个品种黄粉虫作经济性杂交时，甲品种与乙品种黄粉虫杂交后产生杂种一代，其雌（雄）成虫再与丙品种雄（雌）成虫杂交产生的杂种二代，黄粉虫幼虫全部作商品出售。

3. 黄粉虫与黑粉虫杂交繁育实践

在野外以及黄粉虫及黑粉虫混养的养虫箱中，发现了其杂交品种，即有大量既黄又黑的幼虫出现。这种“杂交”品种的生命力强，生长速度快。因此有可能以黄粉虫与黑粉虫杂交产生新的杂交品种来解决黄粉虫品种退化的问题。根据遗传互补原理，在亲本选配上挑选健康强壮的黄粉虫和黑粉虫优势个体，通过杂交后代得到互补。黄粉虫具有生长快、繁殖率高、蛋白质含量高等特点，而黑粉虫生长周期长、饲养成本高、营养成分比较全面，将黄粉虫与黑粉虫进行杂交育种，以期获得生长发育较快、繁殖系数高并且营养丰富的杂交后代。经过试验观察，黄粉虫与黑粉虫的杂交后代表现出一定的性状分离。从外部形态上来观察，黄（♀）×黑（♂）的杂交，后代中黄粉虫的比例偏大，虫口数量远远大于杂交后代虫口总量的一半；黑（♀）×黄（♂）的杂交后代中黑粉虫的比例偏大，虫口数量大于杂交后代虫口总量的一半。黄粉虫与黑粉虫杂交后代中分离类型多，既可建立像黄粉虫或像黑粉虫品系，也可建立像它们的中间型品系，从而选出优势种，有助于严格进行杂交后代选育。

杂交后代中黄粉虫的个体较大且生长较快，与正常个体差异显著，比较后代中不同表现型的个体，选出优势个体，及时留种，将这些变异个体的遗传形状逐步稳定下来。杂交后代的蛹个体较大，在幼虫期表现为黑粉虫的杂交种化蛹较早，蛹体较宽，而且成虫的性状表现介于黄粉虫与黑粉虫之间，鞘翅的颜色不是很黑，也不是褐色，亮泽适中。进一步的杂交试验还有待于继续研究。但是结果也显示，黄粉虫与黑粉虫杂交出现了杂交优势，可以作为经济性杂交予以利用，是否能够培育杂交新品种值得进一步探讨。

实践证明，黄粉虫品系间杂交，并不是所有的指标均是杂交结合具有优势。杂交一代在个体大小、繁殖率、抗逆性等方面表现出极大的优势，而在油脂含量及耐低温的特性方面则不及亲本优良，有些杂交一代蛋白质含量也略低于亲本，可通过回交育种法，将亲本蛋白质含量的优良性状转移到杂交后代中，这将可能得到一个更理想的杂交组合。总之，根据黄粉虫不同的育种目标，要合理选择亲本。同时，通过黄粉虫体色来确定品系是可行的，也就是说黄粉虫的体色与其主要的经济性状关系密切。

为了取得更好的杂交品种，通常采用黄粉虫与黑粉虫杂交，但是不同的杂交方法产生的后代还是有一定区别的，这就要求在选育时要把握好亲本雌雄的选择以及杂交的方法。

用黄粉虫做父本、黑粉虫做母本进行杂交和用黄粉虫做母本、黑粉虫做父本进行杂交，两者的后代是有一定区别的。研究和生产实践表明，在杂交 2 个月后，杂交后代会表现出一定的性状分离，这种性状分离可以从外部形态上来观察。如果是以黑粉虫做母本、黄粉虫做父本，杂交出来的后代中黑粉虫的占比偏大，个体性状表现大多接近于黑粉虫的性状特征。而以黄粉虫做母本、黑粉虫做父本时，杂交后代中黄粉虫的占比偏大，个体性状表现大多接近于黄粉虫的性状特征。通俗地说，黄粉虫的杂交后代体现了“母系氏族”的特点，也就是常说的孩子像妈妈的情况。

杂交后的黄粉虫个体在生长性能上表现显著，具有生长较快、个体较大的特征，与正常个体有显著差异，仅仅这一点就具有了杂交优势，是值得进一步选育和培养的。另外，杂交后的蛹也比以前的蛹大，在幼虫期表现为杂交种养殖时间短、化蛹较早、蛹体更宽，而且成虫的性状表现介于黄粉虫和黑粉虫之间，鞘翅的颜色不是很黑，近于褐色，亮度和色泽适中。

4. 品种生产管理

优良品种的繁殖应与生产繁殖分开，优良品种的繁殖温度应保持在 25~30℃之间，相对湿度应在 60%~75%。优良品种的成虫饲料应营养丰富、组分合理，即要求蛋白质丰富、维生素和无机盐充足，必要时还应加入蜂王浆，促进其性腺发育，延长成虫寿命，增加产卵量。大群体的成虫雌雄比基本保持 1：1 的比例，成虫寿命一般为 60~185 天，若管理良好、饲料配方合理，则成虫寿命可延长，产卵量可增加到 650 粒/只以上。

优良的黄粉虫种虫生活能力强，不挑食、生长快，饲料利用率高。在幼虫期选择黄粉虫种虫比较合适，选择老熟幼虫做种虫时应注意以下几点：

（1）个体大。一般可以采用简单称量的方法，即计算每千克重的老熟幼虫数。以每千克重幼虫 3500~4000 只为好，即幼虫个体大。山东农业大学昆虫研究所选育杂交成功的黄粉虫新品种每千克重幼虫为 3000~3500 只。一般品种每千克重幼虫数量为 5000~6000 只。这种重量的幼虫不宜留作种虫。

（2）活力强。幼虫爬行快，对光照反应强，喜欢黑暗；常群居在一起，不停地活动；将虫体放置在手心上时，爬动迅速，遇到菜叶或瓜果皮时会很快爬上去取食，并迅速结成团体。

（3）体形健壮。虫体充实饱满，色泽金黄、体表发亮，腹面白色部分明显，体长在30毫米以上。初次养殖选择种虫时，最好购买专业技术部门培育的优良种虫，以后经过3~5代（即饲养2年左右）更换一次品种。因为专业技术育种单位的种虫是经过科学方法选育的，具有家养与野生品种的共同优点。

5. 优良品种的饲料管理

除直接选择专门培育的优质种虫外，繁殖用种虫在饲养过程中也应经过选择和细致的管理。繁殖用种虫的饲养环境温度应保持在25~30℃，相对湿度应保持在60%~75%。繁殖用种虫的饲料应营养丰富、组分合理，蛋白质、维生素和无机盐充足。必要时可加入适量的蜂王浆或糖水，以促进其性腺发育，延长生殖期，增加产卵量，成虫雌雄比例为1：1较合适，成虫寿命一般为80~185天，60天之内的雌虫所产卵的质量最好。若管理好、饲料好，那么成虫寿命可以延长。优良种虫在良好的饲养管理条件下，每只雌成虫产卵量可达880粒以上。

6. 杂交繁育中应注意的问题

根据我国多年来杂交改良的实际情况及存在的问题，为进一步达到预期的改良效果，还需注意以下问题。

（1）不同种群间的杂交效果差异很大，必须通过配合力测定（杂交后效果）才能确定，也就是说并不是不同种群间杂交就一定有优势。

（2）对杂交黄粉虫的优劣评价要持以科学态度，特别应注意杂交黄粉虫的营养水平对其的影响。良种黄粉虫有时需要较高的日粮营养水平以及科学的饲养管理方法才能取得良好的改良效果。

用黄粉虫与黑粉虫进行杂交，产生的杂交一代杂种可产生正常的子二代。在杂交时，对亲本的选择是有讲究的，要挑选健康强壮的黄粉虫和黑粉虫优势个体做亲本，两者交配时通过基因重组使杂交后代得到互补。由于黄粉虫具有生长快、繁殖系数高、蛋白质含量高等特点，而黑粉虫有生长周期长、饲养成本高、营养成分比较全面等特点，将黄粉虫与黑粉虫进行杂交育种后，就可得到优势互补的功效，能使黄粉虫杂交品种生命力强，生长发育较快，繁殖率高，商品虫的营养更加丰富，但杂交种生长期较长。杂交育种是一项复杂的技术问题，需要在长期养殖过程中逐步进行。由于黑粉虫养殖不普遍，大多数黄粉虫养殖户主要采取第一种提纯复壮的方法来选育优良品种。

第四节　黄粉虫的繁殖

一、繁殖设施

黄粉虫的繁殖设施很简单，主要是产卵筛，供成虫养殖和采卵用，同时又是分离虫卵、虫体及饵料的工具。产卵筛的筛框为50cm×50cm×10cm。框内壁要打磨光滑，以防虫外爬。筛底部钉30目铁纱网，网下缘钉上0.3cm的方木条，贴上稍厚的产卵纸。产卵筛上口大、下口小，便于两筛上下扣接，实现多层饲养。最上层产卵筛口盖上30目铁纱网，既可以防止虫外逃，也可以筛除虫粪。

饲养架和养虫架也是必不可少的，为分层框架，主要是用来放置产卵筛的。黄粉虫产卵是在产卵筛里进行的，雌虫将特尖的尾部产卵器官向下并对准网目将卵产在接卵纸上，产卵器具上层为产卵筛，中层为接卵纸，底层为产卵筛外套。

【提示】黄粉虫喜欢在暗处产卵，不要让强烈的光线刺激它，否则不利于生长繁殖。因此，要把产卵器具放在光线暗的地方，用黑布遮挡或放入暗室。

二、雌雄鉴别

黄粉虫雌雄区分也很简单，主要是看两点：一是个体大小，二是产卵器。解剖观察发现，雄虫个体较小，细长，尾部无产卵器。雌虫个体较肥大，尾部尖细，有产卵器。若产卵器向下垂且能伸出甲壳外，那么意味着在生理上已经成熟，可进入繁殖期。

三、繁殖要点

1. 亲本养殖

优良品种的繁殖应与生产商品虫的养殖分开，饲养亲本的任务是使成虫产下大量的虫卵，在此期间需要补充较好的营养，提供个黑暗而宽松的环境，种群密度不宜过大。将同日羽化的成虫单养在产卵箱里，产卵箱的长、宽、高分别为60cm、40cm、15cm，按每箱投放1500~1800只成虫的密度放养，产卵箱内壁要用塑料薄膜钉好，以免成虫外爬和产卵不定位。在底层装一块塑料窗纱或筛绢，供产卵用，使卵及时漏下去，不至于被成虫吃掉，纱网下面接放一张卵纸，以便收集卵粒。在成虫饲养过程中，要多投喂麸皮、配合饲料及菜叶，使成虫分散隐蔽在叶子下面，保持较稳定的温度。然后再按照温度和湿度盖上白菜，温度高、湿度低时多盖一些，蔬菜的作用主要是提供水分和增加维生素，随吃随加，不可过量，以免湿度过大菜叶腐烂，致使成虫生病，降低产卵量。优良品种的成虫饲料应营养丰富，蛋白质、维生素和无机盐要充足，必要时可加入蜂王浆。饲料含水量控制在10%左右，成虫在生长期间不断进食、不断产卵，所以每天要投料1~2次。为保持湿度和饲料含水量，还可适量洒水和投放菜叶。

2. 交配

黄粉虫在繁殖期雌雄比例一般为1：1，成虫羽化后经过4~5天开始交配产卵，具有多次交配、多次产卵行为，交尾后1~2个月内是产卵高峰期。黄粉虫交配时间是晚上8点至凌晨两点，交配过程遇光刺激往往会因受惊吓而终止。所以在养殖过程中，为了配合即将交配的成虫，在成虫期应安排一定的黑暗环境，同时要减少外界对成虫的干扰。根据观察，并不是所有的成虫都能在养殖后交配成功，因为它们交配时对温度也有要求，当温度在 20℃以下或达到 32℃以上时就很少交配。在人工控制条件下，合适的交配温度宜控制在 22~30℃。

3. 产卵与收卵

成虫有向下产卵的习性，产卵时伸出产卵管穿过铁纱网孔，将卵产在基质（麦麸等）中。因此，产卵盒内的产卵基质不可太厚而贴近筛网，否则成虫会将卵产到网上的麦麸中，发生食卵现象而影响繁殖。刚产出的虫卵为米白晶莹色，椭圆形，一面略扁平，有光泽。为了减少卵的损失，可以在产卵前在接卵纸（报纸、白纸均可）上面铺一层薄薄的基质，然后将其放在筛网下接成虫所产的卵，这样成虫就会将绝大部分卵产于接卵纸上，少量卵黏于饲料中，这样可以最大限度地预防成虫吃卵。在这段时间里要及时取出接卵纸，并换上新的接卵纸，一般 7 天左右更换一次，但在成虫产卵盛期或产卵适宜季节接卵纸最好每 5 天更换一次。首先筛出残料，其次换上新的接卵纸，最后再添加麦麸等产卵基质。将虫粪和黏于其中的卵连同更换下来的接卵纸移入空的养粉箱中，标好产卵日期，把同一天取出的卵粒放在一起进行孵化后饲养，以免所孵出的幼虫大小不一，影响商品虫的质量与价格。

还有一种收卵方式就是用标准饲养盘来收卵。这种收卵的方式需要用到饲养器具中的标准饲养盘，在饲养盘的底部垫上一张白纸，白纸上铺 0.5~1.0cm 厚饲料，每盒中投放 6000（300 雌：3000 雄）成虫，成虫就可以将卵均匀产于纸上，虫卵一般群集成团状散于饲料中，卵壳较脆，极易破碎，卵面被黏液粘着的饲料或粪沙等杂物包裹起来，起到保护作用。每张纸上 2 天即可产 10000~15000 粒卵，每隔 2 天取出一次，然后按日期将它们放在一起孵化。这种方式有一个缺点，就是会有部分卵散落于饲料中，造成一定的损失。

4. 产卵后的成虫处理

成虫产卵 2 个月后，雌虫会逐渐因衰老而死亡，未死亡的雌虫产卵量也显著下降，因而饲养 2 个月后就要把成虫全部淘汰，以免浪费饲料和占用产卵箱，从而提高生产效益。方法是用沸水将成虫烫死，烘干后供制虫粉用。每箱可采黄粉虫卵 1.8 万~2.2 万粒，约可供扩种 100 箱的虫种。

5. 孵化

将收集好的卵纸放到另一个标准饲养盘中，做成孵化盘。先在标准饲养盘底部铺设一层报纸、纸巾、包装用纸等废旧纸张，在纸上面覆盖 0.5~1cm 厚的麸皮作为基质，然后在基质上放置第一张集卵纸；在第一张集卵纸上，再覆盖 0.5~1cm 厚基质，中间加置 3~4 根短支撑棍，上面放置第二张集卵纸；如此反复，每盘放置 4~5 张集卵纸，不可叠放过重，以防压坏集卵纸上的卵粒，共计 40000~50000 粒卵。然后将孵化盘置于孵化箱中或置于温湿度条件适宜卵孵化的环境中。将要孵化时卵逐渐变为黄白色，长 1~1.5mm、宽 0.3~0.5mm，肉眼一般难以观察，需用放大镜才能清楚地看到。1 周后取出，进入幼虫培养阶段。

研究表明，卵的孵化与温度和湿度有极大的关系。所以说繁殖期是管理的重要时期，卵的孵化时间与温度有着密切的关系，一般情况下，温度升高则卵期缩短，温度降低则延迟孵化，如果温度在 15℃以下，虫卵基本不会孵化；在 15~18℃时，需 20~25 天便可孵化；当温度为 19~22℃时，卵期为 12~20 天；当温度为 25~30°、湿度为 65%~75%、麦麸湿度为 15%左右时，只需 3~5 天即可孵化。刚孵化的乳白色幼虫十分细软，尽量不要用手触动，以免使其受到伤害。为了缩短孵化时间，应尽可能保持室内温暖。如果温度控制不好，就会导致虫卵因发霉而死亡，湿度过小也会因干燥而死亡。因此，产卵期间将室温控制在 23~28℃、相对湿度控制在 65%~75%，虫卵的孵化率可达 99%。

饲料污染一般是由以下三种情况造成的：

（1）所购的饲料本身含毒。这是因为一些种植区的某些疾病必须通过喷打药物才能防治。由于药物喷打的浓度大，而收割时间又短，部分药物残留在小麦、稻谷等这些饲料源上。对于养殖者来说，这种打击具有毁灭性，这是由于饲料带有毒性，往往是人为所不能察觉的，人们用它来饲喂黄粉虫，实际上就是在慢慢毒杀黄粉虫。

（2）饲料加工前后受到防虫防腐剂的毒害。饲料储藏在仓库中，仓库中会有各种虫害和敌害，为了防范这些虫害和敌害，仓库管理人员会用各种有效的致命杀虫剂喷杀。这些杀虫剂和药物的主要成分有磷化铝等，它们会在喷洒过程中形成雾状颗粒，富集在饲料表面，在用这些饲料喂虫时，就会造成人为的中毒事故。养殖户在利用储存的饲料时，应了解一下仓库中最近是否用过药，最后一次用药的时间是何时？这些药物的安全期限和安全浓度是多少？一定要等到药物过了有效期后再投喂。另外，从外面购进的饲料最好先搁置 20 天左右，待可能残存的农药药性完全消失后再投喂。

（3）青饲料携带农药。菜农为了防治蔬菜害虫或自己家的蔬菜生了虫，就会使用一些杀虫类的农药，一些养殖户一不小心就会用这种带药的菜叶来喂黄粉虫，最终造成黄粉虫大量死亡。这些问题是许多养殖户都可能遇到的，一定要注意防范。

第七章

黄粉虫的利用

黄粉虫可以说是全身都是宝，用途极为广泛。根据现在的科技条件，目前已形成食品、饲料、肥料、菜品、能源、环保6项产业。

第一节　黄粉虫是很好的饲料来源

一、黄粉虫作为饲料的优势

黄粉虫的幼虫含蛋白质48%~50%，干燥幼虫含蛋白质70%以上，蛹含蛋白质55%~57%，成虫含蛋白质60%~64%、脂肪28%、碳水化合物3%，还含有磷、钾、铁、钠、镁、钙等常量元素和多种微量元素、维生素、酶类物质及动物生长必需的16种氨基酸。黄粉虫的营养成分很高，根据对黄粉虫幼虫干品的分析，每1000g中含氨基酸847.91mg，其中赖氨酸5.72%，蛋氨酸0.53%，这些营养成分居各类饲料之首。因此国内外许多著名动物园都用其作为繁殖名贵珍禽、水产的饲料之一。另外，幼虫干燥后可以代替高质量的鱼粉，不但能够替代进口优质鱼粉、肉骨粉成为蛋白质饲料，而且是特种养殖的鲜活饲料，也是进行特种养殖的主体饲料。另外，黄粉虫现在也被广大钓友开发成为新的钓饵。由于黄粉虫易养殖、来源广泛，且能够以活体形态保留一段时间，当它被穿上鱼钩后，可以自主存活一段时间，在水中不断地扭动，加上黄粉虫的体液能发出特殊的味道，因此能有效地吸引鱼类前来吞钩。

二、适合用黄粉虫作为活体饵料的经济动物

黄粉虫是珍禽、观赏动物和其他经济动物饲喂的传统活体饵料，尤其是近年来研究开发利用较多，比较成功的有利用黄粉虫养蝎、养蜈蚣、养蜘蛛、养壁虎、养麻雀、养捕食性甲虫（如拉步甲等）、养蛤蚧、饲喂雏鸡、喂养鹌鹑、养乌鸡、养斗鸡、养虫子鸡、养鸭、养鹅、养龟、养蛇、养蛙、养鸟、养黄鳝、养鳖、养热带鱼和金鱼等经济动物，均已取得较好的经济效益。

例如，用黄粉虫做饵料来喂养蛋鸡，能够加快它们的生长发育和提高繁殖率以及抗病能力。试验表明，用黄粉虫来喂养雏鸡，雏鸡的生长发育快，成活率达 95%以上。用来喂养产蛋鸡，产蛋鸡的产蛋率能提高 30%以上，而且还可以增强雏鸡的抗病能力。近年来，也有用黄粉虫为活体饵料，结合生态农牧经济的模式，生产生态鸡、虫子鸡、虫蛋等，发展绿色禽蛋产业。

有关资料表明，我国部分水产研究所利用黄粉虫进行幼鱼苗培育，取得了显著的经济效益。幼鱼不仅生长快、成活率高，而且成本低，鱼群极易驯化，体色光亮，饵料系数低；利用黄粉虫饲放养美国青蛙、鲤鱼等也取得了成功。由于黄粉虫体表有一层坚硬并带光泽的物质——几丁质，对鱼鳞的色泽和光亮度有明显的促进作用，同时发现利用黄粉虫喂鱼具有鱼生长速度快、饲料系数低、水质污染轻的作用。

三、用黄粉虫喂养鸟

用黄粉虫喂养观赏鸟是养鸟人的主要方法之一，特别是对于养鸣禽的人，经常投喂黄粉虫尤其是幼虫，这对提高鸣禽叫声和改善声音的音质都大有好处，这一点已被许多养鸟人所证实。喂养观赏鸟时，可以采取虫浆米投喂、虫干拌料投喂、虫干粉混合投喂、鲜虫直接投喂等多种方法，在喂虫子的同时一定要多投喂蔬菜、瓜果等新鲜的植物性饲料，另外最好是多喂活虫，因

为死虫会使观赏鸟发生肠炎等疾病，所以绝对不要给自己的爱鸟喂死虫或病虫。另外有条件的话还可以在喂虫半小时后，多让鸟活动活动，也可以让鸣禽多开口，多练嗓子。

四、用黄粉虫喂养蝎子

蝎子是著名的中药材，也是典型的食虫性动物。最初人们养殖蝎子时遇到了饵料的瓶颈，一直没有更大的发展，自从黄粉虫作为蝎子的优良饲料试验成功后，蝎子养殖户就把用黄粉虫来喂养蝎子作为主要的养殖技术手段之一，养殖黄粉虫也是人工养蝎不可缺少的内容。

对于不同生长阶段的蝎子投喂的黄粉虫大小也应有所区别，一般幼蝎以投喂 1~1.5cm 长的黄粉虫幼虫为宜，成年蝎则投喂 2cm 左右的幼虫较好。对于成蝎的投料，不仅要增加投虫量，而且要时常观察，在虫子快被捕食完时及时补充投喂。

五、用黄粉虫喂养龟鳖

龟鳖曾经是我国名噪一时的优质水产品，曾经的“中华鳖精”就是我国的一个著名品牌。鳖在我国养殖是十分广泛的，尤其是在浙江、湖南、湖北等地，养殖面积广，养殖技术高，养殖效益好。养整鳖对饵料的蛋白质含量要求是比较高的，一般最佳饲料蛋白质含量在 40%~50%。因此，养殖者在长期的养鳖过程中发现用黄粉虫喂鳖效果十分理想。主要原因就是黄粉虫的蛋白质含量相当高，而且氨基酸的含量也比较高，适宜动物体吸收转化。而且经过测定，鳖对饲料的脂肪及热量的需求也与黄粉虫的含量相当，因此吃下去后特别容易转化为自身的营养成分，几乎没有浪费，所以说黄粉虫是比较适宜用作鳖饲料的，现在其已经成为养鳖者的主要动物蛋白质饲料来源之一。

1. 用黄粉虫喂鳖的方法

黄粉虫用来喂龟鳖时，可以有两种方法：一种方法是将虫干或虫粉按比例掺入饲料，配制成专用的龟鳖饲料，然后再根据正常的投喂技巧和方法进行喂养；另一种方法就是用鲜活的黄粉虫尤其是幼虫来喂鳖。以鲜活的黄粉虫幼虫来喂鳖可补充多种维生素微量元素，同时也能补充植物饲料中缺乏的营养物质，对提高鳖的活动能力、抗病能力、繁殖能力都有好处，是人工养鳖较理想的饲料。

2. 黄粉虫的投喂次数

由于鳖是一种变温动物，它的新陈代谢和生理活动与水温及气温密切相关，不过现在已经开发出恒温养殖技术，可以不让鳖进入冬眠状态。但是黄粉虫投喂鳖的次数还是与水温有关系，水温在 15℃以下时，鳖基本上是不吃食的，这时投喂黄粉虫也没有效果；水温在 16~20℃时，鳖的食量较小，每天投喂 1 次黄粉虫即可； 当水温在 20~25℃时，投喂 2~3 次；当水温在 25~32℃时，鳖食量最大、吃食最强、抢食最猛，这时可多投喂几次，最好是“少吃多餐”，以保证虫体新鲜；当水温在 33℃以上时，鳖又要进入夏眠状态，也不肯吃食了，这时也就不要投喂黄粉虫了。

3. 黄粉虫的投喂量

在鳖的生长季节，鲜虫的日投喂量为鳖体重的 10%左右较适宜。可以采用试差法来判断食量：在一天的投喂中，如果投喂 2~3 次甚至更多次的时候，在第二次投喂时观察虫子是否已被鳖吃完，如果没有吃完就不要继续投喂，同时将剩余的虫子捞出，如果已经吃完了，就可以考虑再投喂一些。若一天只投喂一次，一定要在投喂后的 1 小时左右到食台查看，发现有死虫就要立即取走，这说明投喂量有点多；如果没有死虫，说明投喂量有点少，第二天就要多投喂一点。因此，以黄粉虫喂鳖，先要掌握鳖的食量，投喂量以 1 小时内吃完为宜。

4. 投喂的技巧

在用黄粉虫喂鳖时，将虫子放在饲料台上，由于鳖喜欢在水中取食，饲料台是被水淹没的，但不可被水淹没得太深。由于用黄粉虫养鳖与养鸟和养蝎子是不同的，鳖虽然也可以到陆地上捕食，但是由于它胆小，还是喜欢在水中摄食，所以在投喂时就要考虑到黄粉虫在水中的存活时间。有人做过试验，当把鲜活的黄粉虫投入水中后，由于水浸入到虫子腹部的气门，虫子会在 10 分钟内因溺水而无法与外界进行空气交换，从而窒息死亡。更关键的是，黄粉虫全身除了水分外，蛋白质和脂肪含量特别高，死亡后它的肌体会迅速分解、腐败，例如，水温在 20℃以上时，黄粉虫死亡后 2 小时左右就开始腐败，从外观上看是虫体发黑变软，然后逐渐腐烂、变臭。虫体开始变软发黑就不能作为饲料了。如果此时鳖继续取食腐烂的黄粉虫，就会引发疾病。因此在投喂时一是要尽量少量多次投喂，争取让黄粉虫每次都被吃完；二是水中的黄粉虫最好能在半小时内被吃完，要把 1 小时后还没吃完的黄粉虫拣走，以免腐败。

六、用黄粉虫喂养蛙类等两栖动物

两栖动物种类比较多，通常人工养殖的有青蛙、林蛙、美国牛蛙、古巴牛蛙、蟾蜍、棘胸蛙、虎纹蛙、树蛙等，这些蛙类都有相当大的药用价值、食用价值或工业用价值，因此在我国的养殖比较广泛。饲养黄粉虫比较容易，可保证蛙类的饲料供给。蛇既具有药用价值，也具有很高的食用价值和观赏价值，因此用黄粉虫喂养蛇类在我国也比较普遍，蛇是吞食性动物之一，平常以蛙类、鸟类、鼠等小动物为食。在饲养过程中，人们发现黄粉虫不但可以作为蛇的饲料，而且还是优质的饲料来源之一，尤其是鲜活的黄粉虫更适合喂幼蛇。至于中蛇和大蛇的养殖，既可以用鲜活的黄粉虫直接投喂，也可用黄粉虫干或鲜虫打成浆与其他饲料配合成全价饲料，然后加工成适合蛇吞食的团状。投喂量要根据蛇的数量、大小及季节不同而区别对待，一般每月投喂 3~5 次。

七、用黄粉虫喂养鱼类

1. 利用鲜活的黄粉虫驯鱼、诱鱼效果好

黄粉虫的体内含有特殊的气味，诱鱼效果极佳而且在鱼体内易消化，用它养殖鱼类，成活率较高。在室外池塘养殖时，常使用活的黄粉虫来驯化鱼类，鱼群易集中抢食。例如，在人工养殖鳝鱼时，刚从天然水域中捕获的野生鳝鱼具有拒食人工饵料的特点，因此驯饵是养殖成功的关键技术。用鲜活的黄粉虫投喂黄鳝，再用黄粉虫粉拌饵投喂法来驯食人工饵料，效果明显。

2. 用黄粉虫养殖的水产品风味好

鲤鱼、甲鱼、黄鳝、乌鳢、龟等以黄粉虫、蝇蛆、蚯蚓为主要动物蛋白质饲料，它们吃了这些天然活饵后，不但生长迅速，而且体质健壮、疾病少、成活率高，口味纯正，接近天然环境下生长的产品，市场价格坚挺。因此在开发特种水产品养殖尤其是工厂化养殖时，必须解决活饵料的培育与供应问题。以鲤鱼为例，用黄粉虫养出的鲤鱼，体色有光泽，肉质细嫩、洁白，口感极佳，肥而不腻，比用人工饲料强化喂养的鲤鱼好得多，而且没有特殊的泥土味。

3. 黄粉虫可使观赏鱼体色艳丽

我国观赏鱼养殖越来越广泛，观赏鱼的赏析越来越被重视，对它们的体色要求也越来越讲究。尤其是一些珍稀类的观赏鱼种，它们的体色、体形更是决定其观赏价值的重要因素之一，因此人们经过不断地摸索，发现用黄粉虫喂养锦鲤、金鱼和热带鱼，对改善观赏鱼的体色具有重要作用，可使它们抵御疾病的能力增强，体态更加丰腴美观，鱼体发亮，色泽更加亮丽鲜艳，增色效果明显而且不易脱色。由于鱼类摄食方式多为吞食，投喂的黄粉虫虫体不可过大，否则鱼不能吞食，每次投虫量也不可过多，以免短时间内不能食完，出现虫子腐败现象。

4. 黄粉虫可作为饲料添加剂

黄粉虫体内含有丰富的赖氨酸、苏氨酸和含硫氨基酸，这些氨基酸都是谷物蛋白质所缺乏的。另外，饵料生物含有丰富的促生长物质以及酶、激素等，这也是谷物蛋白质所缺乏的，因此将黄粉虫制成添加剂就可以起到和谷物饲料互补的作用。据报道，将黄粉虫粉添加到饲料中，可以替代进口鱼粉。

5. 黄粉虫的投喂方式

用黄粉虫喂养鱼类时，投喂方式主要有两种：一方面对于那些凶猛性鱼类也就是肉食性鱼类来说，可以直接将鲜活的黄粉虫投喂给它们；对于那些观赏性的鱼类来说，可以一条一条地喂给它们鲜活的黄粉虫幼虫，在喂饵的过程中领略赏鱼的乐趣。另一方面，在集约化养殖时，主要是以黄粉虫干粉作为添加剂或原料取代昂贵的鱼粉配制成颗粒饲料来喂鱼，这在高密度养殖，如网箱养鱼中最常用。

6. 投喂活的黄粉虫时应注意的事项

许多家庭都有养殖观赏鱼或观赏龟的爱好，这些宠物都是喜欢在水里吃食的，因此黄粉虫也是投喂在水中的。所以笔者在这里重申一下，投喂活的黄粉虫必须要注意投喂的时间和投喂量。主要原因是黄粉虫在水中大约 10 分钟后就会因腹部气孔被水堵住而死亡，死亡后很快就会腐烂。如果投喂的黄粉虫量大，短时间内鱼吃不了，而这些死虫又没有急时被清理出来，那么时间一长，它们腐败后就会迅速污染水质，从而鱼也会随之得病，甚至死亡，这个教训必须要注意。

八、用黄粉虫养鸡

1. 用黄粉虫喂养虫子鸡

用黄粉虫喂养虫子鸡的技术参考第四章黄粉虫的综合养殖。

2. 用黄粉虫喂养蛋鸡

如果在养殖虫子鸡的同时，让虫子鸡下蛋，这种蛋就叫虫子蛋，它的喂养方法请参考虫子鸡的喂养。

如果是单纯在蛋鸡饲料中加入适量黄粉虫进行普通蛋鸡的养殖，可以直接将黄粉虫干按 1%的比例掺在饲料中一起投喂，也可在饲喂玉米、麦麸等饲料基础上，加喂 10%左右的活体黄粉虫，可以增强鸡体免疫力，显著降低鸡蛋的胆固醇、脂肪的含量，有效提高蛋白质、卵磷脂的含量，同时可丰富矿物质元素，使鸡蛋质量明显提高。

九、用黄粉虫喂养蜥蜴

蜥蜴的种类很多，也是一种世界性的宠物，在我国常见的有东南亚翠绿蜥、北草蜥、长尾鬣蜥、丽纹龙蜥、水龙、绿鬣蜥、豹纹守宫、变色龙、平原巨蜥等。

1. 饲养容器

饲养容器的长度应超过蜥蜴的长度，越大越好，至少有一边的长度是蜥蜴体长的 2.5 倍。底部以沙或石做铺垫，放块沉木或石块供其栖息，缸中置一水盆，水以晾晒过为佳，供其饮水与洗澡。

2. 通风

所用的饲养容器应通风良好，避免容器内过于闷热，对蜥蜴的健康产生不利影响。如果是用铁丝网做的饲养箱，通风当然不成问题。如果采用那种完全密封盖顶的养鱼用的玻璃缸或水族箱进行养殖的话，最好在缸或箱的旁边设置通风孔。当然建议最好采用专用的爬虫饲养箱，这样通风才会良好。

3. 黄粉虫投喂

可以用鲜活的黄粉虫喂食蜥蜴。食物以黄粉虫为主的话，1~2 天喂一次，一次可吃 6~10 只幼虫。在投喂黄粉虫时不要将其放在水中，而应放在砂石上，如果 2 分钟后发现有死亡的幼虫，要立即拣出，重新投喂鲜活的虫子。但要注意一点的就是，以黄粉虫为主要食物时，容易发生钙质与维生素摄取不足的情况，这时可喂食蔬菜、水果或添加专用营养添加剂。

十、黄粉虫喂养其他动物

因为黄粉虫本身具有优势特性，所以在养殖界特别是宠物观赏界，人们将黄粉虫列为驯食、养殖那些肉食性、食虫性和杂食性动物的优选食物。据了解，目前用黄粉虫养殖的动物有几十种，由于投喂黄粉虫的技巧比较简单，这里就不再进行阐述了。各地朋友可根据当地的养殖情况、养殖对象的大小及数量养殖对象的吃食情况，结合黄粉虫的来源情况，采取适合自己宠物养殖的饲喂方式，尤其是用鲜活黄粉虫投喂时一定要注意饲喂中的质量问题，不能让病虫或死虫感染自己的宠物。现在宠物界又有一种新宠，那就是拉步甲，它也是主要以黄粉虫为食物的。拉步甲和黄粉虫一样也是完全变态动物，它的幼虫和成虫都爱吃黄粉虫，但是在化蛹时要注意不能投喂黄粉虫，以防黄粉虫以没有任何躲避能力的拉步甲蛹为食物，那就得不偿失了。

拉步甲是南方分布较为广泛的一种大步甲，个体硕大、颜色艳丽，金属光泽尤其强烈，是一种新兴的观赏宠物。在养殖时可以用花鸟市场上常见的中号饲养箱，垫 5cm 以上的拌湿过的园土，铺一点湿苔藓保湿，加几块树皮以便其活动。一龄幼虫就可以喂食小型的黄粉虫幼虫，每只拉步甲一龄幼虫每天可吃 1 只黄粉虫的小龄幼虫，一龄幼虫进食四五天以后停食，然后蜕皮。二龄幼虫体格较大，这时既可以投喂鲜活的小黄粉虫，也可以投喂大的黄粉虫，只是大的黄粉虫最好切成两半，再喂给拉步甲。二龄幼虫进食一周左右后开始停食，此时应用含腐殖质较少的园土，加水拌湿润以后供幼虫下土化蛹。化蛹时的拉步甲是不能投喂黄粉虫的。在蛹羽化为成虫后，可以再投喂黄粉虫的幼虫，每只拉步甲每天可吃 3~4 只黄粉虫的幼虫。

第二节 黄粉虫有很好的食用价值

一、基本食品

1. 吃虫历史

人类在与大自然的斗争中，积累了丰富的利用自然资源的能力与本领，其中人类利用昆虫就具有十分悠久的历史。先祖们为了生存和获得更多营养，发现一些昆虫可以食用，据记载，我国劳动人民食用昆虫至少已经有 3000 多年的历史了。直到现在，我国许多地方还有吃昆虫的习惯，尤其是云南、西藏等少数民族地区仍保留着食用昆虫的习俗，一些地方甚至把昆虫宴作为丰盛的菜肴用于招待贵客，给人们留下了深刻的印象。

2. 黄粉虫的食用功效

黄粉虫的营养十分丰富，体内富含氨基酸、蛋白质、维生素及微量元素等营养成分，具有蛋白质含量高、营养丰富等特点，其中钾、钙、镁、磷的含量明显高于猪、牛、羊等动物性食品。尤其是钾的含量为鸡蛋的 10 倍、猪肉的 6 倍、牛肉的 6 倍、羊肉的 9 倍、鲤鱼的 2 倍、牛奶的 1.5 倍；钙的含量为鸡蛋的 3.5 倍、猪肉的 23 倍、牛肉的 23 倍、牛奶的 2.2 倍，是非常理想的动物蛋白质营养源。总体来说，食用黄粉虫具有提高人体免疫力、抗疲劳、延缓衰老、防皱、美容、养颜、降低血脂、增强体质、抗癌等功效。

3. 黄粉虫的表皮处理

对黄粉虫在进行食品加工时常遇到的最主要的问题就是虫体表皮的处理。黄粉虫的体壁及组织结构与其他节肢动物一样，都是外骨骼系统，而这种外骨骼有一个显著的特点就是表皮结构以几丁质为主。几丁质是一种含氮多糖的高分子聚合物，结构非常稳定、结实，但是几丁质的这种结构在一般条件下很难用强酸、强碱进行作用，从而达到软化可食用的效果的，这就导致以黄粉虫作为原料的加工食品的口感会受到直接影响，即入口后表皮粗糙、坚硬而无味，更不容易被人体消化吸收，因此需要对表皮进行处理。

4. 黄粉虫的利用

目前全球通用的黄粉虫处理方法大致可分为三种：第一种是过滤表皮法，也就是将处理干净的黄粉虫经破碎加工后，通过过滤的方法除去散落在滤渣中的表皮，将滤液留下来加工食品。但是这种过滤后的表皮也不要轻易浪费，可以结合提取几丁质的方法，将滤渣中的表皮进行再次利用，既不污染环境，又能提高效益。第二种是采用烘、炸、煎、烤等方法来加工黄粉虫，直接通过高温的作用来坏虫体的表皮结构，使几丁质变性，让虫体更加膨松酥嫩，香气扑鼻，具有昆虫食品的特殊风味，可以直接食用。烘、烤、煎、炸黄粉虫是目前最简单易行且深受人们欢迎的一种处理方法。第三种方法是用酶来破坏表皮几丁质大分子间稳定的键，促进其水解以达到软化的作用。由于这种方法需要较高的技术和比较昂贵的设备，对于普通养殖黄粉虫的朋友来说，这是不现实的，但从长远来看，用酶解法来生产黄粉虫的产品是一种必然趋势。

二、功能食品

黄粉虫在许多地方尤其是国外已经被广泛开发出各种各样的食品，包括黄粉虫罐头、黄粉虫保健品等。黄粉虫经加工后还能以食品添加剂的方式被加工成高蛋白面包以及富含微量矿物质元素的锅巴、饼干等功能食品。

1. 虫菜

直接将黄粉虫幼虫、蛹烹制成各种菜肴或膨化加工成小食品等，这些小食品就叫作原虫食品，通常也被称汉旱虾，其口感清新，营养非常丰富。常见的黄粉虫的菜肴一方面是用幼虫制作的，业内人士称为虫菜；另一方面是用蛹制作的，业内人士称为蛹菜。

2. 油炸黄粉虫

由于黄粉虫体表的几丁质较为坚硬，经过油炸后会更加膨酥。具体的制作方法如下。

（1）选料：选用新鲜黄粉虫的幼虫或蛹，成虫是不能选用的。

（2）除杂：将选好的黄粉虫放在筛子上，严格清理，去除杂质及内脏，用洁净的清水冲洗干净虫体，再用脱水机脱干水分备用。

（3）油炸：将处理干净的黄粉虫放在煮沸的开水中烫煮3分钟左右，捞出后用纱布包裹放在脱水机里进行再次脱水。将少量食用油放在锅中，用中火烧至八成热，将干燥的虫体放在锅中炒至膨酥即可起锅，然后加入调味品就可以食用了。

这种产品营养丰富、风味独特，因此也可以作为风味小吃。油炸黄粉虫适用于制作小食品、餐宴食品、佐餐食品等。

3. 微波虫蛹食品

（1）选料：选用新鲜黄粉虫的幼虫或蛹。

（2）除杂：将选好的黄粉虫放在筛子上，先严格清理，去除杂质及内脏，用洁净的清水冲洗干净虫体，再用脱水机脱干水分备用。

（3）微波虫蛹食品的制作：把处理好的虫蛹放到微波炉中烤制成膨酥状，烤制时要注意时间的把握。根据测试，每只直径约25cm的微波盘可放100g左右的幼虫，微波加工9分钟就可以，而黄粉虫蛹在同样的条件下只需加工6分钟即可。然后撒上不同口感的调料就可以食用了。另外还有一点要注意的是，这里的烤制时间只是个参考值，具体的加工时间还视虫蛹的种类、个体大小、虫体脱水程度以及微波炉的功率而定。

4. 餐饮半成品

这种制作好的半成品一般是高档餐馆用来开设昆虫宴的，半成品进入餐馆的后厨后，只需根据宴会的需要，稍微做下加工、拼盘就可以制作成美味可口的虫菜了。

（1）选料：选用新鲜黄粉虫的幼虫或蛹。

（2）除杂：将选好的黄粉虫放在筛子上，严格清理，去除杂质及内脏，用洁净的清水冲洗干净虫体备用。

（3）制作半成品：把精心处理好的原料放一沸水锅中煮沸3分钟，然后捞出待其冷却，用脱水机脱水后进行整形、挑选，之后做成小包装。

（4）储存：把加工好的黄粉虫按50g、100g、200g、250g、500g的规格装入专用食品塑料袋中，真空抽气后封口，然后放入冻冰柜，在−18℃的条件下储存。

5. 黄粉虫酱油

通过专业的设备，人们可以将黄粉虫加工制作成酱油，具体的制作工艺流程和方法如下：

（1）选料：选用新鲜黄粉虫的幼虫或蛹，成虫是不可以选用的。

（2）除杂：将选好的黄粉虫放在筛子上，先严格清理，去除杂质，用洁净的清水冲洗干净虫体，再用脱水机脱干水分备用。

（3）制作：一是把处理好的黄粉虫加适量水磨成虫浆状，调节酸碱度至中性，也就是 pH 为 7.0；二是向虫浆中加入 1%胰蛋白酶，在恒温 45℃的条件下，经 5~8 小时的酶解作用，使蛋白质酶解成氨基酸；三是待酶解作用完成后，将温度升到 90℃，在高温的作用下，水分使胰蛋白酶失去活性，也就是灭酶过程；四是进行过滤，并将 pH 调至 4.5~5.0，然后继续将温度升至 100℃，经过 30 分钟的灭菌处理后，再进行调味调色即可制成黄粉虫酱油；五是成品包装，经过微波进一步的搅拌后，进行最后一次精细过滤，将成品包装即可上市销售。黄粉虫酱油本身在制作过程中，基本上没有流失营养成分，同时产品具有动物蛋白质的口感，拥有营养丰富、味道鲜美的优点，富含氨基酸及钙、硒、钾、磷、铁、镁、锌等多种微量元素和维生素，而且据测定，黄粉虫酱油里的维生素含量远远超过普通酱油。因此这种酱油既是优良的调味品，又具有营养保健功能。

6. 黄粉虫虫酱

人们发现还可以用黄粉虫加工制作虫酱：

（1）选料：选用新鲜黄粉虫的幼虫或蛹，成虫是不可以选用的。

（2）除杂：将选好的黄粉虫放在筛子上，先严格清理，去除杂质，清除消化道及分泌物，再用洁净的清水冲洗干净虫体，沥干水分备用。

（3）制作基料：把处理好的黄粉虫放在 75~80℃的温度下烘干 3 分钟，然后在高温下灭菌 20~30 分钟，再加水研磨成虫浆状，作为基料。

（4）制作各种风味的虫酱：在基料的基础上，可根据需要或各自的喜好调配食用油、豆粉、芝麻、辣椒、天然香料等辅料，配制成各种风味虫酱。也可以在基料中加入白砂糖等制成酥糖馅、月饼馅等各种点心馅。

7. 黄粉虫风味罐头

在规模化养殖黄粉虫时，由于黄粉虫的数量众多，而且优质品也较多，因此可以制作生产黄粉虫罐头，从而提高养殖的附加值。

（1）选料：选用体态完整的新鲜黄粉虫的幼虫或蛹，成虫是不可以选用的。

（2）除杂：将选好的黄粉虫放在筛子上，先严格清理，去除杂质，清除消化道及分泌物，再用洁净的清水冲洗干净虫体，沥干水分备用。

（3）制作各种风味罐头：将处理好的黄粉虫的幼虫或蛹经过水煮固化、脱水机脱水、灭菌处理等程序后，采用清蒸、红烧、油炸、微波、五香腌制等不同的调味方式进行加工，用常规制作罐头的方式进行装罐、排气、密封、杀菌后，再冷却至常温，就制成了各种风味的虫罐头或蛹罐头。这种罐头具有营养丰富、耐储存、风味独特、食用方便的优点。

8. 食品添加剂

（1）黄粉虫调味粉的加工。黄粉虫的味道鲜美、口感独特，因此可以将黄粉虫加工成调味粉。

1）选料：选用体态完整的新鲜黄粉虫的幼虫或蛹。

2）除杂：将选好的黄粉虫放在筛子上，先严格清理，去除杂质，清除消化道及分泌物，再用洁净的清水冲洗干净虫体，沥干水分备用。

3）将清洗晾干后的虫体进行固化后，再用脱水机进行脱水，然后进行脱色处理。接着将处理好的虫体放到干燥箱中烘干，同时灭菌，再研磨成干粉，最后把干粉进行筛分，成品可以直接装袋，那些筛选剩下的虫粉另作他用。

这种由黄粉虫制作的调味粉营养全面，不含添加剂，是一种天然的调味粉，可添加到面包、糕点、饼干、糖果等各类食品中，增加蛋白质含量，提高其营养价值。

（2）黄粉虫蛋白质的提取。本书在刚开篇就已经阐述了黄粉虫的营养价值，黄粉虫蛋白质中所含的必需氨基酸不但种类多、含量高，蛋白质营养价值高，而且黄粉虫蛋白质中各种必需氨基酸之间的比例适宜，非常适合人体的需要，进入人体后易于被人体消化、吸收，所以黄粉虫蛋白质是优质蛋白质，也是可供人类食用的优质蛋白质之一。

从黄粉虫中提取蛋白质的方法有多种，一般可分为碱法、盐法和酶法3种。

1）碱法提取。

①选料：选用体态完整的新鲜黄粉虫的幼虫或蛹。

②除杂：将选好的黄粉虫放在筛子上，先严格清理，去除杂质，清除消化道及分泌物，再用洁净的清水冲洗干净虫体，沥干水分备用。

③提取：将处理好的黄粉虫打成虫浆或脱水后磨成干粉，按一定比例加入碱，这里用的碱是氢氧化钠溶液，在一定温度条件下，处理一定时间（20分钟）后，用离心机离心5分钟去除虫渣，留下渣液。接着进行酸碱调节，向离心后的液体里加入10%盐酸调节pH，直到pH达4.5左右，可见明显的沉淀析出时为止。再用高速离心机将这些沉淀物离心4分钟后得到含盐的粗蛋白质。最后将含盐蛋白质透析得到去盐蛋白质。

2）盐法提取。

①选料：选用体态完整的新鲜黄粉虫的幼虫或蛹。

②除杂：将选好的黄粉虫放在筛子上，先严格清理，去除杂质，清除消化道及分泌物，再用洁净的清水冲洗干净虫体，沥干水分备用。

③提取：将处理好的黄粉虫打成虫浆或脱水后磨成干粉，按一定比例加入盐，这里用的盐是氯化钠溶液，在一定温度条件下处理一定时间（20分钟）后，用离心机离心5分钟去除虫渣，留下渣液。接着将这些渣液再进行过滤处理，就可以得到粗蛋白质。

3）酶法提取。

①选料：选用体态完整的新鲜黄粉虫的幼虫或蛹。

②除杂：将选好的黄粉虫放在筛子上，先严格清理，去除杂质，清除消化道及分泌物，再用洁净的清水冲洗干净虫体，沥干水分备用。

③提取：将处理好的黄粉虫打成虫浆或脱水后磨成干粉，按一定比例加入胰蛋白酶和蒸馏水，在高速离心机下匀浆3分钟。用1%的氢氧化钠溶液调节pH使pH值为7，在一定的酶解温度下经过一定的酶解时间，然后升温至70℃杀酶30分钟，置冰箱中冷藏过夜。最后将虫渣过用滤，在80℃下烘干，得到粗蛋白质。

（3）制作黄粉虫蛋白粉。研究昆虫蛋白质的提取与纯化技术，是进一步开发与利用昆虫蛋白源的前提。目前国内对蚕蛹及家蝇幼虫蛋白的提取工艺有所研究，但对黄粉虫幼虫蛋白提取工艺的研究还较少。如果把黄粉虫幼虫中的蛋白质分离提取出来，将能给市场提供丰富的营养品和优质蛋白质资源，还可作为食品的蛋白质强化剂、生产营养保健品、模拟制品的原料等。

昆虫蛋白质提取是20世纪80年代迅速发展起来的一项新工艺。提纯的昆虫蛋白质是食品和医药工业中的重要原料。在国外，昆虫蛋白主要以非溶解性提法提炼，由于难以解决褪色、除臭等问题，加上纯化过程繁琐，并没有广泛应用于工厂化生产。因此，许多学者仍致力于对昆虫蛋白质提取工艺的研究。目前用于提取黄粉虫蛋白质的方法主要有碱提法、盐提法和酶提法。

通过研究碱液浓度、料液比、提取温度、提取时间等因素对黄粉虫蛋白质提取率的影响，并采用正交实验优化工艺参数，得出碱法提取黄粉虫蛋白质的最佳工艺条件如下：碱液浓度为1.0%、时间为2小时、温度为50℃、料液比为1∶15。在此条件下，黄粉虫蛋白质的提取率为77.8%。

通过研究盐离子浓度、料液比、浸提温度、浸提时间等因素对黄粉虫蛋白质提取率的影响，并采用正交实验优化工艺参数，得出盐法提取黄粉虫蛋白质的最佳工艺条件如下：采用1.0%的氯化钠溶液，在浸提温度为40℃，料液比为1∶20的条件下提取黄粉虫蛋白3小时，就可达到最佳的蛋白提取效果，提取率可达52.5%。

通过研究酶制剂选择、加酶量、料液比、酶解温度、酶解时间等因素对黄粉虫蛋白质水解的影响，得出最佳工艺条件如下：以胰蛋白酶为作用酶，加酶量为1.5%、温度为55℃、固液比为1∶10、时间为5小时、pH值为8.0。在此条件下，重复实验三次，提取率为73.8%。

通过研究采用脱脂、浸提、双酶水解等方法对黄粉虫进行处理对酶解反应的影响，探讨了提高黄粉虫蛋白质提取率的方法。经分析，脱脂后黄粉虫蛋白质水解率明显提高；热浸提操作也可明显提高氨基氮的溶出率，在温度100℃下处理30分钟为最佳热浸提条件；双酶水解则能使水解更为彻底，0.5%胰蛋白酶和0.25%胰凝乳蛋白酶组合作用于黄粉虫蛋白质提取时，可显著提高提取率。

通过对三种提取方法的比较，可得出碱法提取的提取率较高，提取简单易行，生产成本较低，但蛋白质损失比较高，对蛋白质品质有影响；盐法方法较为简单，而且提取液 pH 值近于中性，使蛋白质易保持天然状态，从而提高了蛋白质的品质，但提取效率较低；酶法提取条件比较温和，提取时间较短，能更多地保留蛋白质的营养价值。综上所述，碱法提取和酶法提取各有优缺点，采用何种方法提取黄粉虫蛋白要根据黄粉虫蛋白的最终应用目的来选择。

制作黄粉虫蛋白粉的工艺流程如下：

1）选料：选用体态完整的新鲜黄粉虫的幼虫或蛹。

2）除杂：将选好的黄粉虫放在筛子上，先严格清理，去除杂质，清除消化道及分泌物，再用洁净的清水冲洗干净虫体，沥干水分备用，然后进行脱色处理。接着将处理好的虫体放到干燥箱中烘干。

3）制作：将清洗沥干水分后的虫体进行固化后脱水烘干，同时灭菌，再研磨成干粉，采用加盐或加碱法使虫体蛋白质充分溶解，然后可用等电点法或盐析法、透析法等方法，使蛋白质凝聚沉淀，再把沉淀物烘干，把干粉进行筛分，成品可以直接装袋，从而得到黄粉虫蛋白粉。

黄粉虫蛋白质品质优良，是较理想的人类食用蛋白质资源。近年来，随着人们对绿色食品营养的要求越来越高，很多学者开始注重黄粉虫的高蛋白在食品当中的应用。

利用食物蛋白质的互补作用原理，马勇等（2003）将黄粉虫蛋白粉作为添加剂制作了无水清蛋糕。刘世民等（2004）将黄粉虫蛋白粉加入面条中制作出了口感好而且营养价值高的新型面条。赵大军等（2005）制作了黄粉虫蛋白酸奶。宋立等（2005）将黄粉虫蛋白乳添加到饼干当中的制作工艺中不仅能改善其风味，而且能增加营养。因为黄粉虫蛋白浆在提取的时候常伴有异味，而黄粉虫蛋白营养食品急于在市场中生产并普及，所以很多学者不断改进白质的提取工艺。胡荣学等（2009）、李奕冉等（2010）研究了黄粉虫蛋白质的提取及纯化工艺，黄雄伟（2010）利用盐提法提取黄粉虫蛋白质，为黄粉虫蛋白的应用开发提供了方便。

第三节　黄粉虫用作功能保健品

一、生产黄粉虫滋补酒

由于黄粉虫具有很好的保健功能，可以开发制作成保健滋补酒。生产黄粉虫滋补酒的工艺流程如下：

（1）选料：选用老熟黄粉虫的幼虫或蛹，成虫是不可以选用的。

（2）除杂：将选好的黄粉虫放在筛子上，先严格清理，去除杂质，清除消化道及分泌物，再用洁净的清水冲洗干净虫体，沥干水分备用。

（3）将黄粉虫固化、烘干脱水，然后配以枸杞、红枣，按枸杞2份、红枣1份、黄粉虫2份的比例放入白酒中，浸泡1~2个月即成。要注意浸泡的时间与白酒的度数有一定的关系，一般来说，度数越高（最好在48°以上），浸泡的时间越短，反之亦然。生产出来的黄粉虫滋补酒颜色纯红、口味甘醇，具有安神、养心、健脾、通络活血等功效，是一种值得推广的虫酒。

二、生产黄粉虫口服冲剂

用黄粉虫生产口服冲剂需要以下几步：

（1）选料：选用体态完整的新鲜黄粉虫的幼虫或蛹。

（2）除杂：将选好的黄粉虫放在筛子上，先严格清理，去除杂质，清除消化道及分泌物，再用洁净的清水冲洗干净虫体，沥干水分备用。

（3）深处理：将清洗沥干水分后的虫体进行固化后，再用脱水机进行脱水，然后进行脱脂、脱色处理。

（4）制作：将处理好的黄粉虫进行高温灭菌处理，然后研磨成粉，再经过过滤、均质等进一步的处理后，采用喷雾干燥等工艺制成乳白色粉状冲剂，包装之后就是成品了。

这种由黄粉虫生产的口服冲剂，其蛋白质、微量元素、维生素含量丰富，适合配制滋补强身饮料及各种冷饮食品。

三、用黄粉虫提取并生产氨基酸口服液

用黄粉虫提取并生产氨基酸口服液需要以下几步：

（1）选料：选用体态完整的新鲜黄粉虫的幼虫或蛹。

（2）除杂：将选好的黄粉虫放在筛子上，先严格清理，去除杂质，清除消化道及分泌物，再用洁净的清水冲洗干净虫体，沥干水分备用。

（3）深处理：将清洗沥干水分后的虫体进行固化后，再用脱水机进行脱水，然后进行脱脂、脱色处理。

（4）提取黄粉虫蛋白质：前面已经了解了蛋白质的提取方法和技巧。黄粉虫蛋白质中氨基酸组成合理，可制取水解蛋白和氨基酸，两者虽然水解度不同，但都具有良好的水溶性。

（5）进一步提取氨基酸：在提取蛋白质后进行水解，水解的方法包括酸法、碱法或酶法。一般情况下采用酶解法制取的复合氨基酸酚的含量最高。提取后的氨基酸具有极高的药用价值和工业价值，可用于加工保健食品、食品强化剂，也可用于治疗氨基酸缺乏症。

（6）制作黄粉虫氨基酸口服液：将水解得到的复合氨基酸产品烘干并制成粉状成品。如果要制成单一品种的氨基酸，可对复合氨基酸液进行进一步纯化分离、均质调配、冷藏等处理，装瓶、杀菌后制成某种氨基酸口服液。也可以直接用氨基酸干粉制成氨基酸软胶囊。

另外，用黄粉虫幼虫制取口服液的过程中，完全可以对一些副产物进行综合开发利用。黄粉虫脱脂得到的脂肪中的不饱和脂肪酸所占比例较大，其P/S 值明显高于其他食物。特别是人体不能合成，必须由食物供给的必需脂肪酸亚油酸含量高达 24.1%，大大高于其他食品含量。黄粉虫的脂肪中，饱和脂肪酸与不饱和脂肪酸的比值（S/P）为 35.4%，这一比值远比猪、牛、羊、鸡肉等的比值低得多，因而黄粉虫的脂肪优于普通动物性脂肪。

此外，黄粉虫的骨骼、鞘翅，幼虫的表皮，蛹壳都是由几丁质构成的，可将黄粉虫除去蛋白质、脂肪后制取甲壳素，将甲壳素进一步脱乙酰基即得可溶性甲壳素，即壳聚糖。甲壳素和壳聚糖及其衍生物具有无毒、无味、可

生物降解等特点，在食品加工中可作絮凝剂、填充剂、增稠剂、脱色剂、稳定剂、防腐剂，并具有人造肠衣、保鲜包装膜等多种用途。

黄粉虫蛋白质是富含必需氨基酸、营养丰富的蛋白质资源，有较大的开发应用前景。酶水解后的黄粉虫蛋白液，具有特殊的香气，但同时也存有一定异味，通过加入蜂蜜、白砂糖等甜味剂进行掩盖，并用β-环糊精的包埋等方法处理，可以得到口感较好的口服液。此外还可以尝试加发酵剂进行发酵适当调整口感，如保加利亚乳杆菌和嗜热链球菌按 1∶1 的比例混合后接种发酵，41℃发酵 4~5 小时，接种量 4%。此方法得到的黄粉虫蛋白发酵营养液不仅彻底脱除了异味，而且水解液有一种发酵的香味。

不同温度对黄粉虫幼虫的烘干效果不同，采用 100℃和 120℃烘干黄粉虫幼虫时，色泽、气味和口感香味较好。在 100℃条件下烘烤 200 分钟对虫体中的蛋白质和氨基酸破坏较轻。胰蛋白酶作为黄粉虫蛋白最佳水解酶制剂，其提取的最佳工艺条件为：酶用量为 0.5%，固液比为 1∶3，温度为 60℃，pH 值为 7，时间为 7 小时。针对胰蛋白酶水解率低的问题，分别从脱脂、浸提、双酶水解、添加金属离子等方面进行了提高水解能力的研究。脱脂后黄粉虫蛋白质水解率明显提高，而且随着脱脂时间的增长，样品脱脂率逐渐提高，同时氨基氮含量也呈上升趋势。当脱脂超过 3 小时后，氨基氮含量不再变化，这说明脱脂 3 小时即可把黄粉虫里面的脂肪基本脱除，水解液中的氨基氮含量也达到最大值。因此我们选用脱脂时间为 3 小时。采用不同的温度和时间对黄粉虫进行热浸提前处理，100℃的温度下处理 30 分钟为最佳热浸提条件。以 0.5%的胰蛋白酶为主要水解酶，分别添加 0.25%，0.5%的胰凝乳蛋白酶和 0.25%，0.5%的木瓜蛋白酶，最终试验结果表明，0.5%胰蛋白酶+0.25%胰凝乳蛋白酶的组合可以大大提高黄粉虫蛋白质的水解率。金属离子对胰蛋白酶水解能力具有抑制作用。测定结果表明：金属离子钠、钾、钙、镁、锌等对胰蛋白酶都有很强的抑制作用。而且随着添加量的增加，抑制作用增强。其中钠、钾、钙离子的影响相对较小。镁、锌离子的影响较大。金属离子含量不超过 10mmol/L 时其对胰蛋白酶的抑制作用相对较弱，因此生产中要将金属离子量控制在 10mmol/L 以下。酶解出来的氨基酸水解液颜色发黑影响观感，我们在温度为 25℃，活性炭用量为 25%的情况下，作用 40 分钟进行脱色可以达到较好的效果。此外，酶水解后的黄粉虫水解液具有特殊的香气，但同时也有一定的异味，必须进行脱臭，因此我们选用β-环糊精作为脱臭剂进行实验。结果表明，3.0%的β-环糊精脱臭2小时可达到理想的脱臭效果。黄粉虫氨基酸水解液选取蜂蜜、白砂糖、柠檬酸进行调味，通过L_93^4正交实验确定各因素对产品口感影响大小，最佳配比组合为蜂蜜5%、白砂糖8%、柠檬酸0.1%。

四、生产黄粉虫蛋白强化饮料

前几年国内市面上常见的饮料多数只是单纯为了解渴，具有保健功能的饮料并不多见。目前在一些大城市的商场中出现了一定数量的功能饮料，但是这些功能饮料大多数都是采用人工方法添加营养物质。我们可以利用黄粉虫直接酶解得到的氨基酸水解液进行调配，加工出来含有各种氨基酸的全营养型功能饮料。这种饮料中含有大量游离氨基酸，易被人体吸收，维生素和微量元素的含量也较高，是一种新型的营养保健饮料，具有很高的营养价值，适合运动员、婴幼儿、青少年及重体力劳动者饮用。另外，还可以将黄粉虫蛋白与其他各种乳饮料中所含蛋白按一定比例进行科学搭配，使动、植物蛋白得以互补，各种氨基酸构成比较平衡，从而提高饮料中蛋白质的生物价值。

大多数饮料虽然含糖量较高，但是蛋白质缺乏，营养不平衡，而黄粉虫却具有蛋白质含量高、营养全面的优势。为使饮料能够提供人体所需的蛋白质，可利用黄粉虫蛋白对饮料进行强化。

（1）选料：选用体态完整的新鲜黄粉虫的幼虫或蛹。

（2）除杂：将选好的黄粉虫放在筛子上，先严格清理，去除杂质，清除消化道及分泌物，再用洁净的清水冲洗干净虫体，沥干水分备用。

（3）制作饮料：由于饮料的成分或功能不相同，用黄粉虫对这些饮料进行强化的技术手段也有一定的区别。对于不含酸的清凉饮料，可将黄粉虫蛋白用酸化或酶催化法转化成可溶性蛋白质后按一定的比例添加到清凉饮料或含有碳酸气的饮料中进行强化；对于果汁饮料，可采用双酶解法制取等电点溶解蛋白作为果汁等软饮料的强化剂。如果对这些强化后的饮料配以蜂蜜、果汁，那么这些饮料中将有大量易被人体吸收的游离氨基酸。

五、黄粉虫脂类物质的应用

黄粉虫脂肪中含有丰富的不饱和脂肪酸，其短链、中链和超长链脂肪酸含量极少，以 C_{16}~C_{18} 脂肪酸为主，不饱和脂肪酸占主要比例，其中以油酸和亚油酸为主，油酸含量达 50%以上，亚油酸达 25%以上。黄粉虫油脂还可提纯作为医用和化妆品用脂肪，不仅能提高皮肤的抗皱功能，而且对皮肤病有一定的治疗和缓解症状的作用。黄粉虫粉碎后经脱脂处理，内部的蛋白质不再受脂肪的包裹，减少了脂肪对它的束缚因而易被作用，从而可以提高黄粉虫蛋白质的提取率。因此，提取黄粉虫油脂既具有重要的经济价值，也有利于提高黄粉虫蛋白质提取率。

昆虫油脂的提取方法主要有压榨法、有机溶剂浸出法及一些新型的提取方法（如超临界 CO_2 萃取等），但由于黄粉虫是高蛋白、高脂质物质，使用压榨法提取油脂后的蛋白质多已变性，而且黄粉虫粗纤维含量较少、质地较软，压榨出油率很低，压榨法不便利用。新型的提取方法，如超临界 CO_2 萃取（Supercritical Fluid Extraction，SCFE）有其特有的优势，是一项近年来国内外采用的新型分离技术。该技术以超临界 CO_2 流体在不同温度和压力下利用对不同物质的溶解度差别将其分离，特别适用于脂溶性、高沸点、热敏性物质的提取，同时具有节省能源等优点。在食品工业领域中，超临界流体萃取技术已应用到昆虫油脂的提取，如蚕蛹油、水虻油等。有机溶剂浸出法具有出油率较高、蛋白质不变性、工业成本较低等优点，应用较广。通过对黄粉虫油脂萃取工艺的探讨和研究，选出最佳的萃取方案，并应用到工业生产中，以减少萃取率低、萃取纯度不高的问题，并对后续提取黄粉虫蛋白质提供有利条件，同时降低生产成本，并使其产品具有加工快速、安全和标准化的特点。

采用有机溶剂萃取法脱除黄粉虫油脂时，应选用无水乙醚作为最佳萃取剂，此时黄粉虫油脂萃取率较高，且产品品质较好。从有机溶剂萃取法正交实验结果可知，最佳萃取条件如下：以无水乙醚作为萃取溶剂，萃取温度为 40℃，料液比为 1：6，萃取时间为 3 小时。原料在浸出过程中，应定时搅拌，这样可使溶剂与原料充分接触，有利于油脂的充分浸出，还可使提取出的油脂迅速上浮，加速提油过程。

超临界 CO_2 萃取黄粉虫油脂工艺也是可行的。在本试验条件下，最佳工艺条件为：萃取压力为 30MPa、CO_2 流量为 20L/h、温度为 35℃、时间为 2.5 小时。在此条件下，萃取率为 30.45%。由于黄粉虫油脂有诸多功能，用超临界 CO_2 萃取黄粉虫油，油脂色泽、品质好，在食品、药品生产中具有较大的应用潜力，因此对其研究具有重要价值。

有机溶剂萃取法和超临界 CO_2 萃取法各有特点，脱除黄粉虫油脂都是可行的，就生产成本来讲，有机溶剂法优于超临界萃取法，但就产品品质来讲，超临界萃取法优于有机溶剂法。本实验中，由于超临界萃取法脱除黄粉虫油脂后，蛋白损失率较低，且除油后的原料无异味，易于提取蛋白质，所以选取超临界 CO_2 萃取法作为黄粉虫油脂脱除方法。

黄粉虫富含粗脂肪，而且脂肪酸种类齐全、搭配合理，优于多种畜禽类脂肪，常被用作保健品添加用油、化妆品添加剂、食用油脂。黄粉虫的蛹、幼虫、成虫中的粗脂肪含量分别为 26.80%~30.13%、28.90%~37.64%、30.9%。近 90%的脂肪酸为 C_{16}~C_{18} 脂肪酸，其中不饱和脂肪酸（P）约占 24.86%，主要是亚油酸；饱和脂肪酸（S）约占 27.67%，主要是人体所必需的油酸、亚油酸和软脂酸，而增高胆固醇作用明显的肉豆蔻酸含量低，不饱和脂肪酸与饱和脂肪酸比值大于 0.9，接近于人膳食中的比值 1.0，所以是比较理想的食用脂肪。

国内已将其用于制作黄粉虫油、增塑剂、太古油等，而在国外的应用更广泛，如制备人造奶油、降低血液胆固醇的药物、润滑剂及表面活性剂中间体等。黄粉虫脂类物质的另一大优势是可以作为天然防腐剂，耿俊丽研究发现，黄粉虫幼虫和成虫脂类物质对供试部分细菌（包括革兰氏阳性菌和阴性菌）和植物病原真菌都具有抗菌活性，并且发现黄粉虫幼虫和成虫体内的抗菌活性物质主要为不饱和脂肪酸，但种类和含量不同：成虫的主要抗菌成分是十八碳烯酸（相对含量为 60.88%），幼虫的主要抗菌成分是肉豆蔻酸（相对含量为 54.4%）。王君等研究了黄粉虫成虫及幼虫体内抗菌脂类物质，并将此物质应用于苹果、梨等水果及豆干的保存中，发现水果及豆干的保质期显著延长。

六、黄粉虫原形食品的应用

黄粉虫加工工艺中最简单的一种形式就是保持或基本保持虫体的原形加工，制作而成的食品即为黄粉虫原形食品。此外，还可以利用煎、炸、烤、蒸等方式将黄粉虫虫体制备成日常菜肴，如利用幼虫制成的“汉虾”、利用虫蛹制成的“蛹宝”等，也可将其磨粉、打浆、浸提等制成“汉虾粉”、黄粉虫虫浆、黄粉虫酒等产品。

七、黄粉虫作为食品添加剂的应用

黄粉虫虫粉作为辅助配料添加到食品中可以提高食品的营养价值和口感。在饼干中加入黄粉虫虫粉，不仅能使食物更加味美可口，而且能使蛋白质含量增加 1 倍；在酥糖或月饼中加入黄粉虫虫粉，可以制成特殊风味的“汉虾酥糖”和“汉虾月饼”等。在面食的加工中添加适量的黄粉虫蛋白乳，可制成营养丰富的面条、面包、无水清蛋糕等。

此外，黄粉虫还可用于加工蛋白饮料或者蛋白酸奶。黄粉虫蛋白酶解后有异亮氨酸、甘氨酸、脯氨酸和丙氨酸，它们的存在可使水解蛋白拥有特殊的甜味和鲜味，因此黄粉虫还可以用于加工酱油、虫酱、补酒等。

由于黄粉虫在幼虫期需要进食，体内含有粪便的内含异物，在制备蛋白浆时会产生异味，让人感到不适，为了排除这种异味，很多学者进行了研究。陈彤等在黄粉虫幼虫的饲料中添加新鲜的瓜果青菜，使虫体的水分含量增高，易于部分内含物排出。再将幼虫浸泡于清水中，虫体组织膨胀后挤压消化道排出内含物，这样可去除异味，制备出的蛋白浆也不会产生异味。胡学荣等将洗净的黄粉虫幼虫用 90℃开水浸泡后磨浆，过滤后真空脱气、浓缩，也可以除去异味，得到具有虫香味的蛋白浆。

近年来，养殖黄粉虫的企业越来越多，但市场上的黄粉虫主要是被用作鱼类及其他经济动物的饲料，尚未应用于食品深加工。在现代快节奏生活中，面包已成为人们的早餐主食，然而市场上的面包品种单一且蛋白质含量不高，而黄粉虫蛹的天然优势可以弥补传统快餐食品中的不足。首先，黄粉虫蛹的高蛋白含量、全面的氨基酸组成及合理脂肪酸配比，可以有效地提高面包的营养价值，具有保健功能；其次，黄粉虫在蛹期时无须进食，体内无粪便等异物，无明显异味；最后，黄粉虫蛹体内的脂类物质有抗菌防腐作用，能延长食品的保质期，减少防腐剂的使用，保证食品质量安全。杨琳将鲜活的黄粉虫蛹用清水洗净，磨浆后过滤分离，冷冻干燥后粉碎成粉，最终灭菌得到黄粉虫营养蛋白成品。与现有动植物蛋白相比，该产品成本低、效果好，且蛋白质营养成分及生物活性物质稳定，其中还富含甲壳素成、多种氨基酸、维生素和多种矿物质元素，可直接食用或作为营养食品蛋白质原料。

通过单因素多水平实验研究了黄粉虫蛹蛋白的添加对面包品质的影响，采用多因素多水平实验和响应面法研究了黄粉虫蛹蛋白浆与白砂糖、干酵母、鸡蛋和奶粉的含量对面包感官品质的影响，最终筛选出黄粉虫蛹蛋白面包的最佳配方，并对其进行了验证。实验结果表明：添加黄粉虫蛹蛋白浆可以提高面包蛋白质含量，改善传统面包的感官品质和营养价值，且最佳添加量为20%，黄粉虫蛹蛋白面包的最佳烘焙温度为 180 ℃/210℃（面火/底火），烘焙时间 25 min。20%黄粉虫蛹蛋白浆、18%白砂糖、1%干酵母、10%鸡蛋、6%奶粉（以高筋粉重量为基准）为最佳配方，并得到了验证，而 20%黄粉虫蛹蛋白浆、18%白砂糖、1%干酵母、8%鸡蛋和 6%奶粉的配方既保证了面包质量，也可节约成本，在实际生产也具有较强的实用价值。另外，实验利用 SAS 9.1 中 ANOVA、Backward Elimilination model 和二次响应面分析程序处理数据，比常规机值分析更加可靠，不仅可以很方便地得到面包的最佳配方，还可反映各成分及其交互作用对面包感官品质的影响，可以据此合理选择面包制作原材料。

用正交试验优化黄粉虫蛋白果冻配方，得到的最佳工艺配方如下：以水的重量为基准，8%黄粉虫蛹蛋白浆、5%明胶、8%白砂糖、1%琼脂及 0.2%柠檬酸，制作出的果冻不仅具备市售果冻的外观及口感，营养价值还较高。

八、黄粉虫作为宠物饲料的应用

宠物养殖业是世界上发展较快的新兴产业。黄粉虫可以直接或烘制冷冻加工成动物饲料，用于饲养乌龟、鱼、蝎子等特种经济动物，通过食物链的传送，动物蛋白的经济价值会得到进一步提升。黄粉虫虫沙中含有 10%的蛋白质，接近麦麸的粗蛋白含量，因此以其作为畜禽的粗饲料，不仅可以大大降低成本，而且能够提高养殖效益。刘利林（2011）用黄粉虫虫沙饲喂绵羊，结果发现虫沙的适口性一般，在生产中使用时应循序渐进地饲喂，由少到多，一段时间后黄粉虫虫沙就可以完全替代米糠、玉米麸皮等饲料，在绵羊生产中应用较为合适。王金花等（2013）在文昌鸡日粮中添加虫沙，结果发现鸡的日增重显著提高。

第四节 黄粉虫作为科学试验材料

一、教学科研的好材料

由于黄粉虫饲养方便，简单易得，便于观察，在20世纪60年代末期，有关科研人员就开始选择黄粉虫作为教学、科研的试验材料，如作为昆虫生理、生化、生物解剖及生物学、营养学、生态学等方面的试验材料。

在教学方面，主要利用黄粉虫的活体来演示节肢动物的循环系统和血液的循环过程以及进行消化系统的观察等，具有直观性强的优点，方便学生掌握学习方面的内容要点。演示方法很直观、简单，就是在演示前先让黄粉虫饿一天，再在黄粉虫的麦麸等饲料中加入一些试剂，这种试剂通常是无色无毒的染色剂，当这些饲料被黄粉虫的幼虫食用后，染色剂就会融于幼虫的体液中，并随着体液以及血液的流动一起运动，由于这种染色剂呈现特殊的颜色，可以从黄粉虫幼虫透明娇嫩的背部看到染色剂的运动线路和运动过程，也就知道了幼虫血液的流动方向，从而就能够比较直观地了解节肢动物循环系统的结构以及血液的循环过程了。

另外，一些教师还将黄粉虫应用于动物的生物学教学。黄粉虫原料易得，因此可以让每个学生直接动手解剖几条甚至十来条，了解节肢动物的外部形态和内部结构，通过观察黄粉虫的世代更替，了解昆虫的生活史、变态发育史等，不仅可以给学生留下十分深刻的直观印象，而且还可以锻炼学生的动手能力和试验操作技能。还有一些老师通过对黄粉虫取食食物范围及取食量的分析，来研究昆虫的营养需求及消化吸收特点等。

二、生化试验的好材料

由于黄粉虫具有较好的耐寒性能，在自然界中，正常越冬的虫态可以在-5℃的条件下身体也不结冰，也不会被冻死，而且在温度上升后，虫子仍然可以恢复正常的活动。因此在科研方面，科学家们主要是利用黄粉虫的这一特性来提取一些生物酶和抗冻耐寒的基因，并将这种转基因应用于一些抗冻蔬菜、动物及有特殊功能的防冻液产品中。

三、药理试验的好材料

另外，还可利用黄粉虫对一些昆虫做相关的药理、药效试验，以便取得第一手资料，故黄粉虫是农药药效检测与毒性试验的良好材料。新型农药或新兴化合物的研制，必须通过生物测试或对害虫药效的试验。生物测试就是指系统地利用生物的反应测定一种或多种元素或化合物单独或联合存在时，所导致的影响或危害。黄粉虫则是最常用的仓储害虫的代表，由于虫源材料丰富，在一年四季中均可获得不同虫态的试验材料，药效试验和生物测试可以做得更加详尽而可靠，因此黄粉虫是一种优良的标准测试虫。

四、提取化工原料

从黄粉虫中提取几丁质是黄粉虫工业价值最主要的体现。几丁质是N-乙酰葡糖胺通过β连接聚合而成的结构同多糖，广泛存在于甲壳类动物的外壳、昆虫的甲壳和真菌的胞壁中，常被用于抑制肿瘤的生长以及制作手术缝合线、人造皮肤等。几丁质经过脱乙酰作用可以得到一种天然高分子物质，具有生物稳定性、良好的安全性、生物官能性和相容性、血液相容性、生物运转性及生物降解性，这些优良性能受到了各行各业的广泛关注，在食品、医药、生化和生物医学工程、化妆品、化工、金属提取及回收、水处理等诸多领域的应用研究已取得了重大进展。据估计全世界每年生物合成的甲壳素近100亿吨。

杜开书研究了黄粉虫壳聚糖的提取及应用研究，发现壳聚糖不仅对板栗的贮藏保鲜有显著效果，还对果汁有澄清作用且不会影响风味。除此之外，黄粉虫甲壳素还可以作为食品添加剂、防腐剂、水果保鲜剂、保健食品等。在黄粉虫养殖产业中，幼虫蜕皮、蛹壳及老死成虫壳等均可用于提取壳聚糖，既可以节省资源，又可以为黄粉虫的产业化提供一条降低成本的可靠途径。

1. 几丁质

几丁质又叫壳多糖、甲壳质、明角质、聚乙酰氨基葡萄糖、甲壳素，是一种含氮多糖的高分子聚合物，学名为β-(1，4)-N-乙酰氨基-2-脱氧-D-葡聚糖。几丁质广泛存在于低等动物中，特别是节肢动物（如昆虫、虾、蟹等）的外壳中，也存在于低等植物（如真菌藻类）的细胞中。几丁质及其衍生物具有无毒、无味、可生物降解等特点，在食品加工中可做絮凝剂、填充剂、增稠剂、脱色剂、稳定剂、防腐剂及人造肠衣、保鲜包装膜等。黄粉虫是昆虫的一种，体内富含几丁质，因此可以作为开发几丁质的原料为人类服务。

2. 从黄粉虫中制备几丁质

（1）选料：选用体态完整的新鲜黄粉虫，幼虫、蛹和成虫均可，黄粉虫成虫的骨骼、鞘翅，幼虫的表皮，蛹壳都是由几丁质构成的。

（2）除杂：将选好的黄粉虫放在筛子上，先严格清理，去除杂质，清除消化道及分泌物，再用洁净的清水冲洗干净虫体，沥干水分备用。

（3）提取几丁质：通过酸浸、碱浸等处理方法将黄粉虫除去蛋白质、脂肪后，再经过脱色和干燥就可以提取几丁质了。

3. 几丁质的作用

几丁质资源丰富，作用也很显著，广泛应用于各领域中，比纤维素有更广泛的用途。在纺织印染行业中，它可以用来处理棉毛织物，改善其耐折皱性；在造纸上，作为纸张的施胶剂或增强助剂，它能够提高印刷质量，改善机械性能、耐水性能和电绝缘性能；在食品工业中，它能够作为无毒性的絮凝剂处理加工废水，同时对水果保鲜有重要作用，还可作为保健食品的添加剂、食物防腐剂、增稠剂、食品包装薄膜等；在医学上，几丁质及其衍生物具有许多医学功能和治疗作用，有些具有抗凝血性能，有些具有抗肿瘤效果，用其制作的手术缝合线柔软、机械强度高，且易被机体吸收，免于拆线；几丁质在农业方面的应用十分广泛，可作为植物生长调节剂、饲料添加剂、土壤改良剂、果蔬保鲜剂、壳聚糖农药缓释剂、植物病害诱抗剂、杀菌剂、杀虫剂等。

昆虫体内抗菌肽是指其在受到某些物理刺激或被微生物感染后，引起免疫反应而产生一系列抗菌物质，其合成速度非常快，是机体理想的第一道防线。大多数的昆虫抗菌肽是一些有生物活性的小分子肽，生物学特性多样，相对分子质量均小于1000；功能具有多样性，如热稳定性、水溶性、强碱性和广谱抗菌等。抗菌肽的生物学功能主要有直接抗病原微生物活性和抗内毒素、免疫趋化活性、适应性免疫等免疫功能。可通过生物水解黄粉虫粉制备抗菌肽，也可通过其他各种刺激使黄粉虫体内直接产生抗菌肽。刘影等用大肠杆菌和灭活大肠杆菌诱导黄粉虫产生抗菌肽，结果发现经大肠杆菌诱导的黄粉虫体内细菌含量低于国家规定标准，可用作养殖业的饲料添加剂。刘影等成功克隆了黄粉虫抗菌肽基因 Tmecin，并发现其对某些细菌和真菌均有抑制作用，尤其是对金黄色葡萄球菌的抑菌效果最强，有望成为新一代的抗生素替代品。研究表明，黄粉虫抗菌肽对不同的植物病原真菌均有一定的抑制活性，对于培育植物抗病育种提供了新的抗原基因资源。周钢等利用灭活的沙门菌处理黄粉虫，将黄粉虫抗菌肽添加到肉蛋鸡饲料中，经对比发现不仅能维持鸡肠道内益生菌平衡，提高肉蛋鸡的免疫力，增强对外源侵染病原的抵抗力，而且还可以提高鸡肉品质，在鸡肉中无残留，保障了人们的身体健康。

抗菌肽是昆虫体内由于外界刺激（包括物理、化学、病原微生物等）产生的具有抗菌、抗病毒等活性的小分子多肽。正常情况下，黄粉虫体内没有抗菌肽存在，但在其虫体受到物理、化学刺激或病原微生物侵害时则可产生抗菌肽。诱导黄粉虫体内产生抗菌肽的方法很多，一般以幼虫阶段诱导为方便可行。可采用紫外光照射法、体内注射菌源法等。通过诱导黄粉虫产生抗菌肽，可进一步分析确定其结构，通过分子生物学手段，开发医用或农用新药物。

陈雅雄从黄粉虫体内通过匀浆浸提、盐析、阴离子交换和葡聚糖凝胶过滤等方法提取、分离并纯化出一种纤溶活性蛋白，其组分单一，相对分子量约 56.1kD，并且有很好的纤溶效果。吴艳玲在此基础上进一步研究纤溶活性蛋白的酶学性质，并对其抗癌作用做了初步研究，结果表明黄粉虫纤溶活性蛋白对肿瘤细胞 A549 有较显著的抑制作用，对 H22 细胞的抑制作用不明显，说明其对于癌细胞具有选择性。与顺铂相比，其抗癌效果很迅速，短时间就能达到较好的抑制肿瘤生长的效果，这是其他抗癌药物难以比拟的优势。张冰以小鼠为试验对象，采用皮下多点注射法进行免疫试验，结果发现黄粉虫纤溶活性蛋白具有与尿激酶相似的免疫原性，末次免疫后产生的抗体效价为 1∶640，说明其具有一定的免疫原性，并且能够抑制角叉菜胶所致的小鼠尾部血栓的形成，能明显延长正常小鼠凝血酶时间，增强其组织型纤溶酶原激活剂的活性、抑制其组织型纤溶酶原激活剂抑制剂（PAI）的活性。这表明黄粉虫纤溶活性蛋白具有良好的体内抗血栓作用。

第五节　用黄粉虫处理农业有机废弃物

一、用黄粉虫处理鸡粪

鸡的消化道较短，饲料在鸡体内停留的时间不长，食物中大量氮和磷等营养物质未被充分吸收而排出体外，如不妥善处理而直接排放，将会对环境造成严重的污染。可将鸡粪进行深度处理后用于养殖黄粉虫（幼虫，以下同），以此探索鸡粪资源化利用的新途径。

在黄粉虫饲料中添加利用 EM 菌发酵的鸡粪，鸡粪的添加量低于 55%时，虫增重量随饲料中鸡粪含量的增加略有上升，黄粉虫的累积死亡率也低于未添加鸡粪的对照组，但当鸡粪添加量超过 55wt%时，虫增重量迅速下降，累积死亡率也超过未添加鸡粪的对照组。因此，利用鸡粪饲养黄粉虫时，饲料中鸡粪的添加量宜低于 55wt%。

均匀试验方法优化了黄粉虫饲料配方，其优化配比为（质量比）：发酵鸡粪：发酵玉米芯：玉米粉=38：26：36。

随着混合饲料中鸡粪含量的增加，虫体的灰分含量也呈增加趋势，但Cu、Zn、Pb、Cd、Mn等重金属并未在黄粉虫体内富集，表明利用黄粉虫处理鸡粪是可行的。该研究既拓展了鸡粪的资源化利用途径，减少鸡粪对环境的污染，又能降低黄粉虫的饲料成本，具有良好的推广前景。

二、用黄粉虫处理玉米秸秆

玉米秸秆富含多种营养物质，将其添加到黄粉虫饲料中，既能降低黄粉虫养殖成本，产生较好的经济效益，又能减少废弃的玉米秸秆对环境造成的污染。以下探讨在黄粉虫饲料中添加不同比例的玉米秸秆粉对黄粉虫生长及虫体营养元素积累的影响，在此基础上进一步探讨添加发酵玉米秸秆粉对黄粉虫生长的影响。

随着玉米秸秆粉的添加量的增加，饲喂一个月后的单条黄粉虫平均增重量呈直线下降，表明玉米秸秆粉对黄粉虫的生长具有显著影响。平均增重量下降的原因在于未经处理的玉米秸秆粉主要含木质素、纤维素，蛋白质及其他可溶性营养成分含量低。试验中的黄粉虫精饲料基本能够满足黄粉虫快速发育对营养素的需求，在温湿条件一致的条件下，黄粉虫增重较快。以玉米秸秆粉为主的饲料不能满足黄粉虫快速生长发育要求，降低了饲料对黄粉虫的适口性，因而影响了黄粉虫的增重。随着玉米秸秆粉的添加量的增加，虫累积死亡率有下降的趋势，但虫灰分的含量变化不大。可能原因是玉米秸秆中矿物质含量低，虫吃后吸收得也较少。随着玉米秸秆添加量的增加，黄粉虫体内的蛋白质含量呈下降趋势，但下降幅度甚微。添加玉米秸秆主要会影响虫体中的可溶性蛋白含量，对虫体粗蛋白含量影响不大。随着玉米秸秆添加量的增加，虫体磷含量明显增加，可能原因是秸秆中含有丰富的磷元素，增加了黄粉虫吸收磷元素的概率，与文献报道的结果一致。随着玉米秸秆添加量的增加，虫体钙、铁、钾、锌、镁的含量均有不同程度的增加，其中钙和镁增加明显。这表明黄粉虫饲料中添加玉米秸秆粉可以增加黄粉虫虫体中的营养元素含量。淀粉酶活性随玉米秸秆添加量的增加而增加，表明黄粉虫水解淀粉能力增强。黄粉虫幼虫是一种高蛋白、高脂肪的多食性昆虫，淀粉是它的重要能源物质。在淀粉酶的作用下，淀粉可生成麦芽糖，进而被幼虫体内的葡萄糖苷酶水解生成葡萄糖，再进入糖酵解，三羧酸循环，呼吸链等一系列生理生化过程，供给幼虫生命活动的能量或在此过程中转化为其他物质。试验中，玉米秸秆能明显增加淀粉酶活性，使淀粉分解加快以维持生命活动的需要。随着发酵的玉米秸秆粉添加量的增加，饲喂 7 天和 15 天后的单条黄粉虫平均增重量先上升后下降，表明添加发酵的玉米秸秆粉对黄粉虫的生长具有显著影响。当发酵的玉米秸秆粉添加量低于 40wt%时，虫增重量随饲料中发酵的玉米秸秆粉添加量的增加呈上升趋势，但当添加量超过 40wt%时，虫增重量迅速下降；并且饲喂时间越长，其变化趋势越显著。随着发酵玉米秸秆粉添加量的增加，虫的死亡率先增加后降低。趋势与添加未发酵玉米秸秆粉相似。可能的原因是添加少量玉米秸秆粉不足以改变虫子的食性，虫子食性不改，短时间内食入过多木质素、纤维素，导致虫体内消化木质素、纤维素的酶类不足，影响消化，进而导致极少数体弱的虫子死亡。而添加较多玉米秸秆粉的处理，虫子一开始就面临生存条件的改变，有利于诱导虫体内产生消化分解玉米秸秆粉的酶类，增强了虫子对环境的适应性，最终表现为死亡率下降。具体原因有待进一步研究证实。

在黄粉虫饲料中添加未处理的玉米秸秆粉，随着添加量的增加，黄粉虫累积死亡率有降低趋势；单条黄粉虫平均增重和虫体内的可溶性蛋白质含量均呈下降趋势；虫体总蛋白含量和灰分的含量变化不大；而磷、钙、铁、钾、锌、镁等营养元素的含量与淀粉酶活性呈现增加的趋势。直接饲喂玉米秸秆粉对黄粉虫的增重和虫体内的可溶性蛋白有显著抑制效应，但经白腐菌和黑曲霉发酵后的玉米秸秆粉适量添加在黄粉虫饲料中饲喂后，有利于黄粉虫的生长发育。

三、黄粉虫壳聚糖在废水处理中的应用

在水处理中，目前广泛使用的絮凝剂是无机絮凝剂。然而，无机絮凝剂作为传统的絮凝剂，具有明显的缺点，如受 pH 变化影响较大，生成的絮体易碎，同时会产生大量的活性污泥，处理后的水体中含有较高的金属离子(如铝离子)。有机絮凝剂的开发和使用在很多方面弥补了无机絮凝剂的不足，

但仍存在一些问题，如对絮凝的胶体有很大的选择性，本身不易降解，且对人体健康会产生“致突变、致畸和致癌”作用。近年来壳聚糖作为一种新型天然高分子水絮凝剂，在处理各种废水上，有良好的絮凝脱附效果，因此在治理各种废水、改变生活用水环境上，黄粉虫壳聚糖有很大发展前景。

通过将黄粉虫壳聚糖与无机絮凝剂复配，对实际养殖废水进行处理。通过研究絮凝的影响因素，得到处理实际废水的最优的条件：养殖废水为250mL时（稀释至1L）、黄粉虫壳聚糖（0.1g溶于2mol/L的盐酸100mL）加入量为15mg、5mL3%硫酸铁复配、pH为中性时，对实际养殖废水中的固体悬浮物、氨氮、TOC、TC、IC和TN的去除度（絮凝率）分别达到93.75%、70.9%、73.14%、79.8%、82.71%和41.92%。实验结果表明，在最优处理条件下，黄粉虫壳聚糖对实际废水的处理效果明显，达到了预期目的。

第六节　黄粉虫的其他应用

一、虫油的应用

黄粉虫产业可以为我国开辟新的能源资源宝库。黄粉虫脂肪含量比较高，相关资料表明，黄粉虫含油量一般为29%，可以把脂肪提取出来做成油脂，再利用油脂制备降低血液胆固醇的药物、人造奶油、表面活性剂中间体等，也可用于制作肥皂、变压器用油、高级食用油、润滑油及增塑剂等。在我国，如果广泛养殖黄粉虫的话，可年产动物脂肪几千万吨，将其转化为生物柴油后能部分缓解我国能源紧张状况。在黄粉虫的各虫态期和幼虫期的不同阶段，其体内的脂肪含量是明显不同的。其中黄粉虫的初龄幼虫和中龄幼虫生长较快，新陈代谢也非常旺盛，其体内脂肪含量相对是比较低的，蛋白质含量则较高。而那些老熟幼虫和蛹经过一段时间的营养积累，体内的脂肪含量较高，蛋白质含量相应较低。因此提取黄粉虫油脂时最好选用那些老熟幼虫和蛹。

提取黄粉虫体内脂肪的方法有几种，现在一般采用有机溶剂萃取法，即将选择好的黄粉虫经过清洗、干燥等处理后，制作成干虫或干粉，再按一定比例加入石油醚，在一定温度条件下，反复浸提处理，再将浸提液进行蒸馏分离，回收石油醚并获得黄粉虫粗虫油，进一步纯化得到精致虫油。黄粉虫脂肪是优质的油脂资源，富含不饱和脂肪酸，并且胆固醇含量低。因此，黄粉虫脂肪经加工纯化后可以直接食用，是具有特殊开发价值的较理想的食用脂肪。另外，黄粉虫脂肪还具有药理活性，可用于医药开发领域。

二、虫皮的应用

虫皮可用于提取甲壳素、生产壳聚糖。其中提取的高级甲壳素，一方面可以用于医疗保健，能够开拓人类保健养生、延缓衰老滋补药品的新领域；另一方面则可用于高级滋补性化妆品，美容护肤靓丽养颜的女性顾客对由黄粉虫皮提炼出来用作美容产品的物质有着广泛的需求。由黄粉虫提取的壳聚糖对人体各种生理代谢具有广泛调节作用，具有调节免疫、活化细胞、抑制老化、预防疾病、促进痊愈、调节人体生理功能六大功能。另外，壳聚糖的应用领域已拓展到工业、农业、环境保护、国防、人民生活等各方面。

三、虫粪的应用

黄粉虫粪便极为干燥，没有异味，是世界上唯一像细沙一样的粪便，所以又称为沙粪（也叫粪沙）。

由于黄粉虫对其食用饲料消化不完全，虫粪中含有较高的营养成分，尤其是高蛋白、粗纤维及矿物质，而且虫沙的卫生指标是合格的，所以虫沙完全可以作为动物饲料的来源。高妍对黄粉虫虫沙的营养成分进行了测定，发现虫沙中粗蛋白含量显著高于麦麸，而粗脂肪的含量较低，蛋氨酸的含量约为麦麸的三倍，碳水化合物浸出物、粗纤维及灰分含量与麦麸基本相同。将黄粉虫粪沙添加到畜禽饲料中，可提高畜禽的长势并改善其健康状况，使其毛色光亮润滑，基础代谢稳定，营养缺乏症大幅度下降且病后体质恢复快。在蛋鸡饲料中添加适量的黄粉虫虫沙可提高蛋鸡机体代谢能力，促进蛋白质的合成和对氨基酸、肽等养分的吸收，从而提高蛋重、产蛋率，降低料蛋比。

黄粉虫虫沙还可用作蔬菜、花卉等的有机肥料。黄粉虫干粪中 N、P、K 的含量分别为 3.66%、1.40%和 1.62%，碳氮比为 9.86，优于各类家禽、家畜的粪便。刘怀柔等利用密封沤制 10 天的虫粪与沙土混合种植绿豆，可明显促进绿豆植株的长成。骆洪义等用 1.5%的黄粉虫粪与土壤混合可显著提高油菜的产量，且对油菜的光合速率、叶片养分含量及品质无显著影响。黄粉虫粪沙部分代替麦麸可促进平菇、鸡腿菇、秀珍菇等食用菌丝的生长，对子实体产量有显著的增产作用。

黄粉虫养殖过程中产生的虫沙也是黄粉虫养殖效益中的重要部分。虫沙本身含有丰富的营养成分，许齐爱等研究表明，虫沙中含有粗蛋白 24%、氮 3.37%、磷 1.04%、钾 1.4%，且含有锌、硼、锰、铁等多种微量元素。在储藏、运输及其使用的过程中，黄粉虫虫沙不会有任何异味和产生酸化及腐败，并且其表面还均匀地附着一层黄粉虫消化道分泌液形成的微膜，这种特殊的结构若作为土壤添加剂，能极大地提高土壤的肥力。熊晓莉等研究表明，黄粉虫虫沙具有微小的团粒结构，自然气孔率很高，以虫粪为原料，加入磷酸为活化剂，制备黄粉虫粪吸附剂，可用于亚甲基蓝模拟废水的处理。目前，黄粉虫虫沙的主要应用领域包括畜禽粗饲料、有机肥料、菌类生产的主要培养基原料、提取叶绿素、养殖材料等。

四、作为发热材料

黄粉虫粪含有丰富的有机物，具有很好的发热性。将黄粉虫虫粪用于发酵床养鸡的育雏，不仅节省了电和煤，而且育出来的小鸡体格健壮，成活率高。

五、用作食用菌栽培

虫粪浸提液平板培养基中菌丝生长情况表明，黄粉虫虫粪浸提液与 PDA 培养基以适当比例混合有利于平菇、金针菇、灵芝、香菇等食用菌菌丝的生长，该结果与甘耀坤等（2008）研究结果相似。黄粉虫粪提取液缺乏足够的纤维素、糖、淀粉等为食用菌提供碳源的物质，所以 100%的浸提液培养基中食用菌的菌丝生长缓慢。但是利用虫粪浸提液中丰富的氮源配以相应比例的碳源，就可以获得食用菌生长的最合理的培养基。

虫粪浸提液液体培养基中菌丝生长情况表明，以虫粪浸提液作为氮源的液体培养基培养出的平菇、金针菇、灵芝、香菇的球菌明显优于有机氮源蛋白胨和无机氮源硫酸铵培养出的球菌。其中金针菇、灵芝、香菇以20%的虫粪浸提液含量的效果最佳，平菇以25%的虫粪浸提液含量效果最佳，其菌丝生长旺盛，生物量高。这与甘耀坤等（2008）研究的在PDA培养基中加入黄粉虫粪对大多数食用菌菌丝生长有明显的促进作用的分析结果一致，但促进生长的效果不同。原因可能是虫粪中不仅含有无机形式的铵态氮，还含有氨基酸、蛋白质、尿素等有机形式的氮源，种类丰富的氮源有利于球菌的生长。此外，黄粉虫虫粪中含粗有机物80.380%、全氮3.970%、全磷1.860%、全钾2.660%，还含有锌、硼、锰、铁、镁、钙、铜等微量元素，也有利于食用菌的生长，而黄粉虫分泌的防御性物质2-甲基对苯醌、对甲酚和正二十三烷等具有抑菌作用，可以减少液体菌种的污染。同时由于虫粪营养物质含量不均，不同饲喂方法得到虫粪在相同条件下培养的球菌质量可能存在差异，所以在使用前应该重新测定其营养成分含量，合理配比液体培养基组分。

黄粉虫粪便可以替代麦麸添加到食用菌的栽培基质中，菌渣又可作为发酵床养殖的垫料或栽培的基质。利用黄粉虫虫粪栽培食用菌，不仅出菇的时间提早，而且菇的产量、生物效率也有所提高，栽培出的食用菌主要营养成分和品质并没有显著变化。此外，有研究认为根据黄粉虫虫粪中的成分，适当配以其他的培养基原料，使培养基中的氮、碳以及其他营养成分达到较为适宜的配比（根据不同菌种的要求），可以作为大规模生产酶制剂的培养基原料，从而降低成本，提高市场竞争优势。陈旭健等研究发现，在食用菌培养料中添加黄粉虫虫粪，观察黄粉虫虫粪对3种食用菌菌丝生长的影响，结果表明在食用菌培养料中添加不同量的黄粉虫虫粪对食用菌菌丝生长有明显的促进作用，对子实体产量有显著的增产作用。甘耀坤等研究发现，在PDA培养基中加入10%~20%、20%~30%、20%~40%的黄粉虫虫粪提取液时分别对红菇、平菇和鸡腿菇、雳珍菇菌丝生长具有明显的促进作用，但对猴头菇菌丝生长影响不显著，并且黄粉虫虫粪提取液加入量达到20%以上时出现抑制现象。然而黄粉虫虫粪对大多数食用菌菌丝生长有明显的促进作用。

黄粉虫虫粪培养基试培食用菌的试验中，所用的香菇、平菇、金针菇、茶树菇、鸡腿菇、灵芝 6 种食用菌包括了不同食性、不同温性，它们能在虫粪培养基上正常生长，具有较高亲和性，证明黄粉虫虫粪可以作为食用菌培养基的配料运用在食用菌的菌丝繁殖和保种上。20%的虫粪替代传统培养基中的精料可使金针菇增产 35.5%，而虫粪含量 15%的培养基使平菇增产 38.2%，说明在食用菌培养料中添加黄粉虫虫粪有利于促进食用菌生长发育，具有明显的增产作用。因此，本试验认为生产中可在培养基中添加 10%~20%的虫粪作为精料提高菇的产量，作为增加收益的手段。

本试验关于虫粪对食用菌生长影响的研究目前还处于初级阶段，能够使食用菌产量提高的虫粪含量还需要做进一步的细化试验，比如缩小各个处理间虫粪加入量的差距、与各种培养料之间的混配及混配比例等。虫粪比一般培养基的精料廉价很多，用其生产食用菌既可充分利用黄粉虫养殖的副产物，又可降低成本。

六、仔猪生产

陈晓伟研究发现，各实验组之间的断奶仔猪平均日增重均优于对照组，其平均日增重较对照组分别提高了 15.4%、37.2%、40.1%，而料肉比分别下降了 4.8%、9.7%、11.3%。对照组和三个处理组之间的腹泻指数分别是 0.47、0.43、0.20、0.18。处理组 2 和处理组 3 腹泻均为不严重的稀便，没有出现水样便，这说明在饲料中添加 5%的黄粉虫粉就可以显著降低仔猪断奶期的腹泻率，而对照组和试验 1 组出现水样便，腹泻现象严重。各处理组的血清总蛋白、白球蛋白比、球蛋白、IgG、血糖和血清尿素氮均在正常范围内且差异显著。随着日粮中黄粉虫粉的含量增加，仔猪血液中的免疫球蛋白 IgG、IgM、IgA 的浓度上升，处理 1、处理 2、处理 3 组各个指标均显著高于对照组，处理 1、处理 2、处理 3 组的 IgG 含量分别比对照组提高了 51.36%、50.96%、69.18%。IgM 含量分别比对照组提高了 27.27%、44.55%、47.27%。IgA 含量分别比对照组提高了 19.11%、23.53%、41.18%。对照组和 3 个试验组之间 IgG 的含量差异显著，同样对照组和 3 个试验组之间 IgM 的含量差异显著，但是试验组 1 和试验组 2、试验组 3 之间差异显著，试验组 2 和试验组 3 之间差异不显著。对照组和 3 个试验组之间 IgA 的含量差异显著，3 个试验组之间，处理 1 和处理 2 之间差异不显著，与处理 3 差异显著。

试验结果表明，各处理组的日增重均优于对照组，且差异显著。随着黄粉虫粉含量的增加，日增重增加了，而料肉比却下降了。这说明日粮中添加黄粉虫可以提高饲料消化吸收率。各处理组的血清总蛋白、白球蛋白比、球蛋白、IgG、血糖和血清尿素氮均在正常范围内且差异显著。随着日粮中黄粉虫粉的含量增加，仔猪血液中的免疫球蛋白 IgG、IgM、IgA 的浓度上升。这表明，在促进仔猪体液免疫功能上，黄粉虫粉有一定促进作用。进一步推断，可能昆虫粉在仔猪体液免疫上均有一定的促进作用。

黄粉虫粉是一种优质饲料原料，蛋白质、脂肪含量丰富，氨基酸均衡，尤其是限制性氨基酸——赖氨酸含量丰富，而且还含有丰富的矿质元素。添加到畜禽的基础饲料中，既加快了生产效率，又提高了经济效益，具有广阔的开发利用前景，为蛋白质饲料资源日益枯竭的今天，增添了一条新的亮点。

昆虫物种丰富、资源数量大、分布广泛，昆虫资源的产业化正以前所未有的速度向深度和广度不断拓展。以“资源经济学”的理论和观点为指导，推进昆虫资源的产业化，是 21 世纪昆虫学研究的热点和关键领域，逐渐形成的“经济昆虫资源学”是与“理论昆虫学与昆虫技术学”“植保昆虫学”并列的重要组成部分。黄粉虫是继家蚕、蜜蜂后又一个极可能被产业化开发的昆虫种类，目前国内关于黄粉虫的研究热点还是其在食品方面的应用，对其处理餐厨垃圾方面的研究在国内也慢慢起步，如山东临沂新莒农生物技术股份有限公司（莒南县磐龙湖农业生态园）在利用黄粉虫等环境昆虫处理餐厨垃圾方面已经取得突破性进展，并逐渐在进行产业化推广。然而，黄粉虫在医疗、化妆、处理餐厨垃圾及聚乙烯等方面仍然需要继续深化基础研究和应用研究。

参考文献

［1］艾应伟，张金果，程鹏光，等. 鲁梅克斯 K-1 杂交酸模在养畜上的应用［J］. 四川畜牧兽医，1999（10）：25-26.

［2］柴培春，张润杰.饲养密度对黄粉虫幼虫生长发育的影响［J］. 昆虫知识，2001（6）：452-455.

［3］陈岫，李丹，王文帆，等. 小兴安岭地区常见蚂蚁营养成分分析［J］. 中国农学通报，2011，27（19）：79-82.

［4］陈根富，刘团举.黄粉虫的生物学特性及养殖技术的研究［J］. 福建师范大学学报（自然科学版），1992（1）：66-74.

［5］陈光道，高敏，迟旭雯，等. 不同复合饲料对黄粉虫幼虫生长发育的影响［J］. 安徽农业科学，2016，44（24）：109-110.

［6］陈光道，王鹤，栾雪，等. 不同饲养条件对黄粉虫幼虫生长发育的影响［J］. 中国林副特产，2017（1）：22-23.

［7］陈建兴，萨如拉，李静，等. 驴粪作为黄粉虫饲料的研究［J］. 赤峰学院学报（自然科学版），2017，33（17）：9-11.

［8］陈晓伟. 四种昆虫资源成分分析及黄粉虫粉在仔猪生产中的应用研究［D］. 山东农业大学硕士学位论文，2012.

［9］崔俊霞. 黄粉虫生物饲料及品种选育的初步研究［D］. 山东农业大学

硕士学位论文，2003.

［10］崔蕊静，林学岷，周丽艳.黄粉虫蛹水解蛋白发酵营养液的研制［J］. 食品科学，1999（1）：42–44.

［11］邓彬. 黄粉虫引种养殖注意事项［J］. 农村养殖技术，2004（13）：23.

［12］甘耀坤，陈旭建，苏龙，等.黄粉虫粪提取液对5种食用菌菌丝生长的影响［J］. 安徽农业科学，2008（26）：11295–11296，11320.

［13］高红莉，张硌，李洪涛，等.黄粉虫幼虫对城市污泥重金属的积累作用［J］. 中国生态农业学报，2011，19（1）：150–154.

［14］高红莉，周文宗，张硌，等. 饲料种类和饲养密度对黄粉虫幼虫生长发育的影响［J］. 生态学报，2006（10）：3258–3264.

［15］何勇，穆小芳，田海林，等. 不同含量平菇菌渣对黄粉虫幼虫生长的影响［J］. 黑龙江畜牧兽医，2016（8）：156–157.

［16］胡登乾，何勇，姜金仲，等. 不同饲料对黄粉虫成虫产卵量的影响［J］. 安徽农业科学，2016，44（1）：93–94.

［17］胡亮，文礼章.酵母粉发酵稻草饲养黄粉虫效果评价［J］. 华中昆虫研究，2013，9（00）：170–183.

［18］胡荣学，王成忠，于功明. 黄粉虫蛋白质提取及初步纯化研究［J］. 粮油加工，2009（3）：60–63.

［19］华红霞，杨长举，余纯，等. 饲养条件对黄粉虫幼虫生长的影响［J］. 华中农业大学学报，2001（4）：337–339.

［20］黄琼，胡杰，周定刚. 2种色型黄粉虫的选育与繁殖特性研究［J］. 中国农学通报，2012，28（18）：231–237.

［21］黄琼. 两种色型黄粉虫的选育及其主要性状的比较研究［D］. 四川农业大学博士学位论文，2010.

［22］黄渭. 酸模作为黄粉虫饲料的研究［D］. 山东农业大学硕士学位论文，2013.

［23］黄祥财，王国红.黄粉虫纤维素酶性质的研究［J］. 江西植保，2008（2）：67–70.

［24］黄雄伟. 盐提法提取黄粉虫蛋白质工艺研究［J］. 食品与机械，

2010，26（3）：150–152.

［25］黄雅贞，彭锴，曾学平，等. 黄粉虫规模化高效养殖技术［J］. 渔业致富指南，2014（17）：31–33.

［26］吉志新，刘永军，王长青，等.黄色型黄粉虫不同发育时期酯酶和过氧化物酶同工酶的比较［J］. 河北科技师范学院学报，2005（3）：47–50.

［27］吉志新，温晓蕾，余金咏，等.喂食玉米秸秆对黄粉虫经济指标的影响［J］. 安徽农业科学，2011，39（33）：20520–20522.

［28］李汉臣，吉志新，赵希艳，等. 黄粉虫油对小鼠血脂水平的影响［J］. 中国粮油学报，2012，27（2）：32–35.

［29］李虎，李栋，李军. 饲料配方对黄粉虫生长的影响［J］. 甘肃农业科技，2010（4）：20–21.

［30］李涛，熊晓莉，李宁，等. 有机废弃物养殖黄粉虫的研究进展［J］. 中国饲料，2015（11）：31–33，36.

［31］李新波，蔡发国，邓岳松.浮萍饲用价值研究进展［J］. 饲料研究，2011（10）：3–6.

［32］李奕冉，姜玉新，李朝品.黄粉虫蛋白提取工艺的研究进展［J］. 安徽医药，2010，14（7）：751–753.

［33］力平.黄粉虫的饲料配方［J］. 农村养殖技术，2007（16）：35.

［34］林学岷，崔蕊静，徐金祥，等.黄粉虫氨基酸水解液的研制［J］. 河北农业技术师范学院学报，1997（1）：19–23.

［35］刘光华，甘泳红，陆永跃，等.不同食料条件下密度因子对黄粉虫高龄幼虫生长发育的影响［J］. 仲恺农业技术学院学报，2004（2）：19–22.

［36］刘怀如，杨兆芬，谭东飞，等. 黄粉虫有效物质的综合提取及提取方法的比较［J］. 昆虫知识，2003（4）：362–365.

［37］刘利林.昆虫饲料在动物营养中的应用［J］. 饲料研究，2011（1）：74–77.

［38］刘宁，付卫东，张国良，等. 饲喂黄顶菊对黄粉虫生长发育及繁殖的影响［J］. 生物安全学报，2012，21（2）：163–166.

［39］刘世民，宋立，马勇，等.黄粉虫蛋白面条加工技术探讨［J］. 粮油

加工与食品机械，2004（1）：51–52.

［40］刘顺德，杜学仁.杂交酸模饲喂生长肥育羊的效果试验［J］. 中国草食动物，2001（6）：27–29.

［41］刘玉升，李玉霞.中国昆虫养殖业的应用［J］. 养殖技术顾问，2002（12）：28–29.

［42］刘玉升. 黄粉虫良种选育与培育（下）［J］. 农业知识（科学养殖），2014（7）：32–33.

［43］刘玉升.黄粉虫良种选育与培育（下）［J］. 农业知识（科学养殖），2014（6）：30–32.

［44］骆伦伦. 秸秆对黄粉虫生长发育、消化酶和肠道微生物的影响［D］. 浙江农林大学硕士学位论文，2017.

［45］马群. 不同发育阶段黄粉虫及虫粪蛋白质的利用效益评价［D］. 四川农业大学硕士学位论文，2009.

［46］马彦彪，王汝富，王海. 黄粉虫饲料配方筛选［J］. 甘肃农业，2012（3）：92–94.

［47］马勇，赵大军，宋立.黄粉虫无水清蛋糕的研制［J］. 食品工业，2003（6）：31–32.

［48］彭燕. 黄粉虫在食品加工中的应用研究［D］. 安徽农业大学硕士学位论文，2013.

［49］彭中健，黄秉资.黄粉虫的研究［J］. 昆虫知识，1993（2）：111–113，115.

［50］钱明惠.不同寄主繁育管氏肿腿蜂的初步研究［J］. 广东林业科技，1999（3）：45–47.

［51］强承魁，杨兆芬，杜予州，等.黄粉虫防御性分泌物抑菌活性的研究［J］. 生物技术，2006（1）：22–24

［52］强承魁，杨兆芬，张绍雨.黄粉虫防御性分泌物化学成分的 GC/MS 分析［J］. 昆虫知识，2006（3）：385–389.

［53］强承魁. 黄粉虫防御器官、防御物质及其功能的研究［D］. 福建师范大学硕士学位论文，2005.

[54] 申红. 高蛋白黄粉虫营养价值评定及其养殖利用研究［D］. 石河子大学硕士学位论文，2005.

[55] 沈叶红.黄粉虫肠道菌的分离和取食塑料现象的研究［D］. 华东师范大学硕士学位论文，2011.

[56] 施忠辉.用白酒糟养黄粉虫［J］. 农家顾问，2000（8）：54-55.

[57] 宋立，马勇，赵大军，等.黄粉虫蛋白营养饼干的工艺研究［J］. 粮油加工与食品机械，2005（5）：75-76.

[58] 苏春伟，冯德进，宁德富，等. 蛇类人工养殖管理技术［J］. 中国畜牧兽医文摘，2017，33（5）：102-103.

[59] 孙国锋，潘崚. JAK2 V617F 点突变的研究进展及其与 ETS2 mRNA 表达的相关性［J］. 临床和实验医学杂志，2010，9（6）：464-467.

[60] 唐馨，毛新芳，热西力·克来木，等.黄粉虫抗菌肽 TmAMP3 在大肠杆菌中的高效表达及活性检测［J］. 昆虫学报，2011，54（10）：1111-1117.

[61] 田海林，何勇，潘丽，等. 温度对黄粉虫幼虫生长的影响［J］. 农技服务，2016，33（3）：132，163.

[62] 王春清，马铭龙，丁秀文，等. 不同比例麦麸和玉米秸秆对黄粉幼虫生长性能的影响［J］. 中国畜牧兽医，2013，40（1）：210-212.

[63] 王珩. 蝎人工饲养技术问答（十）［J］. 农村养殖技术，2002（8）：19.

[64] 王金花，赵建国，王德化，等.日粮中添加黄粉虫粪对文昌鸡生长性能的影响［J］. 农技服务，2013，30（1）：53-54.

[65] 王立新，杜娟，张树杰，等.饲喂胡萝卜和蜂王浆对黄粉虫繁殖力的影响［J］. 昆虫知识，2005（4）：434-438.

[66] 王清春，刘玉升，方加兴. 饲喂浮萍对黄粉虫生长发育及繁殖的影响［J］. 环境昆虫学报，2017，39（3）：667-672.

[67] 王蕊蕊，符百文，吴广，等. 不同食物配比对黄粉虫幼虫生长及消化酶和保护酶活性的影响［J］. 湖北农业科学，2018，57（12）：53-56.

[68] 王卫东. 黄粉虫的养殖及应用［J］. 中国畜牧兽医文摘，2014，30（8）：86.

[69] 王文亮，孙爱东.黄粉虫在食品加工中的开发利用［J］. 食品与发酵

工业，2005（5）：87–89.

［70］王文亮. 黄粉虫氨基酸保健口服液的研究［D］. 山东农业大学硕士学位论文，2006.

［71］王应昌，陈云堂，李兴瑞，等. 黄粉虫幼虫饲养及其加工利用效果研究［J］. 河南农业大学学报，1996（3）：288–292.

［72］温晓蕾，郑国勇，李汉臣，等. 饲喂紫红薯藤对黄粉虫营养指标的影响［J］. 安徽农业科学，2012，40（28）：13835，13864.

［73］邬立刚，杨名赫. 用黄粉虫喂养特种动物的方法［J］. 农村百事通，2007（12）：43–44.

［74］吴福中. 黄粉虫幼虫饲养条件的优化和几丁质含量的研究［D］. 安徽农业大学硕士学位论文，2007.

［75］吴俊才，蒋盛军，符乃方，等.利用中草药红茶菌处理木薯叶饲养黄粉虫的研究［J］. 中国资源综合利用，2014，32（1）：36–38.

［76］吴书侠. 黄粉虫幼虫饲养条件优化和营养物质含量研究［D］. 安徽农业大学硕士学位论文，2009.

［77］奚增军，徐世才. 补充营养对黄粉虫幼虫生长发育的影响［J］. 黑龙江畜牧兽医，2018（2）：151–153.

［78］奚增军. 补充营养对黄粉虫生长发育和繁殖特性的影响［D］. 延安大学硕士学位论文，2016.

［79］席晓莉，文峻，王丽黎，等. 低频脉冲磁场发生仪的研制及其生物效应研究［J］. 西安理工大学学报，2001（3）：278–282.

［80］肖银波，周祖基，杨伟，等. 饲养条件对黄粉虫幼虫生长及存活的影响［J］. 生态学报，2003（4）：673–680.

［81］肖银波. 黄粉虫饲养条件及对锌富集情况研究［D］. 四川农业大学硕士学位论文，2002.

［82］谢剑. 利用棉花秸秆、灰绿藜饲养黄粉虫的初步探讨［J］. 新疆农垦科技，2011，34（5）：35–36.

［83］徐世才，刘小伟，王强，等. 玉米秸秆发酵制取黄粉虫饲料的研究［J］. 西北农业学报，2013，22（1）：194–199.

[84] 徐世才，潘小花，奚增军，等. 一种具有生物降解厨余垃圾功能的垃圾桶 [P]. 陕西：CN204110699U，2015-01-21.

[85] 徐世才，潘小花，奚增军，等. 不同时期补充营养对黄粉虫繁殖力的影响 [J]. 黑龙江畜牧兽医，2017 (11)：158-161.

[86] 徐世才，唐婷，闫宏，等.黄粉虫在不同饲料比例下的泡沫降解率研究 [J]. 环境昆虫学报，2013，35 (1)：90-94.

[87] 阎宏，王玲，杜学仁，等. 酸模菠菜作为猪饲料的饲用价值评价 [J]. 黑龙江畜牧兽医，2002 (10)：21-22.

[88] 杨素强. 黄粉虫成虫繁殖力及影响幼虫发育的因素 [J]. 农民致富之友，2014 (24)：283，281.

[89] 杨天予.家庭食品垃圾的清理者——黄粉虫 [J]. 科技创新导报，2012 (20)：244.

[90] 杨文乐，徐敬明. 不同饲料配方对黄粉虫幼虫生长发育的影响研究 [J]. 黑龙江畜牧兽医，2013 (21)：92-94.

[91] 杨兆芬，林跃鑫，陈寅山，等.黄粉虫幼虫营养成分分析和保健功能的实验研究 [J]. 昆虫知识，1999 (2)：97-100，94.

[92] 杨兆芬，刘怀如，张素华，等.黄粉虫防卫物质苯醌的测定及其去除 [J]. 昆虫知识，2004 (3)：248-251.

[93] 杨兆芬，倪明，黄敏，等.黄粉虫成虫繁殖力及影响幼虫发育的因素 [J]. 昆虫知识，1999 (1)：24-27.

[94] 杨兆芬，曾兆华，曹长华，等. 黄粉虫成虫繁殖力的研究 [J]. 华东昆虫学报，1999 (1)：103-106.

[95] 叶兴乾，苏平，胡萃.黄粉虫主要营养成分的分析和评价 [J]. 浙江农业大学学报，1997 (S1)：37-40.

[96] 殷涛，周祥，王艳斌，等. 泡沫塑料的取食对黄粉虫和大麦虫生长的影响 [J]. 甘肃农业大学学报，2018，53 (2)：74-79.

[97] 于辉，刘明稀，陈桂华，等. 藊豆作为黄粉虫饲料来源的可行性初探 [J]. 草业科学，2011，28 (1)：160-16

[98] 曾祥伟，王霞，郭立月，等.发酵牛粪对黄粉虫幼虫生长发育的影响

[J]. 应用生态学报，2012，23（7）：1945–1951.

[99] 张丹，周玉书，李庆辉. 不同饲料对黄粉虫幼虫生长发育的影响[J]. 江苏农业科学，2008（3）：274–276.

[100] 张洪喜. 蜂王浆对黄粉（虫甲）生殖力的影响 [J]. 河北农业技术师范学院学报，1987（3）：85–86.

[101] 张金平. 高效养殖蝎子技术 [J]. 农村养殖技术，2010（13）：38.

[102] 张丽，刘玉升，刘大伟，等. 黑粉虫与黄粉虫幼虫肠道细菌的比较[J]. 华东昆虫学报，2006（1）：17–21.

[103] 张丽. 黄粉虫肠道细菌及饲料成分选择的研究 [D]. 山东农业大学硕士学位论文，2007.

[104] 张民权. 虫子鸡养殖技术 [J]. 农村新技术，2016（12）：25–27.

[105] 张卫光. 管氏硬皮肿腿蜂生物学与寄主选择性研究 [D]. 山东农业大学硕士学位论文，2004.

[106] 赵大军，吕长鑫，何余堂. 黄粉虫蛋白酸奶的加工技术研究 [J]. 中国乳业，2005（12）：39–40.

[107] 赵万勇，杨兆芬，黄勇，等. 黄粉虫不同发育期酯酶同工酶比较研究 [J]. 福建林学院学报，2003（4）：368–370.

[108] 赵万勇，杨兆芬，强承魁，等. 稀土氧化镧对黄粉虫生长发育和繁殖的影响 [J]. 昆虫知识，2005（4）：444–449.

[109] 钟敏，苏州，钟云平，等. 利用发酵牛粪制备黄粉虫饲料技术探索[J]. 江西饲料，2016（2）：1–3.

[110] 周文宗，张硌，高红莉，等. 温度和光线对黄粉虫蛹发育的影响[J]. 现代农业科技，2006（10）：124–125.

[111] 朱冠元，潘恒忠，张美蓉，等. 杏鲍菇菌糠养殖黄粉虫技术 [J]. 现代农业科技，2016（13）：279–280.

[112] 朱琳，王向誉，聂磊，等. 黄粉虫的主要功能成分及其应用研究进展 [J]. 安徽农业科学，2018，46（3）：10–12，14.

[113] 卓少明，李光义，温国松，等. 木薯渣为添加料养殖黄粉虫高龄幼虫研究 [C]// 中国农业生态环境保护协会. 十一五农业环境研究回顾与展

望——第四届全国农业环境科学学术研讨会论文集. 中国农业生态环境保护协会，2011.

[114] 卓少明，刘聪. 几种废弃物作添加料养殖黄粉虫的试验 [J]. 中国资源综合利用，2009，27（9）：17-19.

[115] Anh N. D.，Preston T. R. Effect of Management Practices and Fertilization with Biodigester Effluence on Biomass Yield and Composition of Lemna minor [J]. Livestock Research for Rural Development，1997，9（1）：46-51.

[116] BlnakesPoor C. L.，Pappas P. W.，Eisner T. Impairment of the Chemical Defence of the Beetle，Tenebrio Mititor by metacestodes（cysticeroids）of the Tapeworm Hymenolepis Diminuta [J]. Parasitology，1997：115（1）：105-110.

[117] Graham L. A.，Walker V. K.，Davies P. L. Developmental and Envi-Ronmental Regulationof Antifreeze Proteins in the Mealworm Beetle Tenebrio Mititor [J]. Eur J Biochem，2000，267（21）：6452-6458.

[118] Grimstone A. V.，Munlliner A. M.，Ramsay J. A. Further Studies on the Rectal Complex of the Mealworm，Tenebrio Mititor [J]. Phil Trans R Soc London B，1968（253）：343-382.

[119] Haustein A. T.，Gilman R. H.，Skilicom P. W.，et al. Performance of Broile Chickens Fed Diets Containing Duckweed（Lemmagibbal）[J]. Journal of Agricultrual Science，1994（122）：285-289.

[120] Hyun Seong Lee，Mi Young Cho，Kwang Moon Lee，et al. The Prophenoloxidase of Coleopteran Insect，Tenebrio Mititor，Larvae was Activated during Cell Clump/Cell Adhesion of Insect Cellular Defense Reactions [J]. FEBS Letters，1999（444）255-259.

[121] Iason Kostaropoulos，Athanasios I. Papadopoulos Glutathione S-transferase Isoenzymes expressed in the Three Developmental Stages of the Insect Tenebrio Motitor [J]. Insect Biochem.MolecBiol，1998（28）：901-909.

[122] Iason Kostaropoulos，Athanasios I. Papadopoulos，AthanasiosMetaxakis，et al. The Role of Glutathione S-transferases in the Detoxification of some

Organophosphorus Insecticides in Larvae and Pupae of the Yellow Mealworm Tenebrio Motitor (Coleoptera: Tenebrionidae) [J]. Pest ManagSci 2001 (57): 501-508.

[123] Iason Kostaropoulosl, Anastasia E. Mantzari, Athanasios I. Papadop-oulos Alterations of SomeGlutathione Characteristics During the Tenebrio Motitor (Insecta: S-Transferase Development ofColeoptera) [J]. Insect Biochem. Molec-Biol, 1996, 26 (8/9): 963-969.

[124] Kum Young Lee, Rong Zhang, Moon Suk Kim, et al. A Zymogen Form of Masquerade-like Serine Proteinase Homologue is Cleaved during Pro-Phenoloxidase Activation by Ca^{2+}in Coleopteran and Tenebrio Motitor Larvae [J]. Eur J Biochem, 2002 (269): 4375-4383.

[125] Kwang Moon Lee, Kum Young Lee, Hye Won Choi, et al. Activated Phenoloxidase from Tenebrio Motitor Larvae Enhances the Synthesis of Melanin by using a Vitellogenin-like Protein in the Presence of Dopamine [J]. Eur J Biochem, 2000 (267): 3695-3703.

[126] Lee-Kwang Moon, Kim-DaeHee, Lee-Young Hoon, et al. Bacterial Expression of tenecin 3, Aninsect Antifungal Protein Isolated from Tenebrio Moti-tor, and Its Efficient Purification [J]. Molecules-and-Cells, 1998(8): 6, 786-789.

[127] Lengerke H. von. Vorstulpbarestinkapparateder imago von Tenebrio Motitor[J]. Biol. Zentralbl, 1925 (45): 365-369.

[128] Mi Young Cho, Hye Won Choi, Ga Young Moon, et al. An 86 kDa Diapause Protein 1-like Protein is a Component of Early-staged Encapsulation-re-lating Proteins in Coleopteran Insect, Tenebrio Motitor Larvae [J]. FEBSLetters, 1999 (451): 303-307.

[129] Moon H. J., Lee S. Y., Kurata S., et al. Purification and Molecular Cloning of cDNA for an Inducible Antibacterial Protein from Larvae of Coleoptera: Tenebrio Motitor [J]. Biochemistry, 1994, 32 (1): 76-82.

[130] Papadopoulos A., Stamkou E., Kostaropoulos E. Papadopoulou-

Mourkidou. Effect of Organophosphate and Pyrethroid Insecticides on the Expression of GSTs from *Tenebrio Motitor* Larvae [J]. Pesticide Biochemistry and Physiology, 1999 (63): 26–33.

[131] Rolff J., Siva–Jothy M. T. Copulation Corrupts Immunity: A Mechanism of a Cost of Mating Ininsects [J]. Proc. Natl.Acad. Sci. USA 2002, 99 (15): 9916–9918.

[132] Rong Zhang, Hae Yun Cho, Hyun Sic Kim, et al. Characterization and Properties of a 1, 3 –β –D –GlucanPattern Recognition Protein of Tenebrio Motitor Larvae That Is Specifically Degraded by SerineProtease during Prophenoloxidase Activation [J]. The Journal of Biological Chemistry, 2003, 278 (43): 42072–42079.

[133] Schildknecht H., Weis K.H. Unber Die Tenebrioniden –chinone Bei Lebendem Undtotem Unterschungsmaterial [J]. Z.Naturf, 1960 (15b): 757–758.

[134] Sindre A. Pedersen, Erlend Kristiansen, Bjern H. Hansen, et al. Cold Hardiness in Relation to Trace Metal Stress in the Freeze –avoiding Beetle Tenebrio Motitor [J]. Journal of Insect Physiology, 2006 (52): 846–853.

[135] Sun Woo Lee, Hyun Seong Lee, Eun–Jun Kim, et al. Activated Phenoloxidase Interacts with a Novel Glycine –rich Protein on the Yeast Two –hybrid System [J]. Journal of Biochemistry and Molecular Biology, 2001, 34 (1): 15–20.

[136] Walter R.Tschinkel. A Comparative Study of the Chemical Defensive System of Tenebrionid Beetles: Morohology of the glands [J]. J. Morph.1974 (145): 355–370.

[137] Walter R. Tschinkel. A Comparative Study of the Chemical Defensive System of Tenebrionid Beetles: Chemisty of the Secertions [J]. J.Insect physiol, 1975 (21): 753–783.

[138] Wen sheng Qin, Virginia K. Walker. Tenebrio Motitor Antifreeze Protein Gene Identification and Regulation [J]. Gene, 2006 (367): 142–149.

附　录

图 1　筛选黄粉虫

图 2　黄粉虫成虫　　　　图 3　黄粉虫幼虫

图 4　养殖黄粉虫（一）

图 5　养殖黄粉虫（二）

图 6　黄粉虫加工产品

图 7　黄粉虫幼虫

图 8　黄粉虫幼虫、蛹、成虫

图 9　纸箱养殖黄粉虫

图 10　炒黄粉虫幼虫（食用）